R. Piallat P. Deville

ŒNOLOGIE & CRUS DES VINS

éditions
Jérôme Villette

9-11, rue du Tapis Vert
93000 Les Lilas

ISBN 2-86547-008-3

R. Piallat P. Deville

ŒNOLOGIE & CRUS DES VINS

éditions
Jérôme Villette

MENTION SPECIALE DU JURY de l'ACADEMIE NATIONALE DE CUISINE 1984

NOTE DES CO-AUTEURS

Ce livre se divise en deux parties :

d'abord

– une initiation à l'œnologie

Dans cette première partie réservée à la fabrication du vin nous nous sommes efforcés d'exprimer le plus simplement possible une science très complexe qui regroupe à elle seule de nombreuses spécialisations.

Puis

– les crus des vins français.

Il n'y a pas qu'en France que le vin est bon, mais sans vouloir pousser un « cocorico » à réveiller le monde, notre sol produit les meilleurs vins de la planète.

Mettre en pages, les vins de France, représente une tâche immense et nous aurions vite été dépassés sans aide.

Après avoir adressé une demande de renseignements à l'I.N.A.O., aux Comités Interprofessionnels des vins, à des Coopératives ou à des viticulteurs, c'est sans attendre que nous avons reçu une abondante documentation et nous tenons par cette note à les remercier vivement pour leur coopération.

Voici dans l'ordre de notre classement des vignobles, les noms de ceux qui nous ont fourni les dossiers nous permettant de mener à bien cet ouvrage.

Monsieur Marquet et ses collaborateurs, I.N.A.O. 138, Champs-Elysées, 75008 Paris.

Monsieur M. Proton Union des Vignerons 03500 ST.-Pourçain-sur-Sioule.

Monsieur P. Figeat Viticulteur « Les Loges » 58150 Pouilly-sur-Loire.

Monsieur J. Poupat Viticulteur 47, rue Georges Clémenceau, 45500 Gien.

G.A.E.G. Gendrier « les Huards », 41700 Contres.

Monsieur B. Thevenet Comité Interprofessionnel des vins de Touraine, 37000 Tours.

Conseil Interprofessionnel des Vins d'Anjou et de Saumur, 49000 Angers.

Comité Interprofessionnel des vins d'origine du Pays Nantais, Nantes.

Monsieur G. Sturm, Bureau National du Cognac, 16101 Cognac Cedex.

Maison du Vin 2, place du Docteur Cayla, 24104 Bergerac Cedex.

Conseil Interprofessionel du vin de Bordeaux 1, cours du XXX Juillet, 33000 Bordeaux.

Monsieur J.M. Hebrard. Les Vignerons réunis des Côtes de Buzet, Buzet-sur-Baïse, 47160 Damazan.

Société Coopérative Vinicole des Côtes du Marmandais Beaupuy, 47200 Marmande, C.I.V.G. des Vins de Gaillac, 81600 Gaillac.

Monsieur P. Torres, Comité Interprofessionnel des V.D.N. et V.D.L. à Appellations Contrôlées, 66000 Perpignan.

Monsieur R. Delery, Syndicat de défense du cru « Blanquette de Limoux » et des Vignerons producteurs, 11300 Limoux.

Syndicat et Comité Interprofessionnel Minervois RN 113, 11200 Lezignan.

Madame Castan Association de propagande pour le vin 34500 Béziers.

Monsieur J.L. Tabarly, Les vignerons du Céressou, 34800 Aspiran.

Monsieur J. Clavel, Syndicat des vins des Côteaux du Languedoc, 34970 Lattes.

Monsieur le Directeur de la Coopérative du Muscat de Frontignan, 34110 Frontignan.

Le Comité Interprofessionnel des vins de Corse 2B Bastia.

Monsieur le Président du Syndicat des Côteaux d'Aix-en-Provence et des Baux en Provence, 13626 Aix-en-Provence.

Le Comité Interprofessionnel des vins de Côtes de Provence, 83460 Les Arcs.

Le Syndicat des Producteurs des vins à Appellation d'origine Contrôlée Bandol, 83740 La Cadière d'Azur.

Monsieur André Roux, viticulteur au Pradet Var.

Le Comité Interprofessionnel des vins des Côtes du Rhône, 84000 Avignon.

Le Syndicat des vins de Savoie 3, rue du Château, 73000 Chambéry.

Le Syndicat de défense viticole du Bugey, bd. du 133ᵉ, R.I. 01300 Belley.

Monsieur A. Beraud, Maison de l'Agriculture et de la Viticulture, 69400 Villefranche.

Mr F. Fallot, technicien en Œnologie à Couchey, Côte d'Or.

Monsieur L. Rateau Comité Interprofessionnel de la Côte d'Or et de l'Yonne pour les vins d'Appellation d'Origine Contrôlée de Bourgogne.

Rue Henri Dunant, 21200 Beaune.

Henri Maire, Château Montfort, 39600 Arbois.

Monsieur P. Bouard, Centre d'Information du vin d'Alsace, F 68003 Colmar Cedex.

Chambre d'Agriculture de l'Aube 2 bis, rue Jeanne d'Arc, 10014 Troyes.

Comité Interprofessionnel du vin de Champagne, 5, rue Henri Martin, 51321 Epernay.

Les documents photographiques proviennent :

- du Bureau National du Cognac
- d'Henri Maire
- du Comité Interprofessionnel du Vin de Champagne
- d'amis photographes amateurs : Gérard Freulon et Yves Lequeux
- d'autres sont personnels.

TABLE DES MATIERES

CRUS DES VINS

abréviations utilisées dans cet ouvrage

Œnologie :

SO_2	Anhydride sulfureux
CO_2	Anhydride carbonique
– % Vol ou d°	Les degrés des vins (ou pourcentage volumétrique) indiqués dans les documents officiels sont des degrés minimums que les vins doivent avoir pour être classés en appellation. En réalité, les vins ont un degré alcoolique plus élevé.

Superficie :

ha	hectares

Production :

hl	hectolitres

Appellations :

V.Q.P.R.D.	Vins de qualité produits dans les régions déterminées.
A.O.C.	Appellation d'origine contrôlée.
V.D.Q.S.	Vin délimité de qualité supérieure.
V.D.N.	Vin doux naturel.
V.D.L.	Vin de liqueur.
Ch.	Château.
St	Saint.

Couleurs des vins :

R	Rouge.
r	rosé.
Cl	clairet.
G	gris.
B	Blanc.
J	jaune
M	Mousseux ou effervescent

Cognac :

V.O.	(Very old) Très vieux.
V.S.O.P.	(Very Superior Old Pale) Très vieille eau-de-vie supérieure.
X.O.	(Extra Old) Hors d'âge.

Champagne :

N.M.	Négociant manipulant.
R.M.	Récoltant manipulant.
C.M. ou M.C.	Coopérative de manipulation.
M.A.	Marque auxiliaire ou marque d'acheteur.
R.C.	Récoltant coopérateur pour les adhérents au C.M.
S.R.	Société de récoltants.

Première Partie

Œnologie

qu'est-ce que l'œnologie ?

– C'est la science de tout ce qui a rapport au vin.

Pour bien vendre un produit, il faut bien le connaître aussi tout bon sommelier qui propose un vin doit être capable de répondre à toutes les questions concernant son élaboration et ses caractères.

CAVE DE BOICHAILLES
Document Henri Maire

un peu de chimie

On sait que la matière est formée d'*éléments.*

Ces éléments sont constitués de particules infiniment petites, ce sont les *atomes.*

Certains d'entre eux nous sont très familiers comme : l'oxygène, l'hydrogène, le carbonne, d'autres peuvent être moins connus comme : l'azote, le chlore, le soufre, le phosphore, le fer, le cuivre, le zinc, l'aluminium, l'argent, l'or...

Tous ces atomes aspirent à se regrouper et suivant leur regroupement ils forment différents corps :

les *molécules.*

Exemple : Qu'est-ce que l'eau ?

C'est 1 atome d'oxygène sur lequel se regroupent 2 atomes d'hydrogène.

Les molécules sont représentées symboliquement par des formules.
Ces formules renseignent sur la nature et le nombre des atomes que contient chaque type de molécule.

La formule de l'eau est : $H_2 0$.

Les molécules de 2 corps mises en présence (dans certaines conditions) sont disloquées, les atomes sont momentanément libérés et se regroupent de façon différente pour donner un ou des corps nouveaux.

C'est une *réaction chimique.*

Exemple : Si on enflamme du soufre, on perçoit aussitôt une odeur suffocante qui n'appartient pas au soufre, mais à un gaz qui est né de la combustion du soufre et que l'on nomme gaz sulfureux : nous sommes en présence d'un phénomène chimique.
Ces réactions chimiques vont donner au vin ses multiples caractères qui en feront une boisson exceptionnelle, mais pour cela *l'homme* est indispensable, et sa savante intervention permet d'obtenir le produit désiré digne du plus grand respect, parfois *Dame Nature* prend le dessus et de surprenants résultats peuvent survenir aussi bien *heureux* que *malheureux.*
Vous découvrirez tout cela dans les pages suivantes.

Qu'est-ce qui permet ou ne permet pas d'obtenir du bon raisin ?

Lorsqu'un viticulteur veut planter une vigne dans une région, il doit tenir compte :

– du *milieu* qui comprend le sol, le climat et l'altitude

et

– du *cépage.*

Ces deux éléments sont complémentaires et doivent être harmonieux sinon l'équilibre nécessaire pour obtenir le meilleur raisin est rompu. D'autres facteurs peuvent intervenir c'est à l'homme de réagir.

le milieu

sol

Certains cépages ne donnent toutes leurs qualités que sur certains terrains. Sur un même sol des cépages différents donnent des produits de qualité différente.

Il faut donc au viticulteur choisir le cépage qui s'allie le mieux au *terroir.*

Quels sont les terrains rencontrés ?

Calcaire, argileux, argilo-calcaire, granitique, sablo-argileux, gneiss gramilitiques, roches éruptives, schiste, ... ils sont nombreux, et il serait trop long de tous les citer ici. Nous en aurons un aperçu avec chaque région viticole étudiée, mais un terrain composé de sable, graviers, galets, constitue le *support* idéal pour les grands vignobles.

L'aire de production est constituée par une surface bien délimitée, approuvée par l'I.N.A.O. (Institut National des Appellations d'Origine des vins et eaux-de-vie).

climat

L'exposition, la température, la pression atmosphérique, les vents, les précipitations, l'humidité du sol et de l'air jouent un rôle primordial sur la qualité du raisin.

Exemple :

Des gelées de printemps peuvent brûler les bourgeons et retarder la végétation ou comme les fortes gelées de 1956, faire éclater les ceps et détruire des régions entières – pour ne citer que cet extrême.

Quant aux étés trop brûlants, ils peuvent dessécher les raisins et réduire énormément le rendement.

Un climat exceptionnel donne un vin exceptionnel

L'homme essaie de se défendre et il invente des canons anti-grêle, il fait du feu pour dissiper les brouillards givrants, mais la météorologie est le domaine où Dame Nature impose le plus sa loi.

En résumé, les accidents dus aux phénomènes météorologiques sont :

– les brûlures par les gelées ou le soleil

– l'ercissement (quand le sol est sec et peu profond, par ses racines superficielles la vigne souffre de la chaleur).

altitude

La vigne est cultivée le plus souvent au-dessous de 400 mètres d'altitude mais on la trouve parfois jusqu'à 800 mètres.

le cépage

Qu'est-ce qu'un cépage ?

– C'est le plan de la vigne.

Depuis le phylloxéra de 1864, il existe peu de vignes originelles françaises non reconstituées. *V.O.F.N.R.*

1) *Vignes américaines :* quelques noms : Vitis Riparia, Vitis Rupertris, Vitis Berlandieri, Vitis Solonis...

Ces vignes sont résistantes au phylloxéra. Elles ne sont pas utilisées directement comme porte-greffe, pour des raisons multiples (mauvaises reprise des boutures, difficultés de soudure...). On emploie des croisements interspécifiques; Riparia Rupestris, Rupestris-Berlandieri.

2) *Vignes françaises :* elles appartiennent à une seule espèce : le Vitis Viniféra.

Certains cépages ont été obtenus par croisement interspécifique (mutation de cépages).

On élève des clones c'est-à-dire toute la descendance issue d'un même pied ou d'un bourgeon et reproduite par voie végétative.

Quelques noms de cépages :

Cabernet-Sauvignon, Sémillon, Pinot noir, Gamay noir à jus blanc, Muscat à petits grains, Grenache, Chardonnay, Syrah, Savagnin, Riesling...

le sulfatage

Pour lutter contre les maladies de la vigne, on utilise soit :

– la bouillie bordelaise, à base de sulfate de cuivre et de chaux spécialement contre le mildiou,

– le soufrage contre l'oïdium,

– des produits modernes de remplacement.

Les traitements ont lieu 4 à 7 fois par an.

Certains viticulteurs plantent des rosiers entre les vignes car ces arbustes sont plus rapidement atteints par la maladie que la vigne. Ainsi alerté, le viticulteur traite préventivement sa vigne.

les rendements

Qualitatifs et quantitatifs :

Le rendement est imposé, pour les vignes d'A.O.C., par les Pouvoirs Publics sur propositions de l'I.N.A.O.

les rognages

Ce sont des coupes plus ou moins longues des sarments. Là aussi il y a des limites à respecter.

l'effeuillage

Cette pratique délicate peut permettre une meilleure insolation des grappes, l'application de certains traitements, mais elle nécessite une main d'œuvre experte.

Afin d'obtenir un produit parfait, les viticulteurs soignent leurs vignes dans des conditions parfois très dures. Ils sont de ceux qui aiment le travail bien fait. Rendons hommage à leur courage et à leur ténacité.

---

notions d'entretien de la vigne

la conduite de la taille

La taille a fait l'objet de mesures qui ont été ratifiées par décret. Il existe plusieurs sortes de tailles. Voici à titre d'information quelques unes utilisées sur notre territoire.

la taille courte

Chaque sarment sera taillé à un ou deux yeux. Une fois taillé, le sarment porte le nom de courson.

la taille longue

Le principe consiste à garder plusieurs sarments porteurs d'au moins quatre yeux ce qui laisse de longs bois.
les vignes basses de tige courte sont souvent taillées *en gobelet* le nombre de bras est généralement de quatre mais pour les vieilles vignes, il peut être de cinq à six bras : ce qui est difficile de nos jours pour passer avec les tracteurs et les outils de culture ou de

traitement; ou *en éventail* le nombre de bras est réduit à deux (parfois à quatre). Dans de nombreux cas cette taille nécessite l'emploi d'un palissage.

le Cordon de Royat : Cette taille consiste à choisir le plus beau sarment issu de la greffe et à le placer horizontalement sur le fil inférieur en prenant garde de respecter une grande courbure pour laisser une libre circulation de la sève. Il sera porteur au cours de la vie de la vigne de sarments taillés courts (1 à 3 yeux); on aura soin à veiller à ce que les yeux soient sur le même plan que les sarments.

Le Cordon de Royat par sa forme permet une très bonne aération des grappes; il facilite les traitements ainsi que les façons culturales.

les labours

En général, les labours se font en automne après la chute des feuilles (butage) ce sont les plus importants.

Au printemps à l'éclosion des bourgeons (débutage) et au début de l'été.

taille en gobelet

principaux ennemis de la vigne

les maladies cryptogamiques

Ce sont les maladies causées par des plantes pluricellulaires : champignons, mousses...

les champignons

L'anthracnose : ce champignons vit sur toutes les parties de la vigne. La vigne est tâchée, déformée et se décompose partiellement ou totalement.

Le black-rot : ce champignon tâche les feuilles avec des points noirs. Les grains deviennent bruns, puis noirs et secs.

La brunissure : toutes les feuilles sont envahies par ce champignon et deviennent brunes.

La fumagine : toutes les feuilles deviennent noires. Ce champignon se développe dans les excréments des cochenilles.

Le mildiou : redoutable. D'origine américaine, il se développe rapidement quand les saisons sont humides. L'envers des feuilles semble recouvert de poussière blanche, le dessus devient jaune, puis brun. Les raisins sont recouverts de cette « farine ». De la perte des feuilles, les ceps peuvent périr rapidement.

L'Oïdium : également d'origine américaine, ce champignon recouvre de poussière blanche les deux côtés des feuilles, les bourgeons et les fruits, surtout en saison sèche. Les grains se fendent et pourrissent.

Le pourridié : ce champignon s'attaque aux racines. Des terres trop humides ou trop riches en débris organiques sont favorables à son développement. Les racines se décomposent.

les agents végétatifs

La chlorose : c'est une décoloration des feuilles qui deviennent jaunes puis blanches. La croissance se ralentit et la fructification s'arrête. Le froid, l'humidité, un sol trop calcaire sont néfastes surtout pour les vignes françaises greffées sur des ceps américains, on greffe sur des porte-greffes vitis Viniféra Vitis « américains » pour éviter la chlorose.

Le millerandage : c'est un accident occasionné par la coulure et qui entraîne un avortement plus ou moins complet des grains de raisin. La coulure est un accident qui empêche la fécondation de la fleur lorsque les pluies sont très abondantes. Le pollen est altéré.

les pourritures

Ces moisissures sont aussi des champignons.

Vulgaire	: son enzyme l'oenoxydase, favorise la casse brune des vins (voir maladies des vins).
Verte	: le penicillium glaucum et le penicillium crutaceum donnent aux vins un goût de moisi et d'amertume.
Noble	: le botrytis cinerea. Il détruit la peau, la couleur et certains arômes du raisin; mais il est très recherché pour certains vins comme les Sauternes (seulement dans certaines conditions autrement sa forme la plus courante est la *pourriture grise,* néfaste).

les oiseaux

Les oiseaux sont moins dangereux pour la vigne mais souvent dévastateurs de raisins mûrs.

les insectes

famille des Hyménoptères

– La guêpe, elle saccage les raisins mûrs qui, crevés pourrissent.

famille des Hémiptères

– Le phylloxéra, ce redoutable puceron originaire d'Amérique du Nord s'attaque aux racines et détruit rapidement les vignes françaises. La plante épuisée périt.

A partir de 1864, il dévasta tant qu'il fallut reconstituer tout notre vignoble.

– Le lopus laboureur, cette punaise fait avorter les boutons floraux et les pédoncules en les suçant.

– Le vespère de Xatart, ce sont ses larves qui détruisent les racines, surtout au mois de janvier.

famille des Coléoptères

– L'altise de la vigne, ce sont ses larves qui s'attaquent aux feuilles. Les adultes attaquent les jeunes pousses.

– L'eumolpe, les adultes s'attaquent aux bourgeons.

– Le péritel gris, s'attaque quant à lui aux bourgeons.

famille des Lépidoptères

– La pyrale de la vigne s'attaque aux parties tendres et herbacées de la plante surtout aux grappes.

– Le sphinx Elpenor s'attaque à la feuille.

– Les Cochylis et Eudemis, sont des chenilles qui s'attaquent aux feuilles et aux fruits.

famille des Orthoptères

– Le porte-selle : c'est une sauterelle qui s'attaque aux feuilles.

famille des Cochenilles

– Rouge ou blanche, les cochenilles à l'aspect de pucerons sont des insectes qui sucent les jeunes bois. Leurs exudats sont porteurs de champignons nuisibles.

de la vigne à la bouteille

à la vigne...

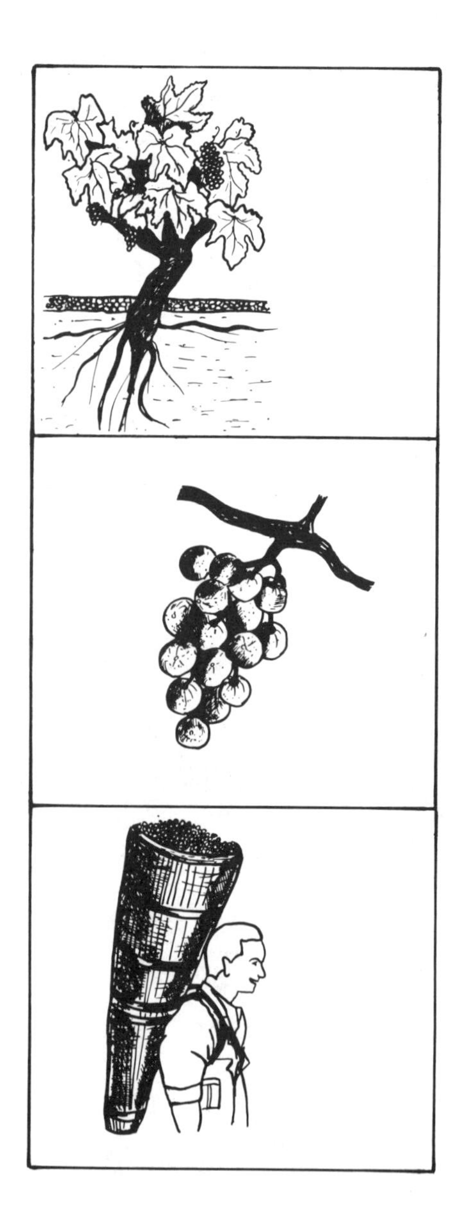

évolution du raisin

la grappe

date des vendanges

au cuvier...

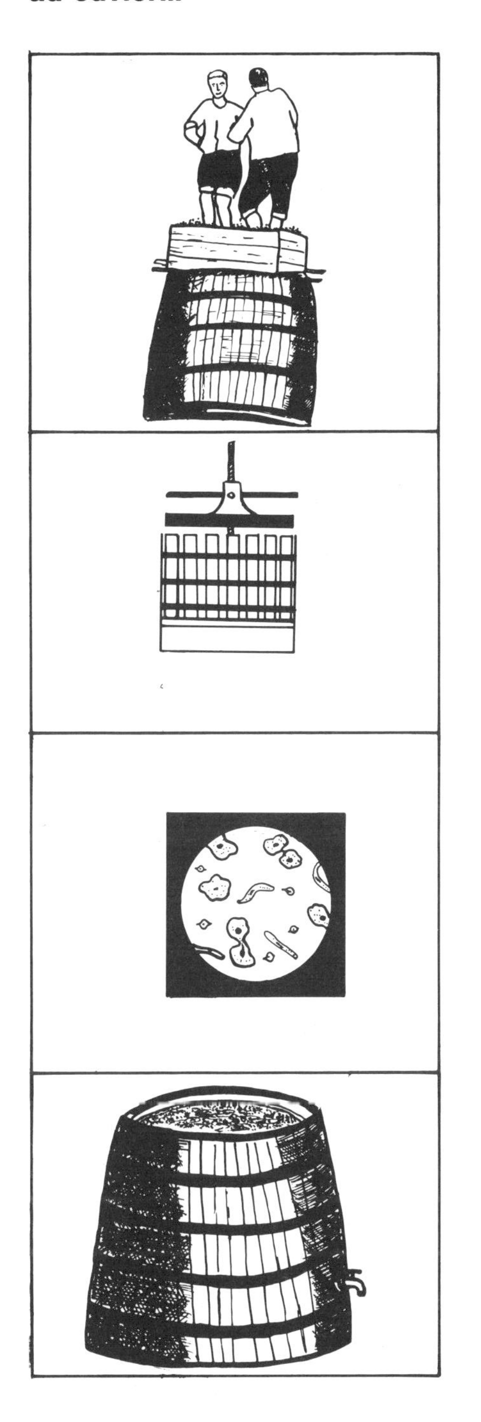

foulage, égrappage

pressurage, le moût

les levures

la cuvaison, la fermentation alcoolique
la fermentation malo-lactique, les vinifications

au chai...

opérations utiles à tous les vins

maladies des vins

la mise en bouteilles

à la vigne...

La nouaison
Doc. Cl de Champagne

évolution du raisin

Différentes étapes	Aspect du fruit	Calendrier
DEBOURREMENT FLORAISON	Epanouissement des bourgeons qui donnent les premières feuilles et formation de fleurs sur les futures grappes	Mars, avril, mai 80-100 jours
NOUAISON	C'est la phase qui suit la fécondation. Les fruits verts sont fermes et minuscules au bout des pédoncules. Ils ne contiennent pas de sucre mais sont riches en acides. Ils sont sensibles à toutes les maladies de la feuille.	Juin-juillet 50-60 jours
VERAISON	Les baies grossissent, deviennent plus élastiques sous les doigts : les rouges prennent de la couleur, les blancs deviennent moins verts et un peu translucides. A cette période les grains perdent leur chlorophylle mais forment les matières colorantes.	Début août quelques jours
MATURATION	Les grains augmentent de volume, de poids, de couleur. Il se passe de nombreux phénomènes, le grain perd de l'acidité et accumule des sucres.	Août mi-septembre 40-45 jours
SURMATURATION	Les grains sont moins fermes. Ils se déshydratent et concentrent leurs sucres.	Octobre 20 jours
LA POURRITURE NOBLE	Les grains se tâchent de brun puis deviennent brun-violet « pourri-plein » Ils se flétrissent « pourri-rôti » et se recouvrent de moisissures : (Le Botrytis Cinerea)	Novembre

étude de la grappe

description

La grappe est constituée de deux parties essentielles :
LA RAFLE qui sert de support et de lien nourricier.
LES GRAINS, qui sont des réserves.

la rafle

Expérience : Mâchons un peu de rafle.
Que constatons-nous ?

OBSERVATIONS	CONSTITUANTS	ROLE EN VINIFICATION
Un liquide, la sève	Eau, matières minérales et azotées	Solvant des matières chimiques du raisin
Amertume, âpreté, astreingeance	Tanin	Tenue du vin Clarification du vin Qualité et conservation
Acidité	Matières acides	Qualité et conservation
Matières fribreuses	Cellulose, matières gommeuses	Après transformation participe au moëlleux des vins

le grain

Le grain est composé de trois parties essentielles :

- la peau
- la pulpe
- le pépin

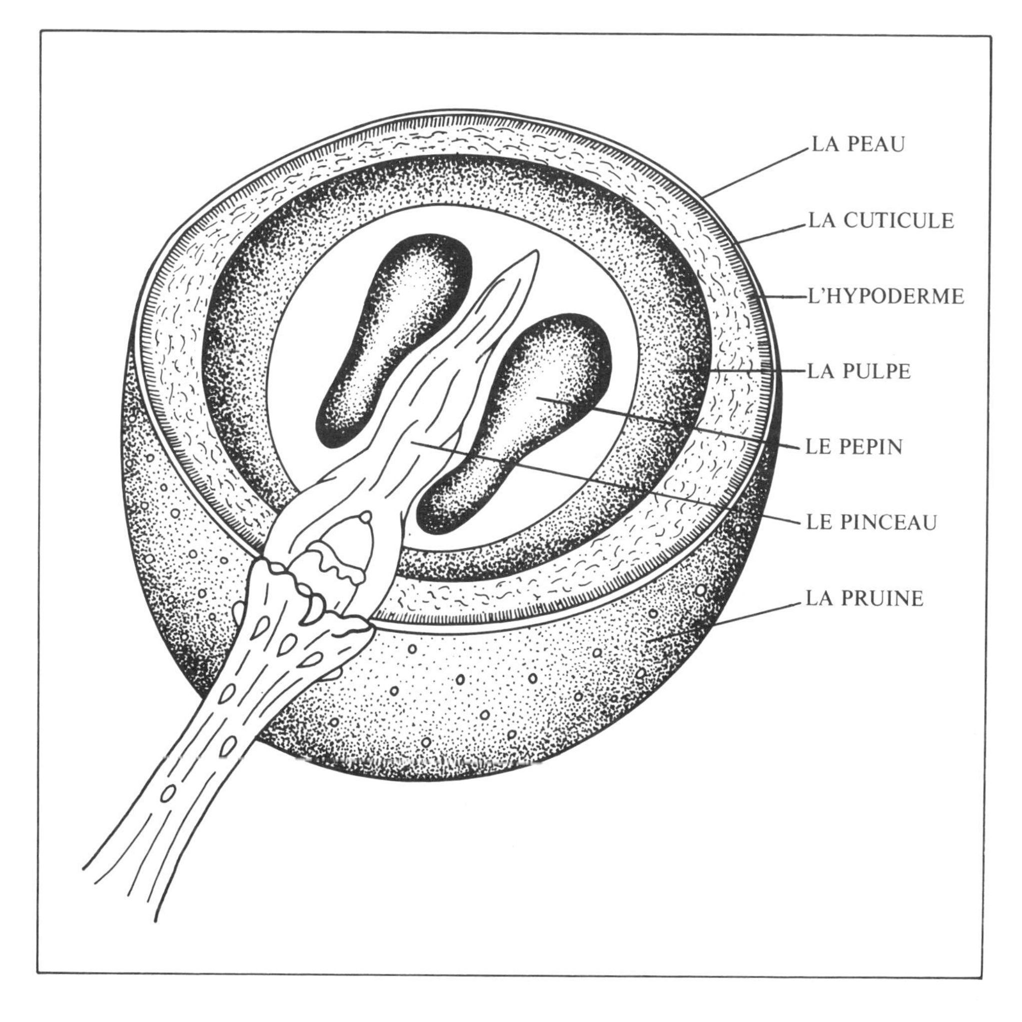

Coupe d'un grain de raisin

	OBSERVATIONS	CONSTITUANTS	ROLE EN VINIFICATION
P E A U environ 10 % du poids du grain	Elle est fine, recouverte d'une fine poussière grisâtre : *la Pruine* d'une enveloppe extérieure ferme, protectrice du fruit : *la Cuticule* de cellules internes qui contiennent les vitamines B, C, et P, des matières colorantes et odorantes : *l'Hypoderme*	eau sucres bactéries moisissures soufre parasites tanin matières minérales matières azotées cellulose matières acides vitamines matières colorantes matières odorantes	Apport de ferments utiles ou nuisibles, coloration, fruité, vitamines
P U L P E environ 85 % du poids du grain	C'est la partie la plus importante du grain. Généralement incolore sauf pour les cépages teinturiers. Au pressurage, le centre de la pulpe s'écoule en 1er(1), puis ce qui se trouve sous la peau (2) et enfin la pulpe qui est autour des pépins (3)	Eau sucres matières acides matières minérales matières azotées matières pectiques	Solvant fermentation sous l'action des levures, fraîcheur, conservation
P E P I N S environ 5 % du poids du grain	Ce sont les graines de la vigne. Ils sont de 0 à 4 par grain	eau tanin huile (peut être extraite et faire l'objet d'une industrie annexe) matières hydrocarbonées matières acides matières azotées matières minérales	Il faut éviter de les écraser, car ces éléments ne sont pas indispensables à l'obtention d'un bon vin. Cependant au cours de la vinification en rouge, certains d'entre eux peuvent être favorables (tanin, matières azotées).

les vendanges

Vendanges du Domaine de Monfort

Elles sont de plus en plus mécanisées avec des résultats n'abîmant pas les ceps : utilisation du laser.

Le raisin arrivé à maturité idéale peut être enfin cueilli. C'est la période la plus délicate : ni trop tôt, ni trop tard, c'est-à-dire quand l'augmentation des sucres et la diminution des acides sont suffisantes.

Cet état détermine l'indice le maturation.

Autrefois, la date des vendanges était déterminée seulement par l'aspect du fruit. Un droit féodal réglementait le début des vendanges par une proclamation :

le ban des vendanges

Aujourd'hui, une étude scientifique du raisin, permet de proclamer le ramassage du raisin.

Des appareils permettent cette étude :

L'aréomètre, le réfractomètre à main et le réfractomètre électronique.

l'aréomètre – les réfractomètres, le polarimètre

l'aréomètre

C'est un instrument en verre divisé en trois parties :

une tige graduée
un flotteur
une boule lestée

Il sert à déterminer la densité des liquides. Lorsqu'il est utilisé pour évaluer la densité des moûts on l'appelle « *mustimètre* »

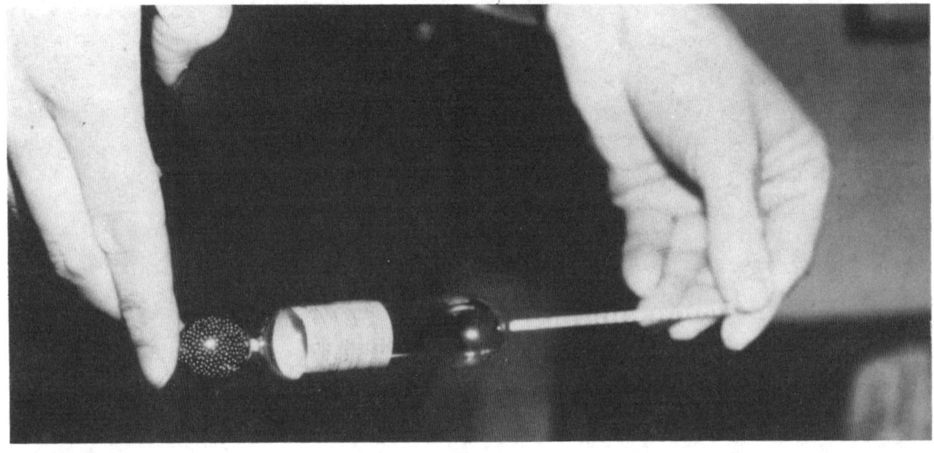

un aréomètre

Le mustimètre permet d'évaluer la densité des moûts (jus de raisin) selon le principe d'Archimède :

« Tout corps plongé dans un fluide subit une poussée verticale dirigée de bas en haut égale au poids du fluide déplacé ».

Cet instrument indique le poids en grammes d'un litre de moût dans lequel il est plongé.

La température du fluide a une certaine influence.

L'obtention de la richesse en sucres du moût et du degré alcoolique se feront grâce à une table d'évaluation.

Remarque : La lecture du mustimètre est difficile car il faut tenir compte non seulement de la température mais aussi de la présence de :

gaz carbonique, gommes, matières pectiques, corps gras, qui en faussent l'indication.

le réfractomètre à main

Expérience :

Prenez un récipient rempli d'eau. Plongez-y une règle.

Observation : La règle au niveau du liquide semble brisée : Les corps transparents solides ou liquides ont la propriété de dévier les rayons lumineux.

C'est ce qu'on appelle la *réfraction.*

Indice de réfraction : C'est le quotient des sinus de l'angle d'incidence et de l'angle de réfraction.

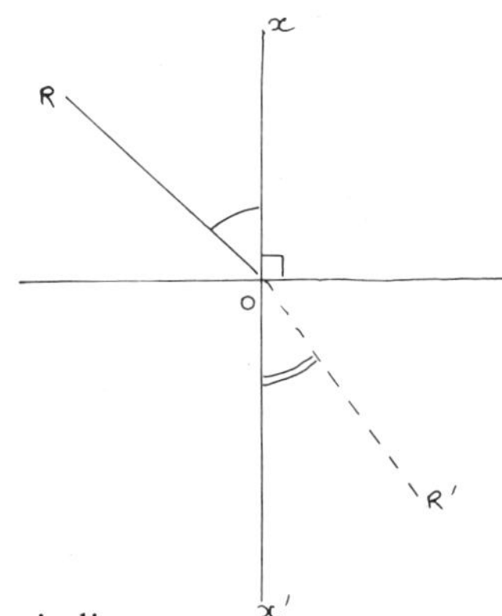

O : Point d'incidence
RO : Rayon incident (règle)
R'O : Rayon réfracté (règle déviée)
xx' : normale au point d'incidence
ROx : Angle d'incidence
R'Ox' : Angle de réfraction

Le *réfractomètre* est un instrument qui donne cet indice.

Il ressemble à une lunette. Il est composé de deux prismes dont l'un est fixe et l'autre mobile et d'un oculaire permettant d'observer une graduation intérieure.

Suivant la lecture d'indice de réfraction on connaît le poids du sucre par litre de moût, la densité du liquide et le degré alcoolique probable en convertissant et corrigeant l'information grâce à des tables d'équivalence et de conversion.

le réfractomètre électronique

La vendange arrive à la cave coopérative, elle est pesée.
Cet enregistrement se fait automatiquement.

1/2 litre de moût est prélevé et analysé grâce à ce réfractomètre.

Toutes les analyses sont *mémorisées,* un *affichage lumineux* fait apparaître les résultats et à chaque analyse un *ticket* où toutes les données sont inscrites est délivré au viticulteur.

le polarimètre

Certaines substances ont un pouvoir rotatoire sur la lumière.

Exemple : le glucose dévie la lumière vers la droite
le fructose dévie la lumière vers la gauche.

Afin d'observer ces déviations on utilise un polarimètre.

Il est souvent utilisé pour voir si les vins sont fraudés (sucrage).

Il existe bien d'autres moyens d'analyser le moût. Ces pratiques se font surtout en laboratoires spécialisés.

au cuvier

le foulage

Le foulage a pour but de faire éclater les grains de raisin, on obtient ume masse pâteuse :

le MOUT

Au cours de cette opération, la vendange s'homogénéise et s'aère.
Les levures ainsi mises en milieu favorable se multiplient rapidement.

La macération et la fermentation alcoolique commencent.

Pour ces opérations il existe des machines :

- fouloir à cylindres
- fouloir-égrappoir
- fouloir-égrappoir centrifuge

mais

le *foulage* aux pieds est encore pratiqué de nos jours, car il est moins violent que le foulage mécanique.

Pour les mêmes raisons
l'*égrappage* est encore pratiqué au trident ou à la claie (sorte de gros tamis).

l'égrappage

Il a pour but de séparer les grains de la rafle.

Il permet l'obtention de vins moins astreigeants.

Vous savez que la rafle apporte de l'eau, du tanin, de l'acidité... (voir cours précédent 'Etude de la grappe'.

SANS LA RAFLE : le pressurage est plus difficile et des éléments indispensables peuvent manquer.

AVEC LA RAFLE : le moût peut avoir trop d'eau, ce qui atténue le degré alcoolique et la couleur.

Aussi suivant les régions, le climat, la maturité de la vendage, l'*égrappage* peut se faire totalement, partiellement ou pas du tout. Il se fait en fonction du moût désiré.

l'égouttage

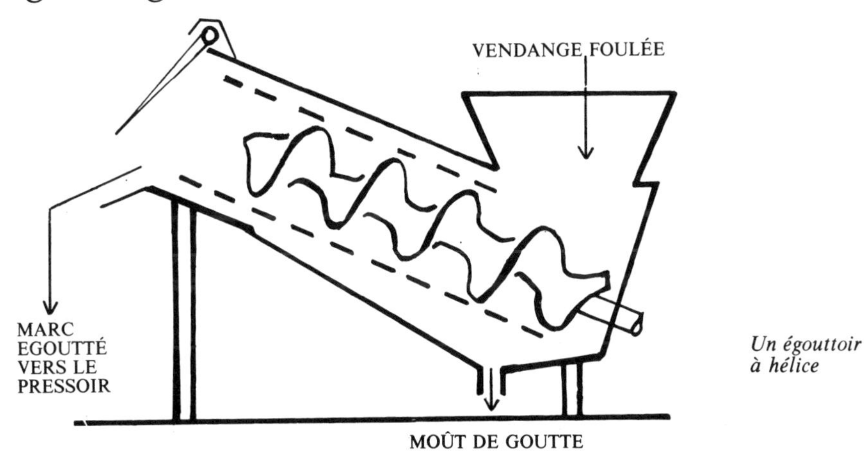

Un égouttoir à hélice

Cette opération a pour but de séparer le moût de goutte des rafles, peaux et pépins.
Elle doit être réalisée le plus rapidement possible.
Plusieurs procédés peuvent être utilisés.

– *Table ou chambre d'égouttage*

Claies ou tamis retenant les parties solides et permettant au liquide d'aller dans la cuve.

– *Egouttoir rotatif*

Il s'agit d'un cylindre perforé, légèrement incliné, permettant à la vendange foulée de descendre pendant que s'exécute une lente rotation.

– *Egouttoir à hélice*

Une vis d'Archimède (vis sans fin) oblige les parties solides de la vendange à remonter tandis que le moût s'écoule vers la partie basse au travers des perforations du cylindre.

le pressurage

Cette opération se pratique à différents stades de la vinification suivant le vin que l'on veut obtenir.

Il a pour but d'extraire par pression

- le jus de raisin des grappes (par exemple : avant la fermentation pour les vins blancs)
- le vin du marc (par exemple : après la fermentation pour les vins rouges).

Machines utilisées :

- le pressoir à vis
- le pressoir hydrolique
- le pressoir horizontal
- le pressoir pneumatique
- le pressoir continu

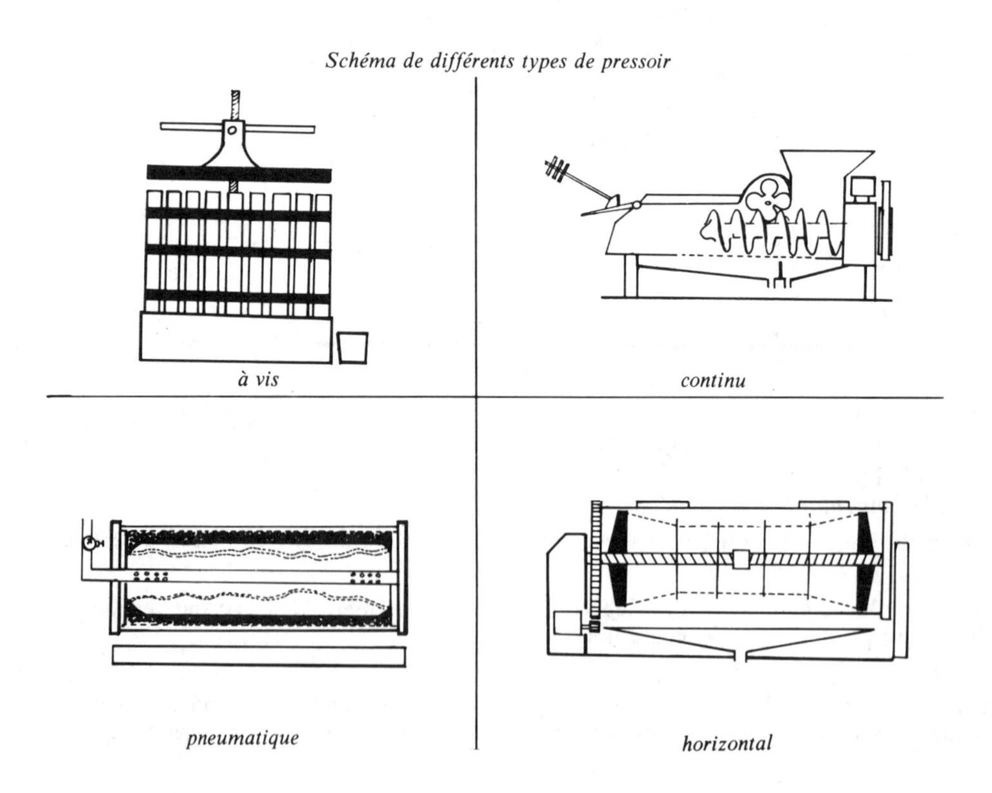

Schéma de différents types de pressoir

les moûts

Ils peuvent être différents en fonction de la vinification choisie :

Après Foulage de la vendage ou obtient un *moût pâteux* composé de jus de raisin, peaux, pépins et rafles.

Après pressurage de la vendange on obtient un *moût liquide :* le jus de raisin.

constitution chimique du moût avant tout début de macération et de fermentation

Le moût contient :
de l'eau
des sucres
des acides
des matières minérales
des matières azotées
des matières pectiques
des matières colorantes
des matières odorantes
des levures.

l'eau : H_2O

70 à 80 % du moût est composé d'eau qui en transporte les éléments. Elle favorise la dissolution de certaines substances.

les sucres :

Importance quantitative : 150 à 250 g. par litre.

Les sucres sont stockés au niveau du grain et sont formés par photosynthèse chlorophyllienne.

Le jour sous l'effet des rayons ultra-violets du soleil, grâce à la chlorophylle de leurs feuilles, les plantes respirent du gaz carbonique et rejettent de l'oxygène alors que la nuit c'est le contraire.

Les molécules C02 -02 et H20 (eau que la plante puise dans le sol) sous l'effet du soleil, s'assemblent pour donner des corps différents suivant leur assemblage, dont du sucre.

le saccharose : C12 H22 011

Ce saccharose est ensuite *hydrolysé* (dédoublement de certaines molécules de corps par adjonction d'une molécule d'eau en présence d'un acide).

Saccharose	+	eau	→	hydrolyse	=	Lévulose ou Fructose
C12 H22 011	+	H20	→	+ acide	=	C6 H12 06 + C6 H12 06

Le saccharose est un sucre *composé* et *infermentescible alors que le glucose et lévulose sont dits réducteurs* car ils possèdent la propriété d'enlever de l'oxygène aux corps qui en contiennent et *fermentescibles* car sous l'action des levures ils peuvent donner de l'alcool et du gaz carbonique.

Au moment de la surmaturation de certains raisins, d'autres sucres infermentescibles sont élaborés. Ils contribuent à donner du moëlleux aux vins. Les plus connus sont le xylose et l'arabinose.

les acides

Importance quantitative : 3 à 9 g. par litre

Ils sont classés en deux catégories :

Les acides organiques
les acides minéraux.

Les acides organiques comme les sucres sont élaborés par photosynthèse chlorophyllienne.

on trouve de :

- l'acide tartrique : COOH-CHOH-CHOH-COOH- le principal
- l'acide malique : COOH-CH2-CHOH-COOH-
- l'acide citrique : COOH-CH2-COH-CH2-COOH-COOH- en faible quantité.

On les trouve dans presque toutes les parties de la plante soit à l'état libre soit sous forme de sels (acides saturés plus ou moins par une base)

Les *acides minéraux* se trouvent à l'état de sels uniquement, tels que :

- l'acide sulfurique : H2 S04
- l'acide chlorhydrique : H Cl
- l'acide phosphorique : H3 PO4

Leur présence dans le moût est aussi indispensable que celle des sucres.

Ils permettent au vin de se conserver en s'opposant au développement des ferments de maladies.

Ils apportent corps et fraîcheur et avivent la couleur.

Un vin sans acide est plat
Un vin trop acide est dur.

les matières minérales

Importance quantitative : 2 à 4 g. par litre.

On les trouve dans toute la plante.

Elles sont présentes *naturellement* puisées par les racines dans le sol *accidentellement* par des traitements de la vigne (DDT) ou du moût ou au contact de récipients vinaires.

Si la potasse KOH représente 50 % de l'ensemble des matières minérales les 50 % autres sont par ordre décroissant :

Le Calcium Ca, le Magnésium Mg, le Fer Fe, le Manganèse Mn, le phosphore P, le Chlore Cl, le Soufre S, le Carbonne C, la Silice Si, le Sel NaCl (en terrain sain 400 mg. par litre autorisation maximale autorisée 1,5 g. au litre), le Plomb Pb, l'Arsenic As.

les matières azotées

Importance quantitative : 1 à 2 g. par litre.

Dans le sol on trouve des acides sous forme de sels appelés nitrates ou azotates. Ils jouent un rôle important pour l'alimentation des végétaux et c'est ainsi qu'on les retrouve dans toute la plante.

Les matières azotées se trouvent sous forme organique ou sous forme ammoniacale obtenue par synthèse (formation artificielle d'un corps composé à partir de ses éléments).

Elles sont utiles pour l'alimentation des levures et bactéries et disparaissent presque totalement au cours de la fermentation alcoolique.

Les matières azotées sont en plus grand nombre lors de vendanges avariées et permettent un plus grand développement de ferments de maladies. De ce fait les vins auront une conservation plus délicate.

les matières pectiques

Importance quantitative : 0,20 à 7g. au litre.

Ce sont des matières organiques sous forme de sucres complexes.

Pectine (du grec pêktos qui signifie figé, coagulé) est une substance contenue dans les fruits. Sous l'action de la chaleur et de l'acidité, elle permet aux jus de fruits de se transformer en gelée.

Elles contribuent à donner du moëlleux et du velouté aux vins et participent au bouquet des vins.

Mais elles rendent la clarification des vins difficile.

les matières colorantes

Elles se rencontrent dans la peau ou quelques fois dans la pulpe des raisins teinturiers (Alicante Bouchet).

Elles sont classées en deux groupes :

– les *ANTHOCYANES* et les *FLAVONES*

Les Anthocyanes colorent les végétaux en rouge en milieu acide et en bleu ou en violet en présence d'une base.

Les Flavones colorent les végétaux en jaune.

Les matières colorantes sont solubles dans l'eau et davantage avec accroissement de la température.

Elles sont aussi très solubles dans l'alcool.

les matières odorantes

Elles se trouvent entre la peau et la pulpe et donnent au moût ou au vin jeune le goût particulier du fruit Exemple : Muscat.

le *parfum* d'un vin est son fruité
le *bouquet* d'un vin est l'arôme après vieillissement.

Constituants	Provenance	Stockage dans la grappe	Importance quantitative	Caractérisations essentielles rôle, utilité	Effets néfastes si en excès
Sucres	Photosynthèse chlorophyl-lienne	Pulpe	150 à 250 g/l	Sucres fermentescibles Glucose - Fructose Sucres infermentescibles Saccharose - Xylose Arabinose → moëlleux	Suivant le type de vin recherché
Acides	Minéraux Oraganiques	Toute la plante	3 g à 9 g/l	Sulfurique Chlorhydrique Phosphorique → corps et fraîcheur Tartrique Malique Citrique → avivent les couleurs, s'opposent aux maladies	Vins durs
Matières minérales	Sol	Toute la plante	2 à 4 g/l	Caractères des vins	NaCl 1,5 g/l max.
Matières azotées	Sol	Toute la plante	1 à 2 g/l	Utiles pour l'alimentation des levures	Conservation
Matières pectiques	Organiques	Pulpe	0,20 à 7 g/l	Moëlleux et velouté	Clarification
Matières colorantes	Anthocyanes et Flavones	Peau et parfois pulpe	Traces	Couleur	Suivant le type de vin recherché
Matières odorantes	Organiques	Sous la peau	Traces	Parfum du fruit	Suivant le type de vin recherché

les levures

définition

Ce sont des champignons unicellulaires de formes variables et infiniment petits appartenant au genre *SACCHAROMYCES.*

historique

Sur une vigne du Jura acquise en trois parcelles en 1874, 1879 et 1892, Louis Pasteur procéda à des travaux qui lui permirent d'étudier les mystères de la fermentation alcoolique.

Il découvrit que les sucres du jus de raisin étaient transformés en alcool par des êtres vivants : *les LEVURES.*

origine

Les levures passent la plus grande partie de l'année dans les sols des vignobles. Elles sont protégées par une sorte de sac qui les enveloppe : *l'ASQUE.*

Certaines levures peuvent être nuisibles (voir chapitre Maladies de la vigne).

Les levures sont apportées sur le plan, par le vent ou de petites mouches (drosophyles) et sont collées sur le grain par la pruine.

On peut les différencier par leur forme
leur aspect et
leur reproduction

composition de la levure

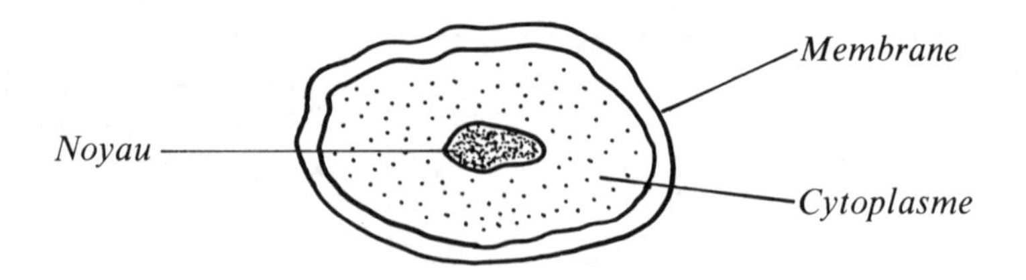

Ensemble des composants : le Protoplasme

reproduction

Les levures se reproduisent en milieu favorable (moût) et à température favorable (10 à 35°)
par *bourgeonnement* c'est-à-dire qu'un renflement apparaît et grossit de plus en plus; il finit par atteindre la taille de la mère, se détache et se met à bourgeonner à son tour.

Il faut pour cette reproduction 10 à 50 minutes.

   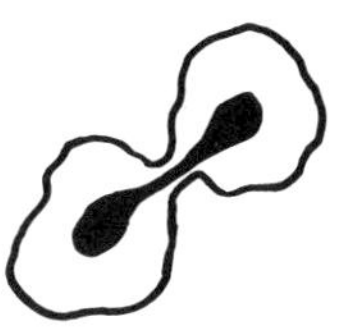 

1 → 2; 2 → 4; 4 → 8; etc. Plusieurs millions se reproduisent en une journée.

Lorsque les conditions deviennent défavorables (absence de nourriture, trop d'alcool, froid) les levures épaississent leur membranne et forment ainsi une protection.

Le protoplasme intérieur se rassemble en un certain nombre de petites cellules appelées *spores* qui s'entourent elles-mêmes d'une membrane.

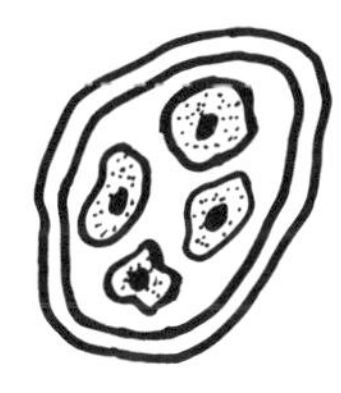 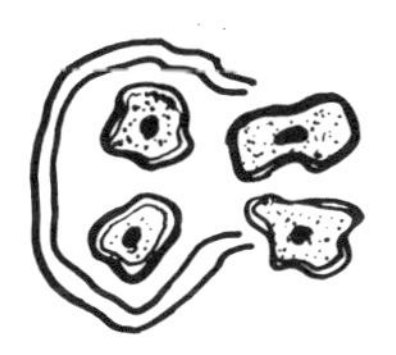

Dès que le milieu redevient favorable, la membrane extérieure éclate et les spores s'échappent.
Celles-ci grossissent et reprennent leur vie active.

Les levures trouvent dans les moûts de raisin tous les éléments nécessaires à leur existence (sucres, hydrate de carbonne, composés minéraux et azotés, eau).

En présence d'oxygène, *vie aérobie,* les levures vivent c'est-à-dire : respirent, se nourrissent et se multiplient en dépouillant le liquide nourricier

C6 H12 06	+	6 02	→	6 H_2O	+	6 CO_2
Glucose ou lévulose	+	Oxygène	action des levures	eau	+	anhydride carbonique

En absence d'oxygène, *vie anaérobie,* les levures vont en chercher dans certains corps instables tels que les sucres fermentescibles.

Cette action est appelée *fermentation alcoolique.*

C6 H12 06 glucose ou lévulose	+	*action des levures*	→	2 C2 H5 OH alcool éthylique	+ 2 CO2 + anhydride carbonique

mode d'action

Büchner en 1897 a découvert qu'en l'absence de levures, avec un produit secrété par elles : *les diastases,* la fermentation alcoolique se faisait.

C'est donc par les diastases produites par les levures que se fait la fermentation alcoolique.

a) *la zymase :* qui transforme le glucose et le lévulose en eau et en gaz carbonique.

b) *la sucrase :* qui transforme le saccharose en glucose et en lévulose.

c) *les protéases :* qui transforment les matières protéiques en matières azotées élémentaires.

d) *les oxydases :* qui fixent l'oxygène sur les matières colorantes et certains éléments du vin.

e) *les réductases :* permettent à l'hydrogène de se fixer.

principales levures

Elles sont variées et nombreuses par exemple 90 espèces pour les levures apiculées et 70 espèces pour les levures elliptiques.

Espèces	Formes	Rôle	Quantité de sucres utilisée en gr pour obtenir 1° d'alcool	Observations
APICULEE asporogène (qui ne peut pas se reproduire par spore) Kloeckera Apiculata	petit citron 3 à 4 microns	démarre rapidement la fermentation alcoolique	21 à 25 gr.	sensible au SO2 ralentit son action entre 3 et 4° d'alcool et disparaît entre 5 et 6° d'alcool
ELLIPTIQUE Sporogène Saccharomyce ellipsoïdus	ellipse (ovale) 10 microns	agent principal de la fermentation	17 à 18 gr.	active jusqu'à 10-12° d'alcool. C'est la plus rentable et la plus active résistante au SO^2
LEVURE DE PASTEUR sporogène Saccharomyce oviformis	petit œuf 10 microns	achève la fermentation alcoolique	17 à 19 gr.	résistante jusqu'à 16-18° d'alcool Elle est rentable

facteurs ayant une influence sur le comportement des levures

A LA VIGNE	pluie	Au moment des vendanges, si le temps est pluvieux, les grains sont lavés et la fermentation alcoolique sera mauvaise.
	produits insecticides (insectes) fongicides (champignons) utilisés pour traiter la vigne	Certains produits chimiques, utilisés pour les traitements de la vigne, peuvent ralentir ou arrêter leurs fonctions.
AU CUVIER	température	Les levures vivent au ralenti jusqu'à moins 200°. à + 10° leur activité commence de 20 à 30° leur activité est intense de 30 à 35° leur activité est difficile et irrégulière de 35 à 40° leur activité s'arrête. Le travail des levures provoque une augmentation de température de 10 à 15°. Si le moût est trop chaud, il faut le refroidir, s'il est trop froid, il faut le réchauffer.
	Oxygène	L'oxygène est nécessaire pour tous les êtres vivants. En fin de fermentation, les levures sont épuisées de leur effort et l'alcool qu'elles ont produit (antiseptique) commence à les détruire. Aussi pour leur redonner de l'énergie on procède à un remontage : c'est-à-dire aérer le moût en fermentation.
	Acides	Les acides, quand il y en a trop, peuvent ralentir l'action des levures.
	Sucres	A plus de 30 % de sucre dans le moût, l'action des levures est ralentie. A 60 % leur action est arrêtée (le sucre jouant alors son rôle de conservateur). Certaines espèces de levures résistent un peu plus au sucre, et permettent l'obtention de certains vins liquoreux.
	Tanin ou oeno-tanin	Le tanin se fixe sur la membrane des levures et entrave leur action
	Alcool	L'alcool que les levures ont produit finit par les détruire.
	Anhydride Carbonique CO_2 Pression	1 hl de moût dégage 4,5 hl de CO_2. Le CO_2 stagne sur les cuves et peut ralentir la fermentation. En cuve close, sous une pression de 8 à 10 kg, la fermentation peut s'arrêter.

ANTISEPTIQUES AUTORISÉS	Anhydride Sulfureux S02	L'effet antiseptique du SO2 permet une sélection des levures en éliminant certaines d'entre elles qui appartiennent à des genres moins résistants que Saccharomyces. Mis en excès toutes les levures seraient détruites.
	Acide sorbique CH3-CH = CH-CH = CH-COOH	A dose faible 15 à 20 gr par hl, il arrête la multiplication des levures. C'est un antiseptique sélectif, qui n'est pas anti-oxydant et n'évite ni le vieillissement prématuré, ni la madérisation comme le fait le SO2. Aussi risque-t-il de le remplacer.

la cuvaison ou cuvage

Le moût mis dans une cuve entraîne certaines opérations car des modifications vont se produire.

choix des cuves

Elles sont soit :

– en bois : prix élevé, entretien onéreux et délicat.

– en ciment : entretien et hygiène plus facile, moins onéreux, encombrement faible, risque d'enrichir le vin en fer (armature), poreuses parfois.

– en acier inoxydable et en acier vitrifié : chères mais d'un entretien facile, le refroidissement est possible par arrosage extérieur.

durée de cuvaison

Pays chauds : 2 à 3 jours.

Bourgogne 6 à 10 jours.

Bordelais 10 à 15 jours.

La tendance actuelle est de faire des vinifications assez courtes afin d'obtenir des vins souples et rapidement buvables.

mode de cuvaison

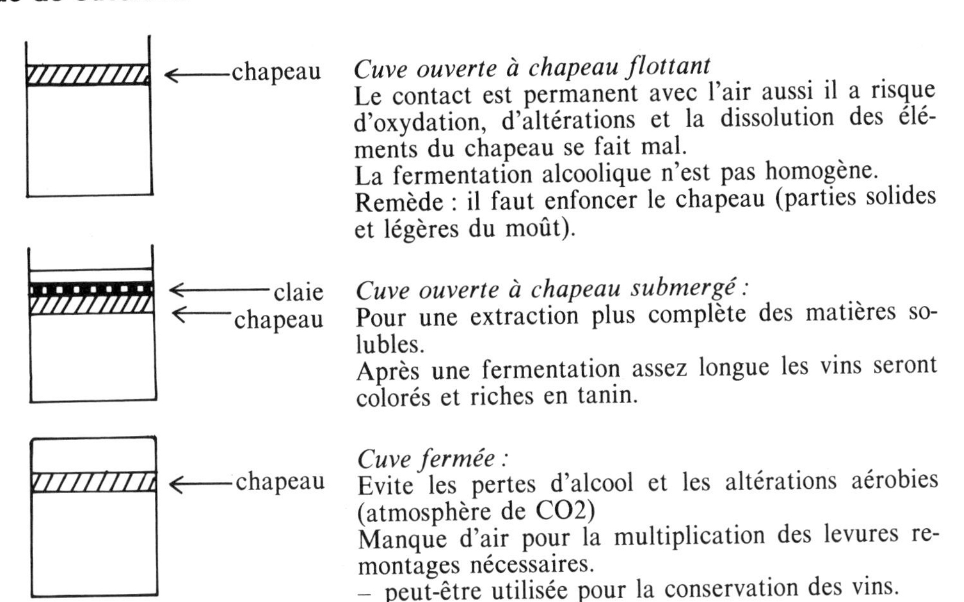

Cuve ouverte à chapeau flottant
Le contact est permanent avec l'air aussi il a risque d'oxydation, d'altérations et la dissolution des éléments du chapeau se fait mal.
La fermentation alcoolique n'est pas homogène.
Remède : il faut enfoncer le chapeau (parties solides et légères du moût).

Cuve ouverte à chapeau submergé :
Pour une extraction plus complète des matières solubles.
Après une fermentation assez longue les vins seront colorés et riches en tanin.

Cuve fermée :
Evite les pertes d'alcool et les altérations aérobies (atmosphère de CO_2)
Manque d'air pour la multiplication des levures remontages nécessaires.
– peut-être utilisée pour la conservation des vins.

opérations pratiques lors de la cuvaison

Une fois le moût dans la cuve de nombreuses transformations vont se produire :

la macération : toutes les particules solubles du raisin vont se dissoudre dans le moût ou l'alcool (couleur, tanin, matières odorantes...).

les fermentations : voir § pages 53 et 57.

Afin d'obtenir un produit parfait, il faut que l'homme évite des erreurs naturelles et les corrige.

Aussi suivant la nécessité il procède à :

sulfitage : voir § page 52

levurage : voir § page 49

remontage : afin d'homogénéiser la vendange et faciliter les levurages d'éviter la dessication du chapeau en le mouillant avec le moût, d'aérer le moût en fermentation, de régler la température du moût par chauffage ou refroidissement.

chaptalisation : voir § page 50

réglage de l'acidité : voir § page 51

débourrage : C'est le débarrassage du moût des grosses impuretés qu'il contient avant sa mise en fermentation (bourbes légères et lourdes).
décuvage/écoulage : Cela permet l'obtention du vin de goutte ou de séparer macération et fermentation.
mutage : (rendre muet) c'est l'arrêt des fermentations par adjonction soit de SO2 soit d'alcool.
stabilisation : Elle se fait généralement par le froid.
On abaisse la température du moût afin d'arrêter toutes fermentations. Le calme revenu dans la cuve, des dépôts se font (lourds et légers) et peuvent être ainsi retirés, par des soutirages ou filtrages.

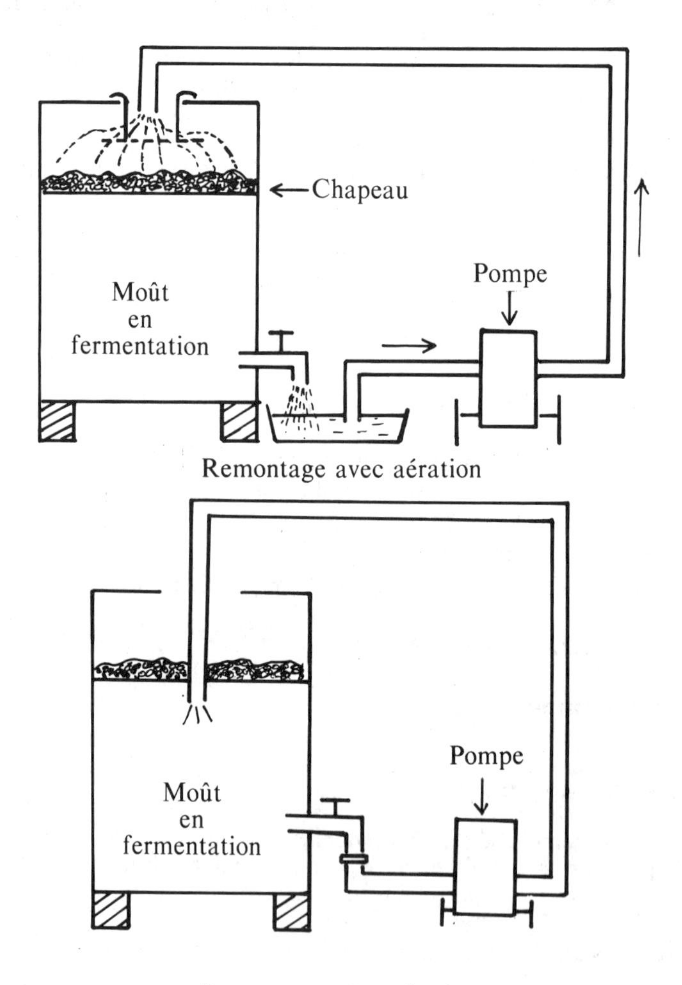

Remontage sans aération

les remontages

le levurage

définition

C'est l'opération qui consiste à incorporer, facultativement, des levures alcooliques dans un moût.

Le but du levurage est :

– soit de favoriser le démarrage des fermentations en cas d'année pluvieuse ou froide.

– soit de favoriser l'achèvement des fermentations en cas de vins riches en sucre.

– soit de stopper l'influence de résidus et pesticides utilisés tardivement.

– soit d'améliorer la qualité du vin lorsque les vendanges sont mauvaises et très fortement sulfitées : ou simplement d'en augmenter le degré alcoolique.

Dans le commerce on trouve les levures sous deux formes : Actives ou Inactives.

Actives : Levures diluées ou moût actif

Inactives : Levures concentrées sous forme sporulée (spores)
Levures desséchées sous vide
Levures lyophylisées par congélation et dessication sous vide.
Levures sélectionnées sur plaques de gélatines.

qu'est-ce qu'un pied de cuve ?

Quelques jours avant la vendange, le vigneron fabrique avec des raisins mûrs un peu de moût.

Il va laisser les levures se multiplier dans leur milieu favorable à une température de 20 à 25° avec une bonne aération (vie aérobie).

Après 3 à 5 jours, les sucres sont épuisés et les levures en surnombre.

Afin de les conserver le vigneron ajoute graduellement soit du moût pasteurisé (chaleur à 70°) soit du moût sulfité et aéré (20 à 30 gr./hl).

Après 5 ou 6 jours le pied de cuve est prêt à être utilisé.

qu'est-ce qu'un levain ?

C'est un moût dans lequel le vigneron ajoute des levures sélectionnées.

A température constante, au bout de 3 jours le levain est prêt à l'utilisation.

utilisation

Après avoir bien agité le pied de cuve ou le levain, le verser dans le moût à fermenter, puis bien mélanger.

Procéder à des remontages à l'air afin d'aérer et homogénéiser l'ensemble.

remarque

Il serait préférable que tous les vignerons utilisent des levures du terroir dites levures indigènes afin de respecter la typicité de leurs vins.

amélioration du moût

Le moût est un produit altérable et nécessite une surveillance et des interventions fréquentes. Non seulement le vinificateur doit loger son moût confortablement, mais il doit aussi veiller à sa bonne santé.

Il faut pour un moût :

que le rapport sucres/acides soit bon
qu'il donne le meilleur vin
qu'il se conserve bien
qu'il ait un bel aspect.

chaptalisation ou sucrage

historique

Dans l'Antiquité, le miel était utilisé pour sucrer les moûts et parfois les vins. Au XVIIIe siècle (1790) le sucre apparaît en Europe et entre dans le sucrage des moûts (Moines de Clos Vougeot).

Le Comte Chaptal (1756-1832) fut le véritable promoteur du sucrage par saccharose (d'où le nom de chaptalisation).

Des abus ont eu lieu, aussi une règlementation s'établit afin d'interdire cette pratique dans certains vignobles.

Chaptaliser : c'est ajouter pendant le début de la fermentation une certaine quantité de sucre. Cette quantité ajoutée est variable selon les zones de production et les années.

procédés

- par adjonction de saccharose
- par adjonction de moût concentré.

A CONDITION D'Y ETRE AUTORISE PAR LES CONTRIBUTIONS INDIRECTES ET D'AVOIR REGLE LA TAXE COMPLEMENTAIRE.

Addition de saccharose : C12 H22 011 sucre de canne ou de betterave.

Procédé : Il faut dissoudre le sucre dans une partie de moût prélevé et le verser petit à petit dans le moût à en chaptaliser, avant la fermentation tumultueuse.

Avantages : bon marché
facile d'emploi
éléments résultant identiques à ceux du vin

Inconvénient : produit étranger à la vigne.

Résultat : Afin d'être utilisé par les levures, il faut que ce sucre soit hydrolisé (voir chapitre des sucres).
Le vin sera plus alcoolisé, plus souple, mais son goût peut être altéré s'il y en a trop.

ADDITION DE MOUT CONCENTRE

Comment obtenir du moût concentré ?

Pour obtenir du moût concentré de raisin, il faut éliminer une partie de l'eau qu'il contient.

Inconvénients : non seulement les sucres se concentrent, mais aussi tous les autres composants du moût (acides, couleur...). Ce procédé est par ailleurs onéreux.

Avantage : produit de la vigne.

Procédé : Il faut verser graduellement ce moût concentré au moût à chaptaliser en mélangeant bien, mais toujours avant la fermentation tumultueuse.

Résultat : Le vin sera plus naturel mais aura une tendance à être « vineux » (avoir tous ses composants en excès).

réglage de l'acidité

Si le moût est trop acide, il faut le désacidifier, s'il n'est pas assez acide, il faut l'acidifier.

acidification

La législation sur l'emploi des acides est très rigoureuse.

l'acidification peut se faire de deux façons : directement ou indirectement.

Moyen direct

soit par adjonction d'acide tartrique uniquement au moût,
soit par adjonction d'acide citrique indifféremment au moût ou au vin.

L'emploi de l'acide citrique est soumis à une règlementation plus stricte que l'emploi de l'acide tartrique.

Moyen indirect

il faut au vinificateur surveiller la maturation du raisin ou utiliser des grapillons verts (non mûrs) riches en acides.

En mélangeant ces grapillons verts à la vendange on obtiendra un mauvais contrôle de dosage, mais ce contrôle sera meilleur si en les récoltant et en les écrasant séparément afin d'obtenir du vert-jus (jus de raisin très acide), on l'incorpore en le dosant.

1 gr. d'acidité est obtenu par le jus de 8 kg de grapillons par hectolitre de moût. Ce moyen est le plus naturel.

Certaines bactéries s'attaquent et détruisent les acides malique et tartrique. Aussi, pour préserver ces acides et ainsi procéder à une acidification indirecte, il ne reste plus qu'à détruire ces bactéries. Le remède est le sulfitage, c'est-à-dire ajouter du gaz sulfureux ou anhydride sulfureux ($SO2$) au raisin, au moût ou au vin.

l'anhydride sulfureux réagit sur certains sels en les libérant, c'est-à-dire que SO_2 mélangé à l'eau devient un acide : l'*acide sulfureux.*

SO_2	+	H_2O	→	SO_3H_2
Anhydride sulfureux	+	*eau*	→	acide sulfureux

En réalité cet acide n'existe pas à l'état libre, mais il a tendance à se combiner à une molécule d'oxygène pour former l'*acide sulfurique.*

$H_2SO_3 + O = H_2SO_4$

désacidification : *Toujours règlementée*

Elle se fait aussi de deux façons :

soit directement, soit indirectement.

Moyen direct :

Le vinificateur peut ajouter des sels neutres dans le moût à traiter afin de précipiter l'acide tartrique sous forme de sel insoluble.

– le tartrate neutre de potassium fait baisser l'acidité tartrique du moût et donne un précipité le bitartrate de potassium.
Il favorise la fermentation malo-lactique (voir chapître suivant).

– le carbonate de calcium a pour précipité le tartrate neutre de Calcium.

Moyen indirect :

Par l'action de la fermentation malo-lactique

Des bactéries s'attaquent aux acides et provoquent une désacidification du moût.
L'acide malique est transformé en acide lactique (moins fort) et en gaz carbonique.

Par mélange :

Mélanger le moût à traiter soit : avec un moût d'acidité très faible soit avec un moût riche en sucre et en alcool.

Ce mélange doit être sain, de même type et de même appellation.

le sulfitage

Rôle du SO_2 : anhydride sulfureux, il a :

– *une action antiseptique,* il peut empêcher le développement des levures et bactéries dans certaines conditions :

– *une action clarifiante,* en effet, il retarde le départ de la fermentation, ainsi les débris se déposent et peuvent être éliminés.

– *une action acidifiante,* il détruit les bactéries qui s'attaquent aux acides, il réagit sur certains sels et libère leurs acides.

– *une action anti-oxydante,* il évite à l'oxygène de se fixer sur certains corps métalliques.

– *une action dissolvante,* pour les tanins et les matières colorantes.

Remarque

Une vendange ou un moût trop sulfité risquerait de détruire les qualités organoleptiques du vin (odeur de soufre brûlé).

différentes présentations commerciales de l'anhydride sulfureux

Formes	Avantages	Inconvénients
Mèches soufrées et pastilles soufrées	procédés anciens et faciles à l'emploi	imprécis
Solution sulfureuse	facile à l'emploi	conservation difficile
Liquéfié en bouteilles résistantes (sulfi-doseurs)	précis avec doseur assez économique	dangereux mélange à surveiller
métabisulfite de potassium (S2 05 K2) sous forme de sel blanc cristallisé	simple	imprécis cher conservation difficile

la fermentation alcoolique

définition

C'est l'utilisation des sucres par les levures en milieu anaérobie et en milieu favorable pour donner de l'alcool.

historique

C'est Pasteur qui en 1860 montra que la fermentation alcoolique se faisait avec le concours d'êtres vivants microscopiques : les levures. Buchner en 1897 prouva que la fermentation alcoolique pouvait aussi se faire avec une substance sécrétée par les levures : la diastase.

Cette diastase ou enzyme est nécessaire à toutes les réactions chimiques désignées sous le nom de fermentation alcoolique.

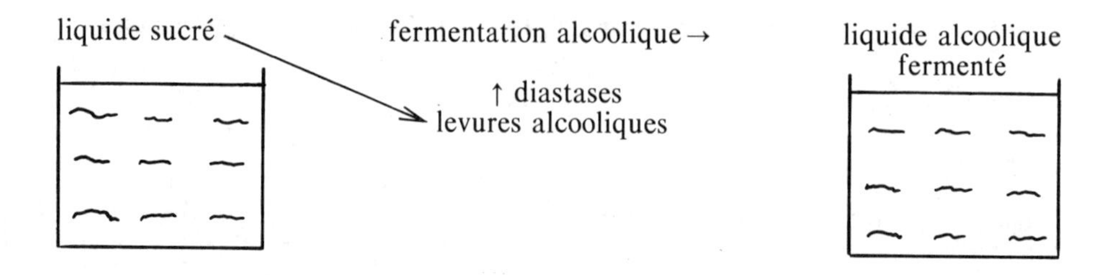

Observations

– *dégagement de gaz carbonique*
qui gêne la respiration
qui éteint une allumette
qui provoque un bouillonnement dans les cuves
– *augmentation de la température*
du cuvier
du moût
– *augmentation de la couleur*
Les matières colorantes sont solubles dans l'eau et bien plus dans l'alcool
– *changement d'odeur et de saveur*
Au début le liquide est sucré et au fur et à mesure de la fermentation il devient de plus en plus alcoolisé, un autre parfum apparaît.
– *diminution de la densité*
transformation du sucre en alcool.
– *augmentation des volumes*
dilatation du liquide par l'augmentation de la température et par le gaz carbonique qui s'échappe.
Formule :

$C_6H_{12}O_6$	→	2 (C_2H_5OH)	+	2 CO_2
Glucose ou lévulose	→	alcool éthylique	+	gaz carbonique

Au cours de la fermentation alcoolique des corps vont se dissoudre :
matières colorantes
matières odorantes
tanin
vitamines
huile... composants du raisin
mais aussi des matières ajoutées par l'homme volontairement
SO_2
Saccharose... lors de rectifications

mais aussi des corps étrangers, involontairement, provenant des matériels vinaires et des produits utilisés.

Fer

Cuivre...

Bilan de la fermentation alcoolique

Composants	formules	quantité propriétés
Alcool éthylique ou ethanol ou alcool ordinaire	C_2H_5OH	Il faut environ 17 grammes de sucre par litre pour obtenir 1° d'alcool l'alcool est brûlant et antiseptique
Anhydride carbonique	CO_2	environ 4 mètres cubes par hectolitre se sont dégagés pour un vin titrant 10° d'alcool. C'est un gaz asphyxiant aussi il ne faut pas entrer en cave sans avoir fait des essais (bougie allumée)
Acides fixes tartrique et malique	COOH CHOH CHOH COOH COOH CH_2 CHOH COOH	composants existants dans le moût
Acide succinnique	COOH CH_2 CH_2 COOH	plus ou moins 1 g par l. stable donne une saveur salée et amère.
Acide acétique	CH_3 COOH	0,30 à 0,40 g par l. (exprimée en acide sulfurique) c'est un acide volatil qui donne un goût de piqué au vin lorsqu'il est en excédant (vinaigre)
Acide pectique		support de la fraîcheur et du fruité
Acide lactique	CH_3 CHOH COOH	1 g par l. environ après la fermentation malo-lactique 2 à 3 g par litre.
glycérine ou glycérol	$C_3H_5(OH)_3$	Le vin renferme normalement des polyalcools de 6 à 10 g par litre soit 1/10e à 1/15e du poids de l'alcool contenu dans ce même vin. peut atteindre jusqu'à 20 g par litre dans le Sauternais. Elle donne du moëlleux au vin

Aldehyde Ethylique	CH3 CHO	5 à 300 mg par l. Elle est due à l'oxydation des alcools pendant le vieillissement. Elle se combine au SO_2. Participe au bouquet des vins.
Esters		L'acétate d'ethyle est le plus connu. Ils sont dus à l'action de l'acide acétique sur les alcools. 0,08 à 0,2 g par l. Si plus le vin a un goût de piqué.
Alcools : Méthanol ou acide méthylique		Sans méthanol il n'y aurait pas de fermentation alcoolique. Il se forme par hydrolise des pectines dans le raisin. 200 à 400 mg par l.
Alcool Supérieurs		Ces alcools de plus de 2 atomes de Carbonne participent au bouquet des vins. Il y en a plusieurs. Le principal est l'alcool isobutylique

conditions favorables à une bonne fermentation alcoolique

- présence de levures indispensable
- les levures doivent être immergées et vivre ainsi une vie anaérobie
- la température doit se situer entre 20 et 25°C.

La durée des fermentations est variable.

Si tous les sucres fermentescibles sont utilisés, la fermentation alcoolique s'arrête.

La fermentation s'arrête, si la teneur en alcool est de 15° à l'alcoomètre de Gay-Lussac. Des sucres non transformés peuvent donc rester dans le vin.

La fermentation alcoolique peut être arrêtée :

involontairement, par manque de surveillance (froid, trop grande pression, trop forte concentration)

volontairement : par adjonction d'alcool ou de SO2 (mutage).

la fermentation malo-lactique

définition

C'est une fermentation secondaire.

Des bactéries transforment l'acide malique (fort) en acide lactique (faible) avec dégagement de CO2 et formation de nouvelles saveurs et odeurs.

Elle peut se déclancher soit en même temps soit après la fermentation alcoolique ou plus tard, ou accidentellement en bouteille.

COOH-CH2-CHOH-COOH	→	CH3-CHOH-COOH	+	CO2
acide malique	bactéries	acide lactique	+	gaz carbonique

conditions favorables à cette fermentation

Influence de la masse : elle se fait mieux dans les grands récipients

Influence de la température : 25-30°C

Influence de l'acidité : voisine de 4,2 (évalué en acide sulfurique)

Influence des sucres : les bactéries ont besoin de l'énergie d'autres substances

conditions défavorables à cette fermentation

Influence du SO2 : antiseptique

Collage

Filtrage

quelle est l'influence de cette fermentation sur la qualité du vin ?

Elle apporte aux vins blancs du pétillant (perlé ou moustillant) comme aux : Muscadet sur lie, Crépy, Gaillac perlé, Sylvaner...

la fermentation intracellulaire

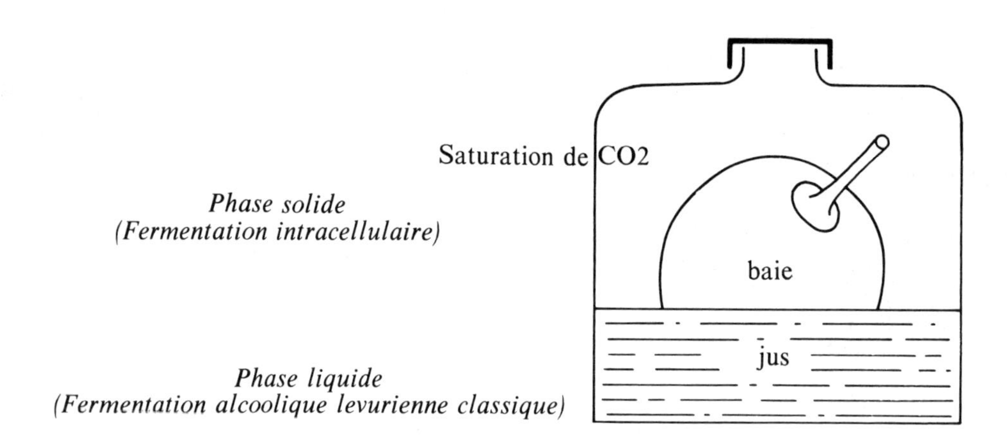

Les cellules de la baie ont besoin d'oxygène pour vivre.

Privées de cet oxygène (saturation de CO_2), elles vont le prendre dans les lacunes (espaces vides à l'intérieur d'un corps) du grain.

Lorsque cet oxygène est épuisé, un phénomène à l'intérieur des cellules se produit : c'est une fermentation intracellulaire (en l'absence de bactéries et de levures).

Les cellules obtiennent de l'oxygène par ces dégradations.

Les réserves s'épuisent progressivement et finissent par disparaître.

Les cellules sont détruites par les déchets formés (notamment l'alcool) et le manque d'oxygène.

résultat

La pellicule du raisin change de consistance et tous ses éléments se mélangent au liquide.

– Apparition d'arômes spécifiques (vins plus fruités)

Formation d'alcool

– Dégradation de l'acide malique (sans formation d'acide lactique) ce qui donne des vins plus souples.

vinification en rouge par le procédé de la macération carbonique

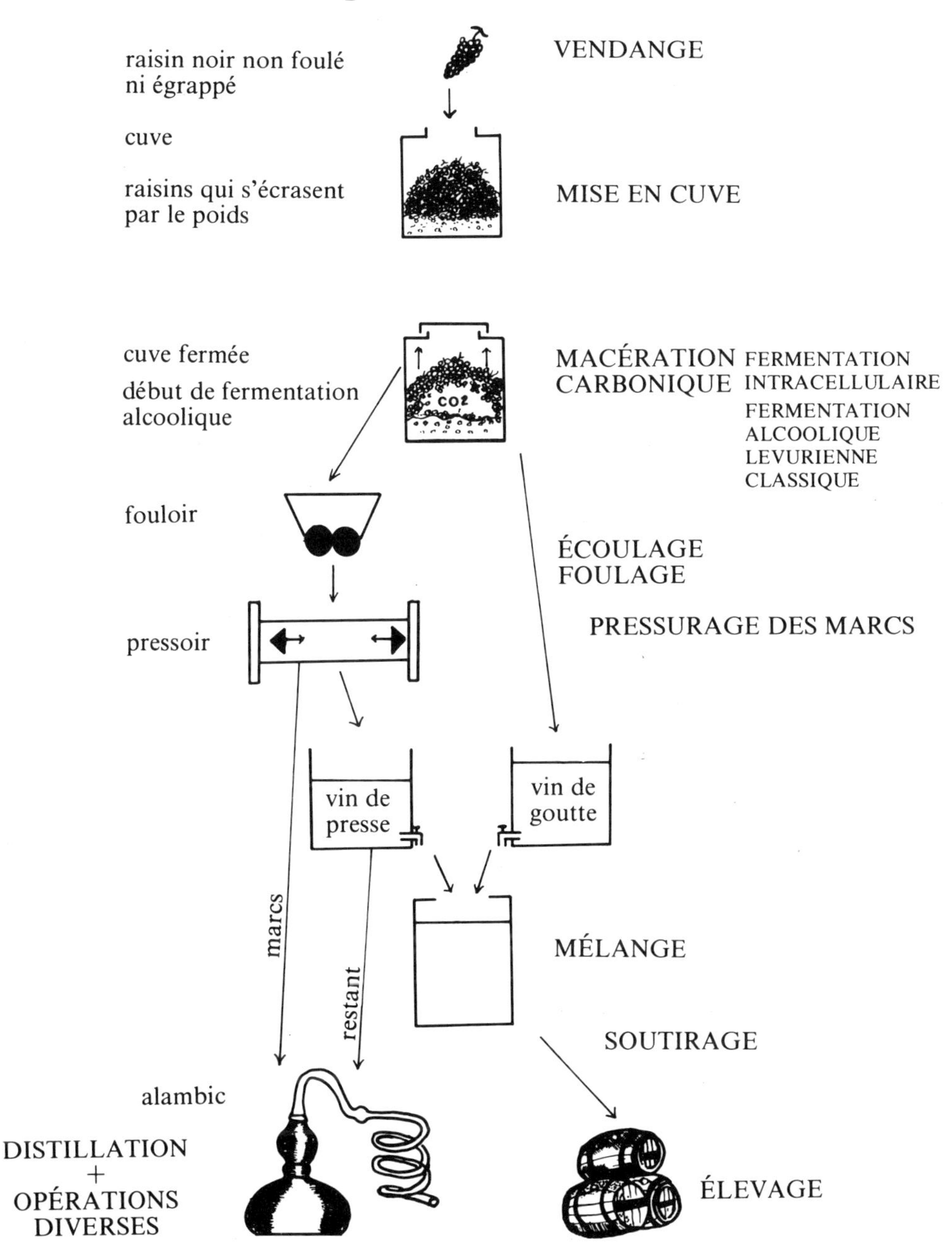

vinification classique par macération à froid pour les vins rouges

opérations indispensables et suffisantes dans le cas d'une vendange saine

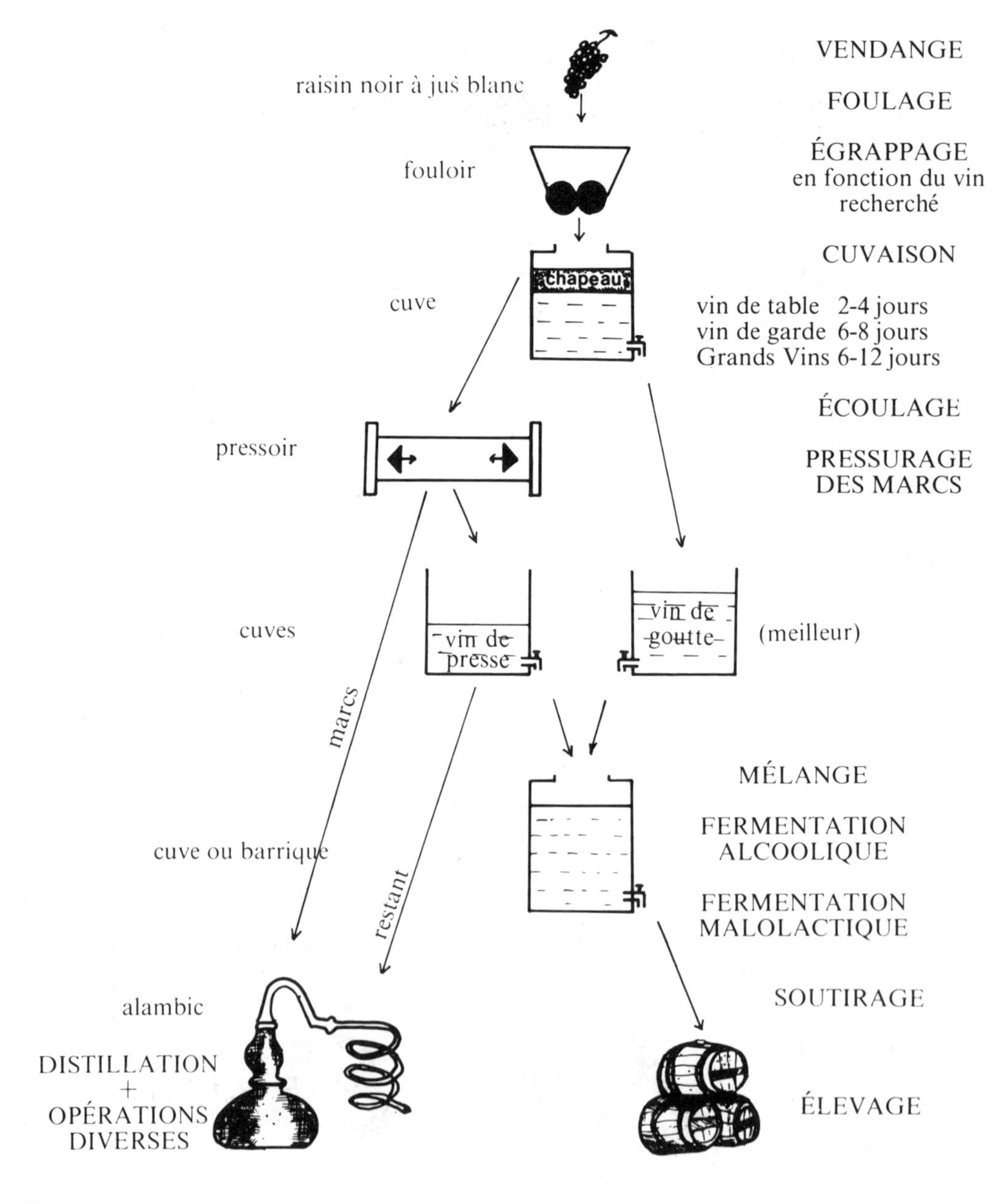

vinification en blanc

de raisins blancs à jus blanc (blanc de blancs)

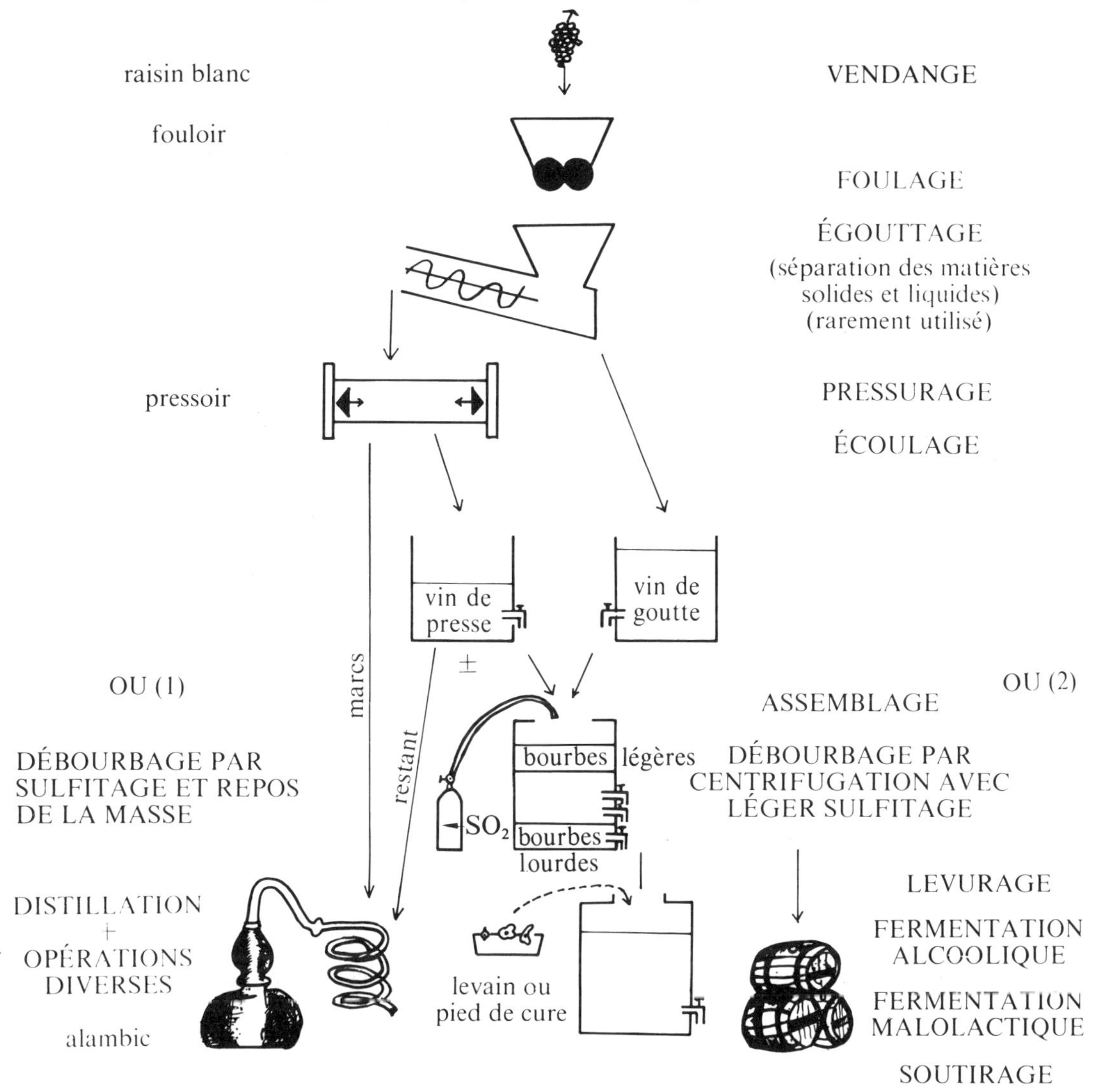

de raisins noirs à jus blanc (blanc de noirs)

La méthode est la même que pour les blancs de blancs en tenant compte d'éviter une COLORATION par foulage et pressurage. Aussi ces deux étapes doivent être rapides.

Pour les vins secs fins, après un léger sulfitage, la fermentation alcoolique se fera sans débourbage à basse température (15°) en fût ou en cuve pendant une durée allant de 2 semaines à 1 mois.

vins doux et vins liquoreux

Ce sont des vins issus de vendanges blanches très riches en sucres (surmaturation, sur paille, passerillage, la concentration des sucres peut être due à l'effet de la pourriture noble).

La totalité de ces sucres n'a pas été transformée au cours de la fermentation alcoolique - soit naturellement soit volontairement.

C'est ainsi qu'un vin avec :

- 10 à 20 gr. de sucre par litre sera demi-sec
- 20 à 40 gr. de sucre par litre sera moëlleux
- 40 à 150 gr. de sucre par litre sera liquoreux.

La vinification est basée sur les mêmes principes que toute vinification en blanc mais le débourbage se fera de préférence par centrifugation — car le moût est visqueux car plus concentré.

La fermentation alcoolique peut être très longue, jusqu'à un an (Sauternais).

Lorsque le vin a atteint un bon équilibre alcool – sucre, il faut le stabiliser c'est-à-dire qu'il n'y ait plus le risque de fermentation. La stabilisation peut être naturelle ou provoquée. Voir Cuvaison.

a) stabilisation naturelle :
lorsque le vin est assez riche en alcool (14-15°) il sera légèrement sulfité si nécessaire afin de paralyser l'action des levures.

b) stabilisation provoquée :
par mutage par S02 à forte dose
par basse température avec léger sulfitage
par la chaleur (thermalisation à 45° toujours avec léger sulfitage).

vins bourrus

Ce sont des vins nouveaux dont la fermentation n'est pas encore terminée.

mistelles

Ce sont des produits obtenus par mutage avec de l'alcool avant tout début de fermentation et servent à la confection d'apéritifs à base de vin.

vins jaunes

Vinification particulière au Jura.
Les vendanges se font à surmaturation - aux premières gelées - sur un seul cépage : le Savagnin.

La fermentation alcoolique en foudres est lente : 1 an sans débourbage ni sulfitage. La fermentation malolactique est souhaitée rapidement. Après un levurage naturel de levures spécifiques dans des tonneaux en chêne, aucun ouillage ne sera pratiqué car ces levures vont se développer sur le vin formant un voile et entraînant une modification importante et particulière pendant 6 à 7 ans.
Ce vin prestigieux peut devenir centenaire.

v.d.n. et v.d.l.

(Vins doux naturels et Vins de Liqueur).

Les opérations de vinification sont les mêmes que pour l'obtention des vins blancs, rouges ou rosés;

mais ces vins sont obtenus par mutage en alcool plus ou moins grand pour arrêter la fermentation alcoolique en vue du produit recherché.

V.D.N. très doux :

Alcool acquis 15° minimum + 6, 5° d'alcool en puissance.

V.D.N. demi-doux ou demi-secs :

Alcool acquis 16° + 5,5° d'alcool en puissance.

V.D.N. secs :

Alcool acquis 18° + 3,5° d'alcool en puissance.

Alcool en puissance	=	Sucres (17 gr. = 1°)
+ Alcool acquis	=	+ Alcool réel
Alcool total	=	Somme de l'alcool réel et de la teneur en sucre

Les muscats subissent un vieillissement de 18 mois à 2 ans en cuve inox.

Les V.D.N. rouges vieillissent de 4 à 5 ans en fûts.

Les V.D.N. Grands crus (Rancios) sont mis en bonbonnes non remplies et exposés au soleil. Les Oxydations particulières confèrent au vin ce goût particulier.

cas particuliers (vins cuits)

Ce sont des vins obtenus après concentration de moûts en chaudière en cuivre. Les moûts sont réduits de 25 à 50 % de leur volume initial.

Il faut une surveillance attentive lors de la cuisson afin d'éviter une trop grande caramélisation.

Après une désacidification ces moûts sont levurés par des levures résistantes à l'alcool.
La fermentation est longue et dure parfois plusieurs années.

vins clairets

ou clairets ou *vin de café* ou *vin d'une nuit* ou *vin de 24 heures*
Ce sont des vins rouges peu colorés obtenus par saignée après une macération courte.

vins gris

Ces vins sont obtenus par une vinification légère.
Pinot Noir en Alsace; Gamay noir à jus blanc en Lorraine.

vinification des vins rosés

Leur vinification en fait des intermédiaires entre les vins rouges et les vins blancs :
mais en aucun cas il ne s'agit d'un mélange de vin blanc et de vin rouge.

mais le vinificateur peut :
– mélanger les vendanges rouges et blanches.

vinification en rosé (rosé de saignée)
dans un cave outillée pour la vinification en rouge (croquis ci-contre)

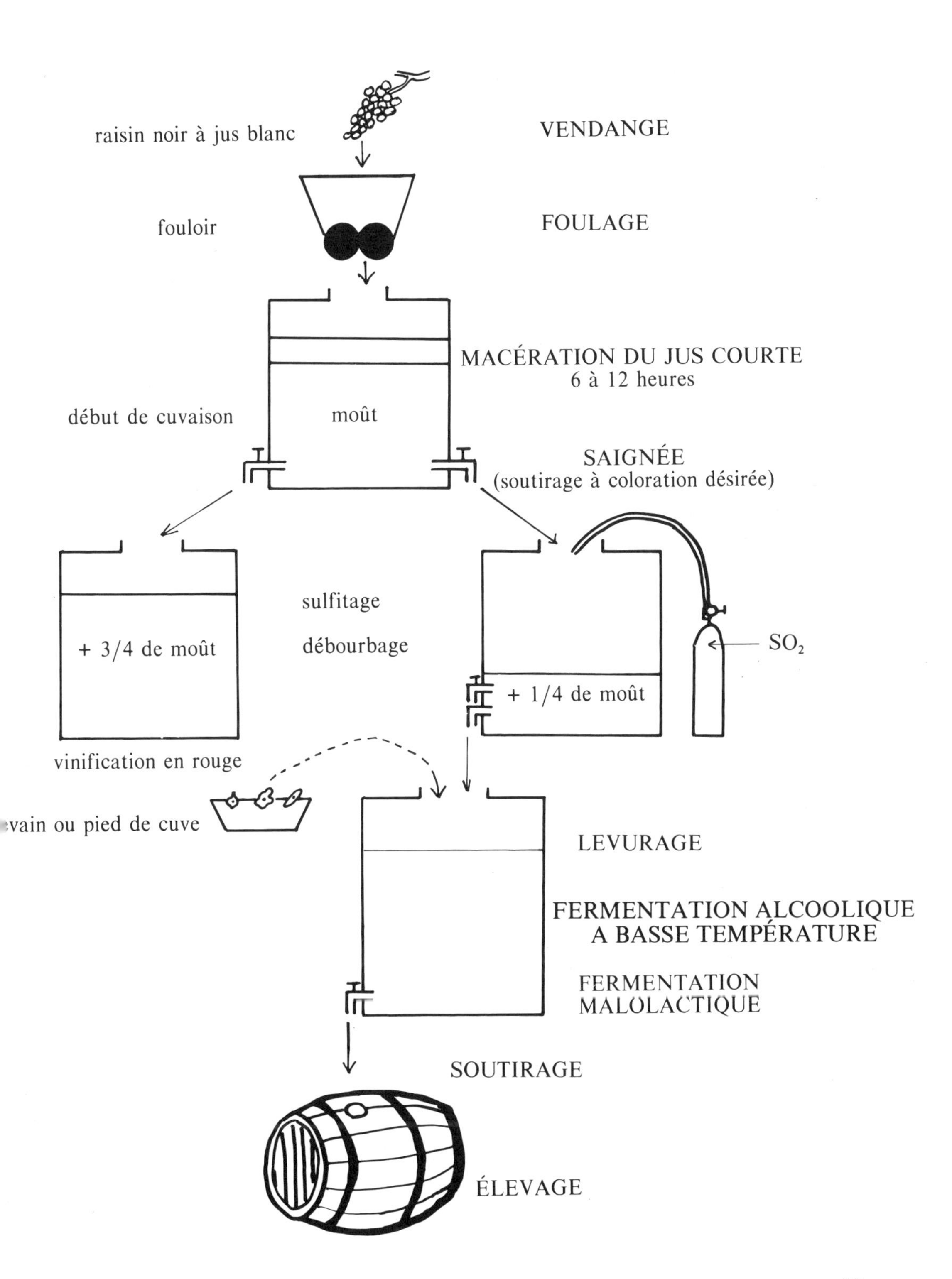
raisin noir à jus blanc
VENDANGE
fouloir
FOULAGE
MACÉRATION DU JUS COURTE
6 à 12 heures
début de cuvaison
moût
SAIGNÉE
(soutirage à coloration désirée)
+ 3/4 de moût
sulfitage
débourbage
SO_2
+ 1/4 de moût
vinification en rouge
vain ou pied de cuve
LEVURAGE
FERMENTATION ALCOOLIQUE
A BASSE TEMPÉRATURE
FERMENTATION
MALOLACTIQUE
SOUTIRAGE
ÉLEVAGE

vinification des vins mousseux

La présence d'oxyde de carbone (CO_2) plus ou moins grande dans du vin le rend effervescent.

Vins natures : traces non décelables de CO_2
Vins perlants : traces non décelables de CO_2, visibles seulement sur le goulot.
Vins pétillants : 1,5 kg de pression par cm^2 (atmosphère).
Vins crémants : 3,5 kg de pression par cm^2
Vins mousseux : 5 kg de pression par cm^2 après dégorgeage.

Comment le mousseux est-il obtenu ?

Il y a plusieurs procédés.

vins mousseux gazéifiés

Ces vins sont obtenus par adjonction d'oxyde de carbone (CO_2) liquéfié dans le vin sec ou moelleux (cette opération se fait en bouteille ou cuve close). Dans le verre le gaz s'échappe vite et la mousse ne tient pas.

vins mousseux produits en cuve close

Après la fermentation alcoolique, on rajoute du sucre et des levures au vin afin d'obtenir une 2e fermentation. Cette 2e fermentation se fait en cuve close afin que l'oxyde de carbone (CO_2) se dissolve au vin.

vins mousseux dits naturels

(méthode rurale ou traditionnelle).
Après un ralentissement de la fermentation par le froid et par des filtrations, le vin (vin incomplètement fermenté) est mis en bouteilles.
La fermentation repart et s'achève dans la bouteille.
Cette méthode a des résultats irréguliers. Le produit n'est pas limpide et le risque d'éclatement de certaines bouteilles est plus grand.

méthode champenoise

Après sa fermentation alcoolique, le vin est mis en bouteilles dans lesquelles on ajoute du sucre et des levures. Les bouteilles sont fermées hermétiquement et une deuxième fermentation démarre.
Cette méthode exige une étude plus approfondie.

méthode champenoise

(terme qui va disparaître pour : méthode traditionnelle)

C'est aux moines bénédictins de l'Abbaye de Hautvillers et en particulier à Dom Pérignon, le procureur du couvent, que revient le mérite d'avoir tiré profit de la disposition naturelle du vin de Champagne à l'effervescence, et d'avoir été les précurseurs de ce qu'on a appelé depuis, la méthode champenoise.

vendanges

Le raisin doit être sain « épluché » si nécessaire (enlever les grains verts abîmés ou écrasés). les raisins sont blancs ou noirs.

pressurage

Sur pressoir spéciaux verticaux larges et bas (afin d'éviter une coloration suivant le raisin pressé).
Dans chaque pressoir 4 000 kg de raisin sont disposés.

Les 2 665 litres de moût, résultats de presses successives, correspondent à 13 pièces de 205 litres chacune.

Les dix premières pièces donnent ce que l'on appelle la « cuvée » destinée à l'élaboration de grands champagnes soit 2 050 litres.

Les trois pièces suivantes portent le nom de « taille » ainsi appelées car il a fallu découper à la bêche le marc compressé.
on a ainsi la première taille et la deuxième taille.

la première taille donne 410 litres
la deuxième taille donne 205 litres

Le résidus, 200 à 300 litres, repressé « moût tâché » sera vinifié en vin de table.

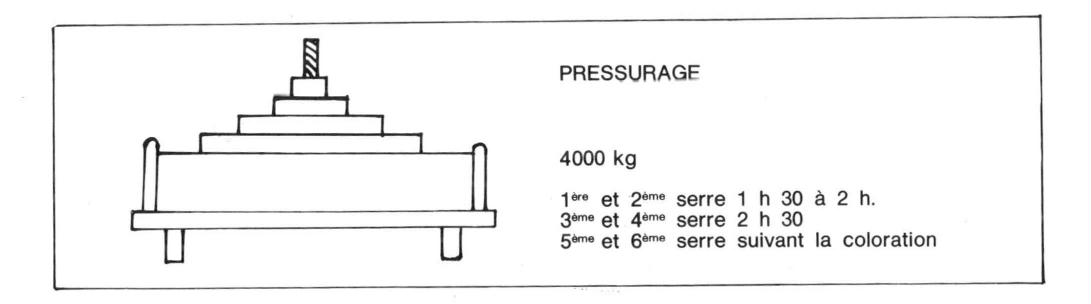

pressurage

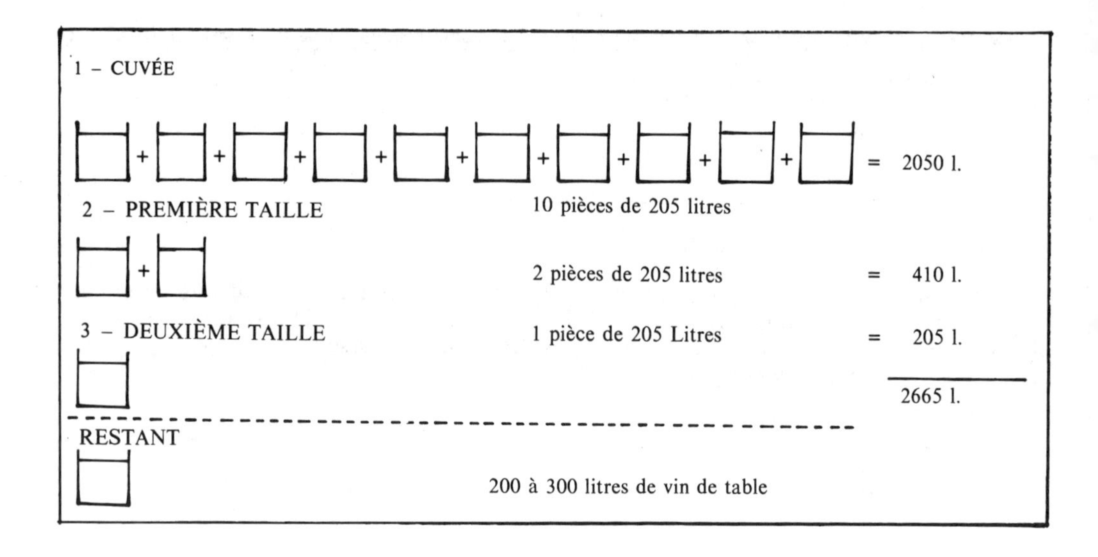

Ce jus de raisin va être vinifié comme tous les vins blancs.
mais pour la champagnisation proprement dite il va falloir procéder à plusieurs opérations spécifiques.

1) Elaboration de la cuvée
2) Le tirage
3) La seconde fermentation
4) Le remuage
5) Le dégorgement
6) Le bouchage
7) Le poignettage

1) élaboration de la cuvée

Les chefs de cave assemblent d'abord des vins d'un même cru ou de crus voisins pour obtenir une « cuvée » homogène (après dégustation et analyse pour prévoir avec certitude ce qu'un mélange de vins donnera au vieillissement).

Après quoi, ils procèdent à un coupage ou mélange de crus différents dans des proportions telles que la délicatesse, la nervosité, la vinosité, l'arôme, la sève, l'élégance et l'aptitude à la conservation soient optima.

Ces « mariages » seront répétés à plusieurs reprises après essais, dégustation et confrontation.

Chaque cuvée aura des caractères spécifiques à la marque du champagne.

Les chefs de cave font généralement entrer dans leurs cuvées une certaine quantité de vins vieux ou « vins de réserve » provenant de récoltes précédentes de grande qualité.

La cuvée aura ainsi plus de finesse, de moëlleux, et une mousse plus tenace.

Elle permet d'homogénéiser la production afin de maintenir une continuité de saveur (goût spécifique) d'une récolte à l'autre.

2) le tirage

Au stade de la cuvée, le vin est encore tranquille.
Le chef de cave remet le vin dans une cuve de tirage (analogue à celle de la fermentation), rajoute des ferments naturels champenois et une liqueur formée d'une dissolution de sucre dans du vin.

Le tout est brassé afin d'obtenir une homogénéisation. 24 g de sucre donnent 6 atmosphères.

On tire ensuite le vin en bouteilles (d'où le nom de « tirage » donné à l'ensemble de l'opération).

Les bouteilles sont bouchées avec soit des bouchons en liège et crochets de fer, soit des capsules couronnes ou soit des bouchons creux en plastic (bidule) recouverts de capsules.

C'est la fermentation au sein de la bouteille, du sucre en alcool et gaz carbonique, qui assurera la prise de mousse.

L'oxyde de carbone (CO_2) restera dissout dans le liquide et donnera, au débouchage, les fines bulles qui le feront pétiller.

3) la seconde fermentation

Elle doit être lente si l'on veut obtenir une mousse légère et persistante.

Les bouteilles sont descendues dans les caves et couchées en tas sur « lattes ».

Lorsque le vin se trouble et qu'un dépôt se forme c'est l'indice certain de la « prise de mousse ».

Au cours de cette période, on remue de temps en temps les bouteilles en reconstituant les tas à un autre endroit.

Le vin doit rester 1 an en cave (3 ans pour les millésimés) mais souvent plus longtemps.

4) le remuage

Les bouteilles sont placées le col en bas (sur pointe) sur des « pupitres » inclinés.

Chaque jour, des remueurs impriment à chaque bouteille un mouvement alternatif très vif de rotation en même temps qu'une trépidation ; ils lui font en outre effectuer 1/8e de tour (repère marqué sur la partie inférieure). Un remueur manipule 30 000 bouteilles par jour.

Cette opération permet au dépôt de se détacher et de se rassembler dans le col de la bouteille que l'on a soin d'incliner jusqu'à la verticale. Durée : 6 semaines à 3 mois.

Les bouteilles sont ensuite placées « en masse » dans une position sensiblement verticale, le col en bas.

5) le dégorgement

C'est l'évacuation du dépôt, rassemblé sur le bouchon, sans perdre de mousse et en laissant le moins de vin possible s'échapper. Ce dégorgement se fait de deux façons : soit à la volée, soit par le froid.

– *à la volée :* il consiste à ouvrir la bouteille à la main afin que le dépôt soit expulsé par le CO_2.

– *par le froid :* Le col de la bouteille est mis dans la saumure à – 20 °C afin de geler la partie du vin près du bouchon.

Une fois la bouteille ouverte, on expulse le petit glaçon qui contient la totalité du dépôt.

La partie manquante va être remplacée par une « liqueur de dosage » ou « liqueur d'expédition » (vin vieux, sucre de canne... en général secret des maisons) ce qui permet de varier les différents types de vins.

6) le bouchage

Il doit être parfaitement hermétique. Le bouchon sera revêtu d'une capsule et d'un « muselet » destiné à éviter qu'il ne soit chassé par la pression.

7) le poignettage

Il a pour but de mélanger au vin, la liqueur ajoutée lors du dosage.

nouveauté

Des scientifiques mettent au point une nouvelle technique pour la seconde fermentation : des levures incluses dans des billes en ALGINATE (matière très poreuse) – 15 à 20 par bouteilles – permettent la prise de mousse en six mois. Le dépôt adhère aux billes, ce qui accélère et facilite les opérations suivantes.

au chai...

Cave à futs

Le Chai est l'endroit où se fait la conservation du vin et où on le soigne jusqu'à la vente et à la mise en bouteilles (Elevage).
C'est le royaume d'un personnage important : le maître de Chai.

soins à donner aux vins

SOINS	DEFINITIONS
SOUTIRAGE	Séparation du vin clair des dépôts (lies, ferments, sels...). Epoque des soutirages : 1ere : 1 à 3 semaines après la fermentation malolactique (aux premiers froids de l'hiver) 2e : au cœur de l'hiver (c'est le 3e pour les régions méridionales) après la précipitation du bitartrate de potassium 3e : avant juin-juillet afin d'éviter la reprise d'activité des ferments (4e des régions méridionales) 4e : à l'automne : le dernier. C'est une mise à l'épreuve de tenue à l'air du vin.
OUILLAGE	Maintien des tonneaux pleins par remplissage du vin de même qualité afin d'éviter les contacts avec l'air. En effet à travers les parois des fûts, une partie du vin s'évapore et de ce fait une nappe d'air est en surface du liquide, ce qui entraînerait des maladies et des oxydations.
COLLAGE	Il a pour but de précipiter au fond certains éléments (non souhaitables) en suspension dans le vin. La colle forme une sorte de filet *Types de colle :* blanc d'œuf sang lait (caséine) cartillage d'os gélatines de poissons (esturgeon)
TANISAGE TANIN	On procède parfois à un tanisage après un collage afin de recharpenter le vin.

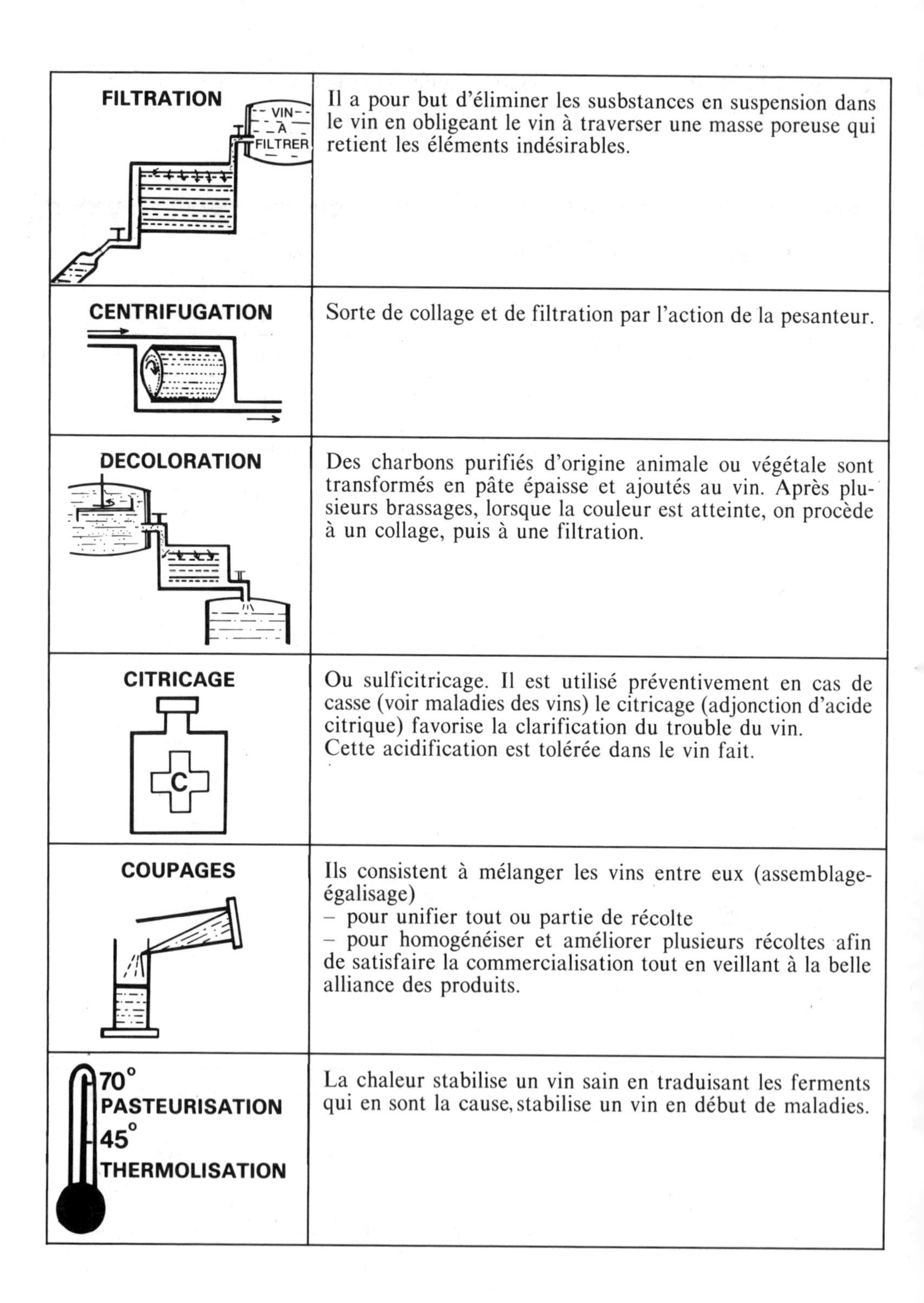

FILTRATION	Il a pour but d'éliminer les susbstances en suspension dans le vin en obligeant le vin à traverser une masse poreuse qui retient les éléments indésirables.
CENTRIFUGATION	Sorte de collage et de filtration par l'action de la pesanteur.
DECOLORATION	Des charbons purifiés d'origine animale ou végétale sont transformés en pâte épaisse et ajoutés au vin. Après plusieurs brassages, lorsque la couleur est atteinte, on procède à un collage, puis à une filtration.
CITRICAGE	Ou sulficitricage. Il est utilisé préventivement en cas de casse (voir maladies des vins) le citricage (adjonction d'acide citrique) favorise la clarification du trouble du vin. Cette acidification est tolérée dans le vin fait.
COUPAGES	Ils consistent à mélanger les vins entre eux (assemblage-égalisage) – pour unifier tout ou partie de récolte – pour homogénéiser et améliorer plusieurs récoltes afin de satisfaire la commercialisation tout en veillant à la belle alliance des produits.
70° PASTEURISATION **45° THERMOLISATION**	La chaleur stabilise un vin sain en traduisant les ferments qui en sont la cause, stabilise un vin en début de maladies.

REFRIGERATION 0°	L'action du froid produit : – une précipitation de tartre – une réaction sur les matières colorantes – une stabilisation (V.D.N. mousseux)

maladies des vins

Elles sont dues à des bactéries.

Constatées trop tard, elles causent toujours des altérations profondes.

Les vins généralement pauvres en acides, sont plus sensibles aux maladies.

Une bonne hygiène des caves et de la vaisselle vinaire, des analyses et contrôles bactériologiques réduisent ces risques.

(voir tableaux pages suivantes)

MALADIES DES VINS			NOMS	CAUSES	CONSTATATIONS
	MICROBIENNE	AEROBIE	de la fleur	mycoderma vini	Formation d'un voile grisâtre, blanc ou rosé qui se brise facilement. L'alcool se transforme en eau.
			de la piqûre ou acescence. fermentation acétique	mycoderma acéti	Un voile s'épaissit, devient glaireux (mère du vinaigre) le vin devient piqué acide. Maladie grave.
		ANAEROBIE	fermentation de la tourne ou de la pousse	vins mal constitués, faibles en alcool, en acide bactérium tartarophtorum	Les bondes sautent, dégagement de CO_2 la glycérine et les acides sont attaqués. Picotement, traînées soyeuses dépôt glaireux – goût fade.
			de la Mannite fermentation mannitique	chaleur bactérium mannitopoeum	Avec le fructose, les bactéries font du Mannitol ou Mannite. Goût aigre-doux du vin.
			fermentation de la graisse	vins mal constitués, peu d'acide, d'alcool, de tanin	Les vins blancs deviennent troubles coulent comme de l'huile et ont un goût plat et fade.
			fermentation de l'amer	vins peu acides bactéries qui s'attaquent à la glycérine avec formation d'acides volatils odorants (butyrique et acétique)	Surtout aux rouges de Bourgogne. Les vins deviennent de plus en plus amers, les matières colorantes deviennent insolubles.
			fermentation lactique	piqûre lactique décomposition des sucres avec formation d'acides lactique et acétique sans production de mannite	Goût très particulier
	PHYSICO CHIMIQUES		casse ferrique	casse blanche : action du Fer sur l'acide phosphorique le vin devient laiteux, opalescent dépôt gris-bleuté. casse bleue : action du Fer sur les matières colorantes les blancs noircissent, les rouges s'irisent dépôt noir ou bleu	

TRAITEMENTS PREVENTIFS	TRAITEMENTS CURATIFS
ouillage	maladie peu grave
décuvage juste après la fermentation ouillage éviter les récipients contaminés	sulfiter à raison de 8 à 10 gr/hl collage filtrage pasteurisation (si grave)
désinfecter le matériel sulfiter la vendange avant la fermentation (fûts neufs = tanin) acidifier les moûts achever les fermentations	sulfitage 8 à 10 gr/hl collage filtrage soutirages fréquents pasteurisation (si grave)
réfrigération	sulfitage
surveiller les vendanges surveiller les fermentations	sulfitage de 5 à 10 gr/hl citricage environ 50 gr/hl collage tanisage
acidifier pasteuriser	procéder à deux collages successifs avec tanisages simultanés
léger sulfitage	sulfitage 5 à 6 gr/hl
éviter tout contact avec le fer	citricage

		NOMS	CAUSES	CONSTATATIONS
MALADIES DES VINS	PHYSICO CHIMIQUES	casse cuivrique	action du cuivre sur l'hydrogène sulfuré (réduction de SO2) dépôt brun rouge	
	DIASTASIQUES	casse oxydasique	diastase de pourriture grise sur les matières colorantes	Oxydation intense de la matière colorante le vin devient chocolat, a un goût de cuit, amer; dépôt plus ou moins épais
		casse hydrolasique	les hydrolases : enzymes qui disloquent les mollécules organiques en fixant de l'eau	Les vins rouges deviennent de plus en plus troubles après le 2e hiver

Labour de débuttage au début du Printemps

TRAITEMENTS PREVENTIFS	TRAITEMENTS CURATIFS
éviter les contacts avec le cuivre collage à la gomme arabique 5 à 10 gr/hl	même traitement que ci-dessus
surveillance de la fermentation, décuvages rapides	sulfitage pasteurisation (si grave)
décuvages rapides et surveillance des fermentations	collages répétés

Fermentation en fût

mise en bouteilles mécanique

la mise en bouteilles

Elle se fait après les froids de l'hiver, quand le vin est parfaitement sain, clair et limpide.

Elle doit se faire par temps sec (éviter l'été) soit manuellement soit mécaniquement.
manuellement : Après avoir mis le tonneau sur chantier, lui mettre un robinet de bois (cannelle). Le caviste incline la bouteille à remplir afin d'éviter une agitation excessive du vin. Les bouteilles doivent être remplies au plus près du bouchon.
mécaniquement : Un matériel perfectionné est utilisé afin que la mise en bouteilles se fasse sans brassage violent et sans aération du vin : ce qui risquerait de nuire à son évolution.

Les bouteilles doivent être parfaitement propres et ne jamais avoir contenu des produits chimiques ou odorants.

Après lavage, séchage, chaque bouteille doit être humée et mirée (visitée)

Le contenu d'un tonneau doit être mis en bouteilles en une seule fois il faut donc prévoir le nombre de bouteilles à cet effet.

Il faut enfin utiliser de préférence les bouteilles de forme traditionnelle au vin tiré.

les différentes bouteilles

C'est au XVIIe siècle que les bouteilles ont permis la présentation, le transport et la conservation du vin.

C'est au début du XIXe siècle que les bouteilles ont pris une forme spécifique à une région.

Les premières bouteilles mécaniques furent employées à Cognac en 1894.

Certaines régions utilisent des formes de bouteilles dont l'origine n'est pas propre à leur région :

Exemple : la Bordelaise à Bandol la flûte en Savoie...

Bordelaise	0,75 l.
Bourguignonne	0,75
Flûte	0,75
Champenoise	0,75
Provençale	0,75
Clavelin	0,63
Pot Lyonnais	0,32
Fillette (Nantes)	0,33
1/2 bouteille	0,375 l.

En étudiant le vignoble Champenois, nous étudierons les différentes contenances de certaines autres bouteilles.

le bouchon

Il s'avère que le liège est le matériau indispensable à la vie du vin en bouteille.

Les chênes-lièges poussent dans le sud de la France, dans les régions Midi-Pyrénées et Provence-Corse.

Seulement l'exploitation est rare et La France importe du liège des autres rives de la Méditerranée et du Portugal.

L'écorce décollée du tronc est mise à sécher pendant 3 mois environ. Après avoir été immergée dans de l'eau bouillante pendant une heure, elle sera mise en cave pour vieillir pendant 1 à 2 mois.

Puis le bouchon sera taillé, poncé puis lavé dans des bains désinfectants afin de supprimer les microbes, bactéries et champignons.

Séchés par centrifugation à chaleur douce, les bouchons sont triés un par un et classés.

Il est parfois « satiné » et « marqué » et « millésimé » aux noms des récoltants.

Pour les vins vieux, il faut vérifier la qualité des bouchons qui risquent de s'altérer et d'altérer le vin, aussi on doit les changer s'ils ont perdu leur élasticité ou s'ils s'effritent.

Pour les grands vins, on choisira des bouchons d'excellente qualité (c'est-à-dire avec un « miroir » – partie en contact avec le vin d'une très grande finesse).

En observant un bouchon de champagne, vous remarquerez que la partie en contact est toujours en liège de première catégorie, alors que le corps du bouchon est en aggloméré de liège avec une rondelle de moins bonne qualité séparant ces deux parties.

l'étiquette

Elle est importante car c'est par elle que le consommateur reconnaît le produit mis en bouteille.

C'est la carte de visite du vin.

Ces mentions sont soumises à des règles très strictes : (libellé, formats du papier, des caractères...).

La règlementation communautaire actuelle ne simplifie pas la tâche des professionnels ni celle des Juristes et des fonctionnaires chargés de l'appliquer.

Exemple :

Le titre alcoométrique est maintenant exprimé en degré alcoolique volumétrique 11 % vol. 14 % vol.

le millésime

Il indique l'année de la récolte du vin. C'est-à-dire son âge.

En principe on ne millésime que les bonnes années; souvent d'ailleurs elle n'indique qu'une tendance générale de l'année car beaucoup de faits sont en cause (micro-climats, âge de la vigne...).

Il peut y avoir de bonnes bouteilles en mauvaise année et de mauvaises sous un grand millésime.

calendrier

Année	Loire	Bordeaux R	Bordeaux B	Rhône	Bourgogne R	Bourgogne B	Alsace	Champagne
1970	G	TG	TG	TG	G	TG	TB	G
1971	G	TG	G	G	G	G	TG	TG
1972	B	TB	TB	B	G	B	B	TB
1973	TB	G	TB	B	TB	G	TB	TB
1974	TB	G	G	TB	TB	G	TB	TB
1975	TB	excep. G	excep. G	B	B	G	G	G
1976	G	TG	G	TG	excep. G	G	G	TB
1977	G	G	G	G	B	G	TB	G
1978	G	TG	G	TG	TG	TG	G	G
1979	TB	TG	TG	G	G	G	TB	TB
1980	TB	G	G	G	TB	G	TB	TB

G = Grand

TG = très grand

excepg. G = exceptionnellement grand

B = Bon

TB = très bon

classification des vins

différentes catégories de vins

les vins de table

Ce sont les vins que l'on boit tous les jours pour se désaltérer. Ils résultent souvent, mais pas toujours du COUPAGE de vins de provenances différentes; ils ont de ce fait, perdu leur individualité originelle. Ils sont issus de la fermentation de raisins récoltés dans la C.E.E. Ils doivent tous titrer le degré de *8°5* acquis au moins après les opérations éventuelles et règlementaires d'enrichissement, mais ne pas dépasser un titre alcoométrique total de 15°.

les vins de pays

Ce sont des vins de table de provenance déterminée, donc personnalisés, dont la désignation comporte une *indication géographique*. Ils ne sont pas soumis à la discipline particulière

Quelques étiquettes

des V.Q.P.R.D. et n'ont pas, en conséquence, l'originalité les caractérisant. Cependant ils possèdent un type que concrétise l'indication géographique de leur *provenance*. Ces vins sont obtenus intégralement à partir de *cépage* déterminés et proviennent exclusivement du *territoire* délimité dont ils portent le nom. La loi française ajoute parfois à ces règles communautaires fondamentales d'autres clauses telles que le degré alcoométrique minimal, l'absence d'enrichissement par chaptalisation ou autre moyen, la dégustation obligatoire avant la commercialisation.

C'est ainsi qu'un vin de pays des Côtes du Tarn, vin souple et léger, un vin de pays des Pyrénées Orientales, vin soyeux et charpenté ne peuvent être confondus, étant bien précisé que ces vins n'ont pas les caractères spécifiques exigés des vins d'appellation d'origine.

les vins de qualité produits dans des régions déterminées :

Par V.Q.P.R.D., on entend les vins répondant aux prescriptions de la C.E.E., ainsi qu'aux mesures arrêtées en application de celles-ci par les règlementations nationales. Sont obligatoirement précisées dans les textes de définition, les conditions suivantes :

- la région *déterminée*, c'est-à-dire l'aire ou l'ensemble d'aires produisant des vins possédant des caractéristiques particulières et dont le nom est utilisé pour désigner ces boissons.
- les *cépages* de production, exclusivement en *VITIS VINIFERA*
- les pratiques culturales arrêtées
- le *degré* alcoolique minimal *naturel*.
- les méthodes de vinification
- le *rendement* limite à l'*hectare* de vignes en production
- les examens analytiques et *organoleptiques* à effectuer avant la commercialisation
- les règles d'étiquetage et de présentation en général.

les appellations d'origine française :

Les Appellations d'Origine Contrôlées (AOC) et les Vins Délimités de Qualité Supérieure (VDQS) entrent dans la catégorie des V.Q.P.R.D.

Les Appellations d'Origine Françaises sont ainsi définies : « Constitue une appellation d'origine, la dénomination d'un pays, d'une région, d'une localité, d'un lieu-dit, servant à désigner un produit qui en est originaire, et dont la qualité ou les caractères sont dûs au *milieu géographique* comprenant des facteurs *naturels* et des facteurs *humains*.

Le cumul de la *richesse de la nature* et du *savoir faire de l'homme* est le principe même de l'appellation d'origine.

L'élément essentiel de l'appellation d'origine est cependant constitué par le *milieu*.

le congé

C'est l'extrait de naissance qui accompagne un vin.

La dénomination exacte du vin y est mentionnée.

C'est un document officiel qui indique que les taxes ont été payées et qui permet au vin de circuler sur le territoire français d'un point à un autre pendant un temps précis.

Si les taxes n'ont pas été payées, le transport de ces boissons sera accompagné d'un acquit à caution.

Pour les vins en bouteilles, une capsule-congé remplace le document.

Différents congés :

Congé bulle : (beige clair) pour accompagner les vins ordinaires, les vins de consommation courante, les vins de Pays.

Congé vert : pour toutes les Appellations d'origine contrôlées

Congé jaune d'or : pour Cognac et Armagnac

Congé blanc : pour les eaux-de-vie avec appellation

Congé orange : V.D.N. et V.D.L. avec appellation

Congé rose : apéritifs à base de vin ou d'alcool eaux de vie et liqueurs sans appellation. V.D.N. et V.D.L. sans appellation.

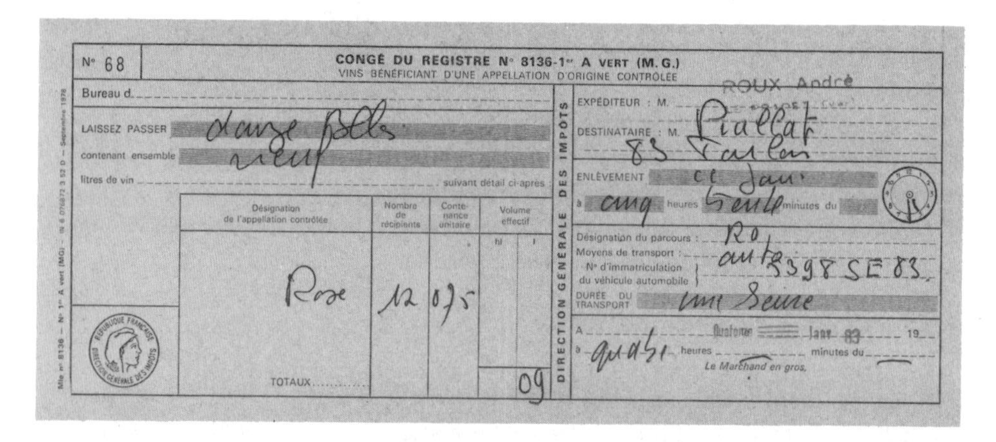

N° 68

CONGÉ DU REGISTRE N° 8136-1er A VERT (M.G.)
VINS BÉNÉFICIANT D'UNE APPELLATION D'ORIGINE CONTRÔLÉE

Bureau d.

LAISSEZ PASSER
contenant ensemble
litres de vin .... suivant détail ci-après

Désignation de l'appellation contrôlée	Nombre de récipients	Contenance unitaire	Volume effectif hl	l
Rose	12	0,75		
TOTAUX				09

DIRECTION GÉNÉRALE DES IMPÔTS

EXPÉDITEUR : M. ROUX André
DESTINATAIRE : M. Piallat
83

ENLÈVEMENT
à ... heures ... minutes du

Désignation du parcours : RO
Moyens de transport : auto
N° d'immatriculation du véhicule automobile : 3398 SE 83
DURÉE DU TRANSPORT

A .... 19..
à ... heures ... minutes du
Le Marchand en gros.

Mle n° 8136 — N° 1er A vert (MG) — Septembre 1978

RÉPUBLIQUE FRANÇAISE — DIRECTION GÉNÉRALE DES IMPÔTS

Vu à ....
le ....
à ...... heures ...... min. du ......

Vu à ....
le ....
à ...... heures ...... min. du ......

AVIS IMPORTANT

Le présent congé sera considéré comme nul s'il présente des blancs non remplis et des surcharges.

RETARDS ET TRANSIT

Recommandation. — Les conducteurs sont tenus de faire constater légalement les retards qu'ils éprouvent. Autrement on n'y aurait aucun égard.

Suivant une déclaration de transit inscrite au bureau de .... sous le n° ......, le transport du chargement énoncé d'autre part a été interrompu du ...... à ...... heures ...... min. du ...... jusqu'au ...... à ...... heures ...... min. du ......

Le Receveur local,

BOISSONS NON LIVRÉES A RÉINTÉGRER DANS LES CHAIS DU MARCHAND EN GROS

Motif de la non-livraison : ....

Espèces et quantités des boissons à réintégrer (au cas de refus partiel) : ....

Désignation du parcours : .... Durée du transport : ....

A ......, le ......, à ...... heures ...... minutes.

Signature du destinataire : Signature du transporteur :

modèle de congé vert recto-verso

où acheter les vins ?

Chez le *vigneron :* qui assure l'authenticité et l'origine du cru.

Un vigneron n'a cependant que peu de vins à proposer.

L'amateur va souvent chez le producteur; il choisit lui-même ses vins, il les met lui-même en bouteilles et les élève.

Il vaut mieux se fier à un bon *négociant-éleveur* car les manipulations sont délicates et aléatoires. De plus, il offre une gamme plus vaste de crus régionnaux.

D'autres, au gré d'une promenade peuvent faire connaissance avec des crus locaux, dans des *caveaux de dégustation* et repartir avec des échantillons.

Pour des occasions exceptionnelles, les achats se feront chez le détaillant, au fur et à mesure des besoins. Le marchand de vins permet par ses conseils de faire d'agréables découvertes. Il faut éviter d'acheter des vins vieux (ils peuvent avoir été maltraités et de plus ils sont chers). Donc il faut acheter l'année de la récolte en suivant chaque année les résultats donnés par la presse.

A condition de posséder une bonne cave.

la cave

« C'est la cave qui fait le vin. »

cave idéale ou œnothèque (voir croquis ci-contre)

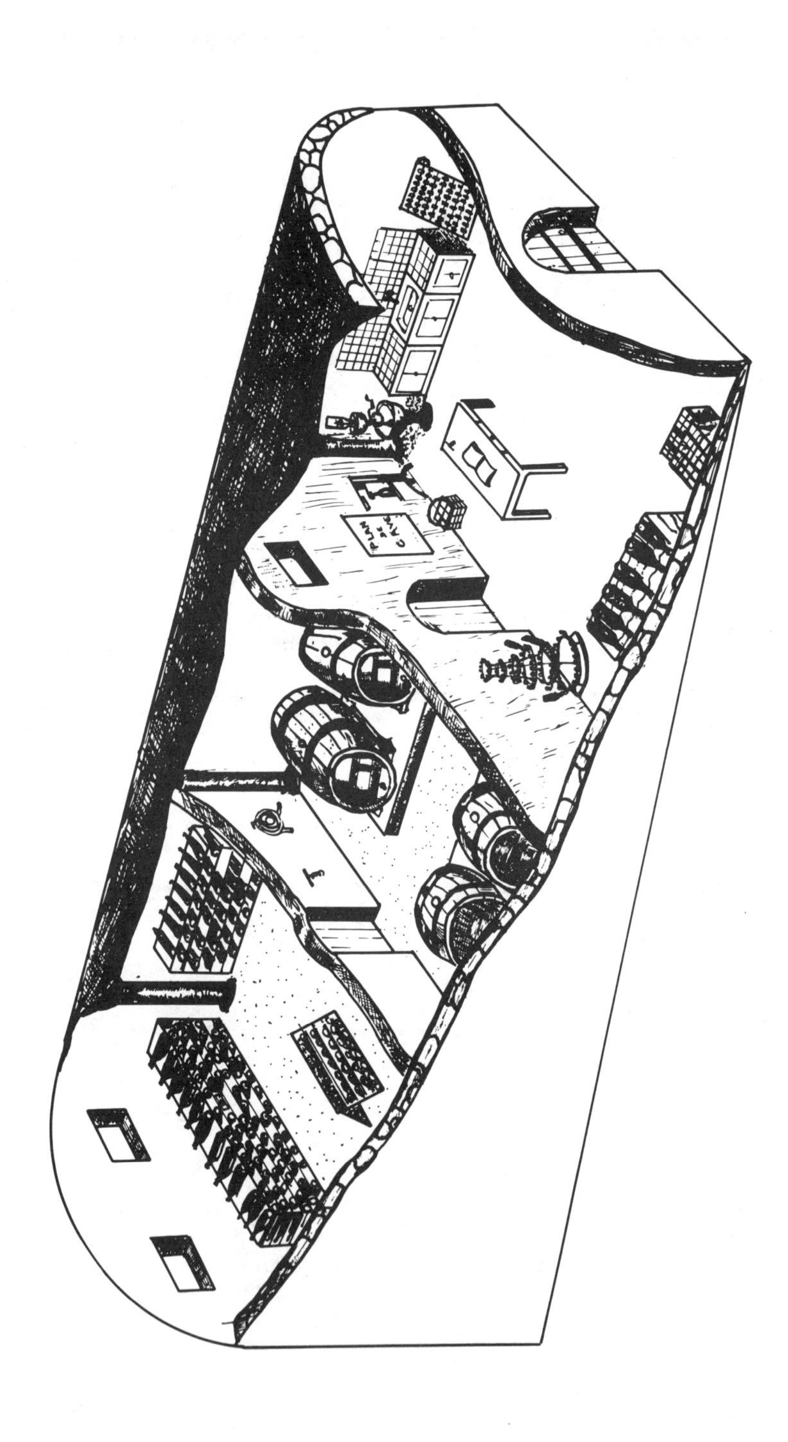

la cave idéale

La cave idéale doit-être :

– orientée au nord ou au levant (frais et sec), éviter le contact direct avec l'extérieur (changement brusque de température et de luminosité).

– en maçonnerie ou en pierre mais voûtée (meilleur équilibre de la pression).

– avec un sol en terre battue de préférence (réglage de l'humidité). L'hygrométrie idéale est située entre 70 et 80°.

– aérée, par soupirail à châssis mobile (réglage de l'aération, de la température, de l'humidité).

– de température constante : 9 à 11°.

– munie d'éclairage indirect (l'obscurité est nécessaire à la vie du vin, la lumière détruit les couleurs).

– loin des sources de bruits et de trépidations (moteurs, voies ferrées, routes à grande circulation... Le vin peut se casser « décomposer »).

– absente d'odeurs étrangères (le vin respire par le bouchon) : fuel, produits chimiques, vinaigre, égoûts...

– loin des produits fermentescibles tels que champignons, légumes, fruits fromage, bière...

Comment placer les vins ?

Les bouteilles seront couchées horizontalement, afin que le bouchon soit toujours en contact avec le vin. Mettre les étiquettes dessus et laisser vieillir dans cette position.

Où placer les vins ?

Les vins blancs, rosés et mousseux doivent être mis le plus près du sol. Les rouges dans les rangées supérieures. Il y a plus ou moins un degré d'écart entre le plafond et le sol.

Comment meubler sa cave ?

Trois vins de base sont nécessaires, un rouge, un rosé et un blanc.

Ce sera de bons vins, crus d'origines modestes, aptes à être servis dans toutes les circonstances.

Il faut prévoir quelques crus respectables pour les grandes occasions.

Il faut tenir compte qu'il faut deux fois plus de rouges que de blancs.

Eventuellement il est bon de posséder pour les initiés quelques bouteilles « de derrière les fagots » (collection de grands crus).

Il est bon d'avoir des mousseux à la méthode champenoise (St Péray, Clairette de Die, Blanquette de Limoux, Vouvray, Montlouis...) pour des manifestations modestes, pour entrer dans la confection de cocktails, ou pour être bus à l'apéritif.

Le champagne garde sa place dans toutes les bonnes caves, mais il ne se garde guère plus de cinq ans.

le livre de cave

Il est bon de tenir un livre de cave, afin d'y noter les noms et adresses des fournisseurs, lieux et dates d'achats, millésimes, prix, quantités...

et

les commentaires et pourquoi pas le nom des convives qui ont apprécié ces merveilles.

le plan de cave

Dans une cave, les vins sont affichés sur un tableau par classement alphabétique.

On regarde chaque nom et le numéro du casier correspondant.

Il facilite les recherches dans une cave riche en bouteilles, en marques, en millésimes de la même marque.

N° du Casier	Désignation	Millésimes
3	Arbois rosé	
14	Brouilly	1979
28	Brouilly	1980
18	Corton	1979
24	Entre-deux-Mers	
37	Gewurztraminer	1977

à table...

l'art de la décantation

Il est impossible d'empêcher le dépôt des tanins et matières colorantes malgré les recherches de stabilisation des vins.

Certains vins rouges, Bordeaux, Bourgogne ont tendance à déposer beaucoup en vieillissant.

Au moment de les servir, il est nécessaire pour qu'ils arrivent dans les verres avec la limpidité voulue, de procéder à la décantation.

Décanter : c'est simplement séparer le vin de son dépôt.

Prendre et manipuler avec de grandes précautions la bouteille à décanter. La déboucher avec soins, sans agiter le dépôt et procéder au transvasement dans une carafe à décanter.

Cette opération se fait souvent à la lumière d'une bougie.

La flamme de la bougie étant placée derrière le goulot de la bouteille afin d'apercevoir les premiers dépôts.

A ce moment là, l'opération s'arrête; la carafe devra être fine, élégante de préférence en cristal et préalablement chambrée.

La carafe pleine sera posée sur la table accompagnée de la bouteille avec son bouchon afin de ne pas priver l'initié de la vue de la prestigieuse bouteille.

Il faut éviter de se servir d'un filtre, qui risque d'altérer le goût du vin.

La décantation s'effectue un peu avant le service :

Un vin résistant a le temps de s'oxygéner et de développer son bouquet.

Un vin très vieux et fragile sera décanté juste avant de le consommer afin d'éviter toute oxydation néfaste.

Certains amateurs, sont sensibles à cette opération pour son côté spectaculaire.

D'autres par contre sont contre et préfèrent éviter un intermédiaire par crainte d'une oxydation plus importante du vin.

quand faut-il boire un vin ?

Certains vins doivent être bus rapidement et d'autres, conservés dans des conditions favorables, peuvent être dégustés après une garde de plusieurs générations.

Très peu de temps après la fermentation, les vins de primeurs sont consommés. Beaujolais nouveau, Touraine primeur, Côtes du Rhône primeur, Bordeaux Primeur...

de 1 à 3 ans :

Quincy
Reuilly
Sancerre
Pouilly-sur-Loire
Touraine
Côteaux du Loir
Anjou
Muscadet
Bordeaux
Béarn
Irouleguy
Gaillac
Côtes de Provence
Savoie
Beaujolais Villages
Bourgogne
Jura

de 3 à 6 ans :

St Pourçain sur Sioule
Pouilly Fumé
Jasnières
Saumur R
Rosette
Montravel
Bergerac
Médoc
St. Emilion
Graves
Pomerol
Sauternes
Côtes de Duras
Pacherenc du Vic Bihl
Maury
Côte d'Agly
Fitou
Bandol
St. Joseph
Cornas
Tavel
Côtes de Nuits
Côtes de Beaune
Grands crus du Beaujolais
Alsace

de 6 à 10 ans :

Bourgueil
St. Nicolas de Bourgueil
Montlouis
Chinon
Savennières
Côteaux du Layon
Côteaux de l'Aubance
Saumur-Champigny

Monbazillac
Pécharmant
Appel. Vill. du Médoc
Satellites de St. Emilion
Côtes de Buzet
Madiran
Jurançon moëlleux
Cahors

Banyuls
St. Chinian
Faugères
Côte Rôtie
Ch. Neuf du Pape
Gigondas
App. Communales de Beaune et de Nuits

de 10 ans au delà :

Certains vins précités qui peuvent se conserver

Vouvray parfois peut atteindre 100 ans

Quarts de Chaume

Bonnezeaux

Les Grands châteaux du Bordelais

Les 1ers grands crus de Bourgogne

le Château Chalon et le vin jaune du Jura qui peut facilement atteindre 100 ans.

Cette liste est incomplète, car il est difficile de citer tous les vins.

les verres

Il existe un choix très important de verres.

Le verre idéal serait :

– élégant dans sa simplicité.

– transparent et uni. Si possible en cristal ou demi-cristal qui permettent de mieux apprécier la robe ou la couleur du vin.

– de préférence à pied et d'une assise stable pour ne pas cacher le vin par la main et pour ne pas le réchauffer inutilement.

– d'une contenance convenable. Le vin doit pouvoir être mis en valeur sans pour cela perdre ses qualités olfactives.

Afin de mettre leurs vins en valeur, des régions viticoles ont créé des verres appropriés à leurs produits.

Certaines régions, par tradition, ont des verres à pied de couleur (Alsace, Moselle, Anjou).

Pour le vin de Champagne, la coupe traditionnelle est en fait une anomalie bien qu'elle soit facile à remplir et à boire, elle laisse échapper tout le gaz et le bouquet.
La flûte est difficile à remplir, à boire et à nettoyer.
Le verre de l'amateur sera le verre ballon.

Le verre doit pour accueillir le vin, être irréprochable, parfaitement propre et sans odeur (détergents, linge d'essuyage, meuble de rangement (cire, vernis, poussière...)

Si la forme des verres est variée, la taille l'est en fonction de la couleur du vin. (généralement plus petit pour le vin blanc afin d'en avoir peu et frais).

A chaque vin, il faut un verre différent.

QUELQUES VERRES...

température de service des vins

tendance générale :

Les *vins rouges* sont servis « chambrés » – c'est-à-dire à la température de la pièce (19° maximum).

Ne jamais accélérer cette température en chauffant la bouteille en la mettant sur un radiateur, dans un bain-marie...

Souvent un vin rouge est bu trop chaud. – 20-25° – et le bouquet s'en trouve altéré.

Les Bordeaux rouges supportent le mieux la plus haute température 17 – 20°
Les Bourgogne les suivent de peu 15 – 17°
Les Côtes du Rhône, Touraine, Anjou, Cahors, Côtes du Roussillon, Côtes du Languedoc, Provence et Jura... 12 – 15°
Les Beaujolais, les vins jeunes et léger et de primeur sont servis plus frais, souvent à la température de la cave 9 – 12°

Les *vins rosés,* intermédiaires entre les rouges et les blancs, sont servis suivant leur âge à une température variant de 6 – 12°

Les *vins blancs* sont servis frais (4 – 8°). Plus un vin blanc est liquoreux, plus il est rafraîchi.

Lorsque les vins blancs sont vieux, il faut éviter de brusque changement de température et les servir le plus possible à la température de la cave. Il peut y avoir risque de « casse »; après cristallisation, les éléments solides se séparent de l'élément liquide.

Trop frais, (0 – 5°) la qualité gustative des vins est freinée. Souvent les vins servis trop froids le sont ainsi pour masquer leurs défauts.

Dans le verre, le vin se réchauffe rapidement, d'où l'importance de servir les vins frais en petite quantité, afin que le dégustateur ait toujours un produit à température idéale.

Les Champagnes et mousseux devraient être servis frais mais non glacés. (de 5 à 10°).

Les Champagnes jeunes ont intérêt à être consommés très frais, les vieux champagnes se dégustent à la température de la cave.

Il faut éviter ces tendances extrêmes de frapper ou sangler les champagnes.

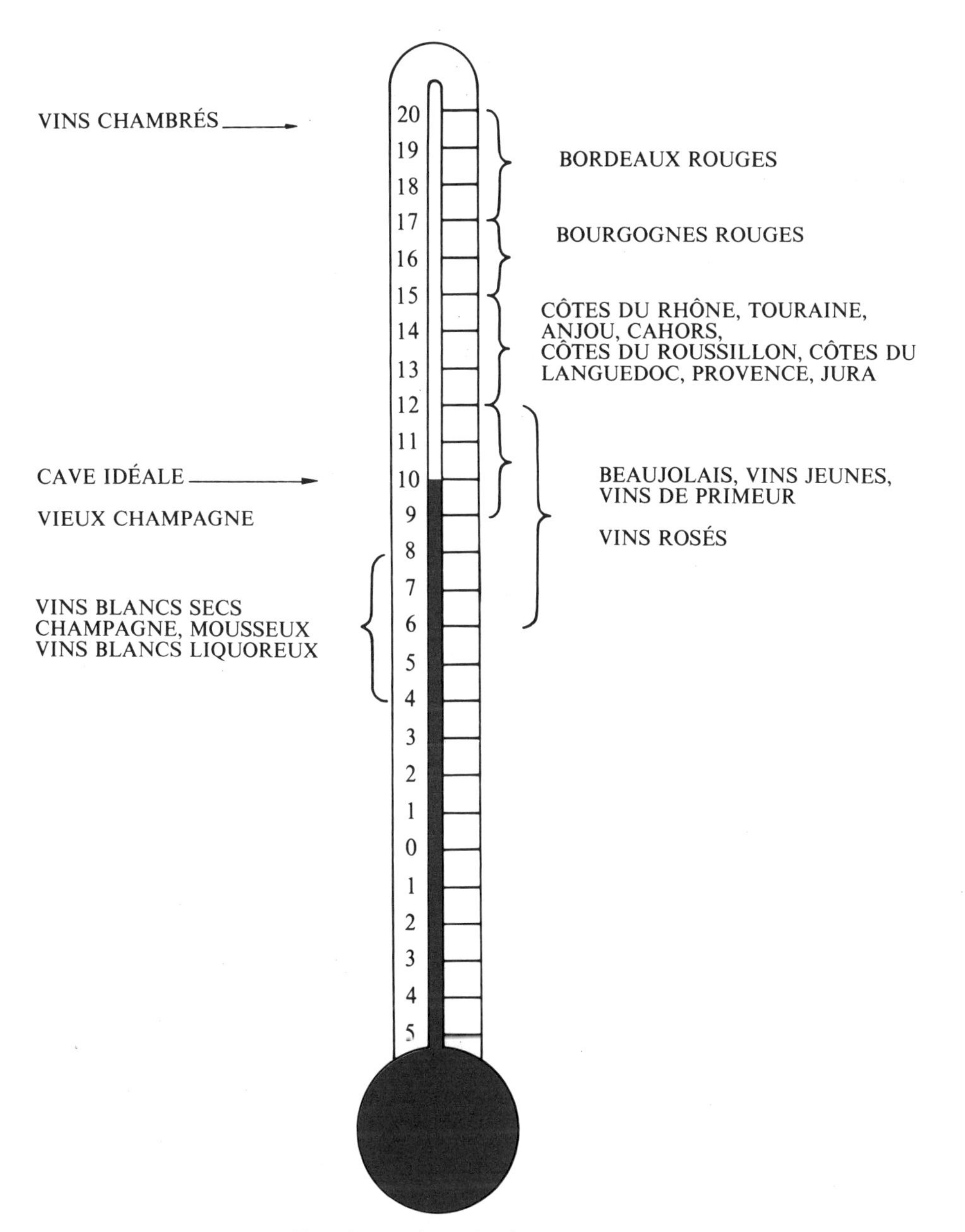

Température de service des vins

la dégustation

Elle représente à elle seule toute une éducation.
Analyser un vin c'est une question de mémoire.

La dégustation requiert de l'attention, un jugement sûr, des connaissances oenologiques; elle doit s'accomplir dans le silence et le recueillement.

Pour cela il faut un environnement favorable :

– lieu calme et aéré possédant un bon éclairage (naturel de préférence).

Afin que tous les sens du dégustateur soient en éveils, il lui faut être en bonne santé.

Il doit s'abstenir avant de déguster.

– de fumer

– de prendre des boissons et aliments forts et parfumés

– de se parfumer.

La dégustation commence à la présentation de la bouteille. Sa préparation doit « mettre en appétit ».

Voir le vin et peut-être l'entendre couler dans le verre, et tenir le verre (de préférence par le pied) accentuent le plaisir.

On distingue trois phases essentielles dans la dégustation :

1– la dégustation visuelle
2– la dégustation olfactive
3– la dégustation gustative

dégustation visuelle

Un vin se regarde.
Il est miré à la lumière pour s'assurer de sa couleur (ou robe) et de sa limpidité. Certains préfèrent la lumière d'une bougie.

Ensuite on regarde la surface du vin (ou disque) afin de voir s'il n'y a pas de corps étrangers (bouchon, moisissures, champignons...) ou tâches huileuses ou irisées (signes de maladies) ou indices d'oxydation.

Lorsque le vin est dans le verre, il convient d'imprimer un mouvement giratoire lent au vin, afin de tapisser les parois du verre.

Les parois du verre mouillées par le vin font apparaître des traînées plus ou moins serrées, plus ou moins longues à se faire : ce sont les « *jambes* ».
Les jambes préviennent de la teneur du vin en glycérol et sucres.

La présence de C02 est vite perçue par les petites bulles (perles). Dans un champagne, la moustille plus ou moins fine, et plus ou moins rapide révèle sa qualité.

dégustation olfactive

Un vin se respire.
Sans remuer le vin, il est senti. Cette opération est le premier test (premier nez). Ensuite le vin est tourné dans le verre. Cette opération accentue les premiers renseignements – bons ou mauvais– (deuxième nez). Enfin le vin est agité dans le verre, pour être oxygéné et permettre une plus grande exhalation des odeurs -bonnes ou mauvaises- (troisième nez).

dégustation gustative

Un vin se goûte.
C'est le stade le plus important.
Ce sont les sensations recueillies par toutes les muqueuses buccales. Il faut préparer la bouche : la rincer d'une gorgée de vin. Une deuxième gorgée sera oxygénée en insufflant un filet d'air. Cette opération permet un meilleur décèlement des qualités et défauts du vin.

L'avant de la langue décèle la douceur, l'arrière bouche l'amertume (goût du bouchon, goût du terroir, goût de tanin...)

Les nerfs de la langue perçoivent l'acidité.
La sensation de salé est perçue sur les côtés de la langue.
Quant à l'astreingence elle est perçue par le palais et les gencives.

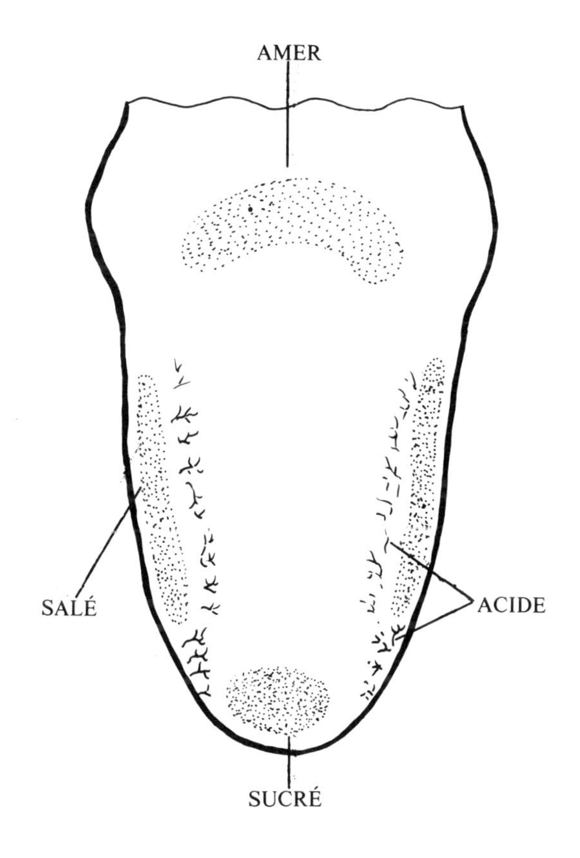

l'alliance des mets et des vins

C'est un acte d'amour entre un mets et un vin.

« AIMER, Sais-tu ce que signifie ce verbe ?
Il y a tant de façons d'aimer !
Une seule est bonne.
Celle qui donne, qui donne et qui donne encore,
Sans rien prendre, sans rien attendre, sans rien demander...
... Car une affection ne doit jamais amoindrir
ni celui qui aime, ni celui qui est aimé. » écrit le poète...

Pour harmoniser les vins et les mets, il faut avoir une éducation du goût et de la mémoire afin de connaître les alliances possibles.

Il faut savoir aussi provoquer des alliances afin d'en définir les effets heureux (ou parfois néfastes).

La condition physique ou morale, la situation, le cadre, les circonstances, la compagnie, l'état d'âme... sont autant de facteurs qui sensibilisent chaque individu.

Il est de ce fait inadmissible d'imposer une règle : mais une tendance générale peut être proposée pour les moins avertis.

par exemple :

- un plat léger demande un vin léger
- un plat relevé appelle un vin corsé
- un plat en sauce sollicite le vin correspondant
- les vins servis dans l'ensemble du repas le seront dans une gamme ascendante.
- du plus souple ou plus corsé
- du plus capiteux au plus parfumé
- du moins cher au plus cher... en tenant compte des millésimes.
- les blancs avant les vins rouges.

Aucune bouteille ne doit faire regretter la précédente.

Les propriétés réunies de l'alcool, du tanin, du tartre, des matières minérales et des matières acides font *le corps* du vin.

Les matières pectiques, les glycérines, les sucres harmonieusement réunis font *le moëlleux.*

L'impression finale heureuse c'est *la finesse.*

Tout un vocabulaire, plus ou moins imagé, essaie de définir les impressions ressenties. Voici quelques termes ou expressions les plus répandus.

termes attribués à l'alcool

Spiritueux : riche en alcool
Capiteux : riche en alcool, chaleureux
Alcoolisé : contenant de l'alcool
Léger : peu alcoolisé
Faible : contenant très peu d'alcool.

termes attribués au tanin-amertume

Astreingent : dur et amer prenant aux gencives.
Tanique : riche en tanin
Amer : saveur rude et désagréable
Apre : rude chargé en tanin
Dur : ne se buvant pas facilement
Ferme : contenant du tanin.

termes attribués aux acides

Vert : trop acide, vin trop jeune
Acide : contenant beaucoup d'acide
Brûlant : l'acidité donne cette impression de brûlant.
Nerveux : vif, qui excite les papilles
Frais : contenant une quantité d'acide agréable pour un vin blanc.
Plat : sans relief, sans corps, sans saveur.
Mou : sans corps.

termes attribués aux sucres et glycérines et matières pectiques

Liquoreux : ressemblant à de la liqueur.
Onctueux : très riche en sucre comme un sirop.
Moëlleux : velouté flatteur au palais
Doux : tendre et sucré
Souple : agréable à boire, ayant du moëlleux et sans tanin.
Tendre : sans dureté, facile à boire.
Sec : Pauvre en sucre.

impressions générales d'un vin

Racé : de grande classe.
Elégant : qui plait par une harmonie de tous les éléments.
Fin : se buvant avec beaucoup de plaisir.
Bouqueté : harmonie des sensations gusto-olfactives due au vieillissement.
Parfumé : qui exhale finement ses arômes.
Puissant : très corsé, très étoffé.
Charpenté : bien constitué.
Vineux : possédant tous les caractères presque exagérés du vin.
Corsé : les impressions ressenties sont fortes.
Gouleyant : se buvant facilement.
Franc : sans faux goût.
Court : de saveur faible et fugace.
Commun : sans race.

quelques expressions

Fait la queue de paon : quand il est moëlleux et suave (Monbazillac)
A du gilet : quand il est solide et bien charpenté (Chateauneuf-du-Pape)
A du corsage : quand il est fin et velouté (Volnay)
A le chapeau sur l'oreille : vin très alcoolique se buvant facilement. (Provence).

le vin et les mets

Hors d'œuvre : Le vin n'a rien à gagner avec les hors d'œuvre comportant des préparations en vinaigrette. Toutefois pour celui qui désire boire du vin en début de repas, un vin blanc sec, sans grande classe conviendra parfaitement.

Foie gras : Le foie gras étant fin et moëlleux, de grande classe, il réclamera, en début de repas, un grand vin blanc, fin pouvant aller de souple à moëlleux. Graves blanc, Jurançon, Corton, Charlemagne, Meursault, Gewürztraminer, Champagne...

de moëlleux à liquoreux : Côteaux du Layon, Sauternes...

s'il est servi en fin de repas, comme il est parfois d'usage, il fera appel à un très grand vin rouge, souple, fin et parfumé :
Graves rouge, Saint-Emilion, Pomerol, Médoc, Madiran, Vieux Cahors, Côtes de Nuits...

Crustacés : Un vin blanc racé, qui suivant la préparation, sera plus ou moins corsé. Nivernais, Val de Loire, Graves blanc, St-Croix-du-Mont, Chablis, Bourgogne, Alsace, Champagne...

Caviar : Côte de Beaune blanc, grand vin d'Alsace, Champagne Brut.

Huîtres, coquillages : Un vin blanc sec présentant une légère acidité sera apprécié : Val de Loire, Entre-deux-Mers sec, Gaillac, Savoie, Jura, Alsace.

Charcuterie : terrines, galantines, pâtés divers, un vin rouge léger sera servi ou un rosé cela dépendra de la suite du menu (Touraine, Anjou, Dordogne, Bordeaux, Languedoc, Côtes du Rhône, Provence, Corse, Beaujolais, Savoie, Ain, Jura).

Potages : L'usage veut qu'on ne boive pas de vin avec le potage, mais a-t-on le droit d'interdire à quelqu'un de boire ? Une crème de volaille supporterait un vin blanc souple... Certains potages un vin rouge léger qui permettra, dans l'intimité, à certains amateurs de « faire chabrot » c'est-à-dire rincer l'assiette avec une gorgée de vin rouge et de boire à même l'assiette...

Poissons : en général ils se servent accompagnés de vins blancs secs, demi-secs ou moëlleux suivant la forme sous laquelle ils seront préparés.

- poissons frits ou grillés : toute la gamme des vins blancs secs
- poissons meunières : ils demandent des vins blancs souples Touraine, Anjou, Graves, Arbois, Côte de Beaune, Alsace...
- poissons en sauce : servis si possible avec le vin ayant servi à l'élaboration de la sauce.
- poissons pochés : un vin blanc sec qui offre une certaine rondeur comme les vins d'Anjou, de Dordogne, de Graves...
- poissons froids mayonnaise : un vin blanc sec, alcoolique sera recherché.
- bouillabaisse : les vins de Provence sont tout indiqués, ou un vin alcoolisé.

Et un vin rouge pour certaines préparations de poissons ? Pourquoi pas ?

Ecrevisses : Choisir si possible un vin blanc de Pays ou un rosé assez corsé, si elles sont préparées avec une sauce relevée : Centre, Nivernais, Bordeaux, Savoie, Jura...

Œufs : Avec les œufs qui ne mettent pas le vin en valeur, on servira un vin blanc sec. Les œufs brouillés et omelettes suivant les composants de leur préparations accepteront un vin blanc, un rosé ou un rouge léger.

Entrées : Il faudrait un vin de trait d'union entre celui servi aux hors d'œuvre et celui qui sera servi au rôti. Suivant la composition du menu, un blanc, un rosé ou un rouge léger sera choisi.

Viandes blanches : rôties ou grillées, le vin de l'entrée convient s'il est en rouge.

Deuxième plat de viande : On mettra un vin rouge plus corsé que le précédent.

Volaille rôtie : un rouge léger et parfumé convient généralement type Beaujolais.

La poularde pochée : Cette préparation comportant généralement du riz et une sauce à base de crème, on pourra offrir un vin blanc demi-sec : Vouvray, Anjou, Graves...

Gibier à plumes : Il faudrait un vin rouge très bouqueté de Touraine, Anjou, Dordogne, Bordeaux, Béarn, Cahors, Côtes du Rhône, Bourgogne, Bandol...

Gibier à poils : ces préparations sont souvent puissantes et relevées aussi il serait préférable de servir un grand cru rouge puissant et charpenté et parfumé : Côtes du Rhône, certains Côtes de Beaune et de Nuits.

Légumes : Ils accompagnent souvent les viandes et ne nécessitent aucun vin spécial. Quelquefois ils sont servis seuls et reçoivent des préparations spéciales (champignons à la crème, fonds d'artichauts farcis, asperges sauce mousseline...) un vin blanc moëlleux ou un rouge léger peut être servi suivant la préparation et la composition du menu.

Fromages :

Tous les fromages sont mis en valeur par un vin rouge.
Suivant la nature du fromage ce vin peut aller du plus léger au plus puissant.
Avec certains fromages, Munster, Chèvre ou préparations à base de fromage, raclette, fondue... un vin blanc sec et bouqueté est très apprécié : Nivernais, Savoie, Jura... Certains recherchent des vins perlants : Tarn...

Avec les fromages frais, double-crème, Brousse, un vin blanc souple ou moëlleux est parfois recherché.

Avez-vous essayé le Roquefort avec un Sauternes ?

Desserts : La tradition opte pour un vin mousseux à la méthode champenoise c'est agréable en effet, mais pourquoi toujours un vin Brut ? Un demi sec ne serait-il pas plus appréciable ?

Pâtisseries : Si elles comportent du chocolat ou de l'orange, un vin effervescent semble le seul recommandable, pour les autres pâtisseries un vin blanc parfumé et moëlleux convient parfaitement.

Entremets et crèmes : Avec les crèmes très sucrées éviter les vins trop onctueux.

Glaces et entremets glacés : Si la majorité recherchent un verre d'eau certains apprécient un vin blanc moëlleux.

Fruits : Toute la gamme des vins effervescents.
Et pourtant certains amateurs de fraises conservent le vin rouge du fromage.
Là encore vous constatez qu'il n'y a pas de règle.

Le choix des vins pour un repas est important.
Même si le consommateur dispose des vins qui conviennent à chaque plat du menu, il est préférable d'éliminer la (ou les) bouteille (s) qui peuvent être superflues.
Il vaut mieux conserver un nombre raisonnable de vins.

Un repas peut très bien se faire accompagné d'un vin, parfois deux, même trois voire exceptionnellement quatre, mais rarement au delà.

Deuxième partie

Crus des vins

le vin

Avec le vin ne fais pas le brave
car le vin a perdu bien des gens.

Le vin, c'est la vie pour l'homme,
quand on en boit modérément.

Quelle vie mène-t-on privé de vin ?
il a été créé pour la joie des hommes.

Versets du Livre de l'Ecclésiastique
Chapitre 31

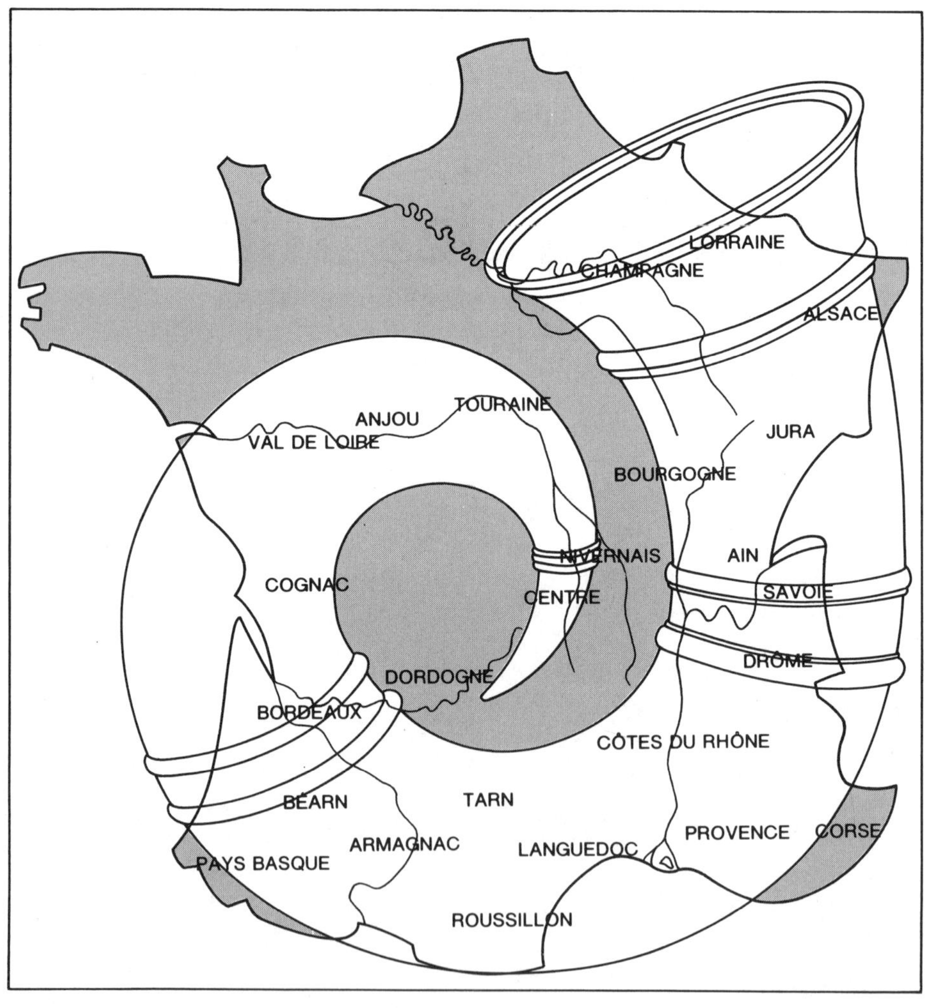

La corne à boire

note

Afin de remplir cette corne à boire, nous commencerons par les vins des régions profondes du cœur de la France : l'Auvergne et le Pays de Loire; nous continuerons en versant les vins proches de l'Océan Atlantique et du Sud-Ouest. Ensuite nous tirerons les vins du Sud et ceux de la Méditerranée. En remontant vers le nord, nous transvaserons les vins longeant le Rhône, la Saône, ceux de Savoie, du Jura et ceux de l'Est.

Et c'est en faisant sauter joyeusement les bouchons de Champagne que nous aurons rempli cette corne à boire... et notre tour des vignobles français.

Comme après ce circuit vous saurez que proposer, ou boire

nous vous disons :

« A VOTRE SANTE »

Document : C.I. des Vins d'Origine du Pays Nantais.

les vignobles de la Loire

Pour passer en revue plus de 200 000 hectares de vignes nous suivrons la Loire d'amont en aval : c'est-à-dire que nous irons de sa source à son embouchure.

Au passage nous étudierons les côteaux de ses affluents ou des rivières qui lui sont proches.

Nous avons divisé ces vignobles en 9 régions :

le vignoble d'Auvergne

les vignobles de Saint-Pourçain-sur-Sioule
et de Châteaumeillant

les vignobles du Centre

les vignobles du Nivernais

les vignobles du Giennois,
de l'Orléanais et de Cheverny

la Touraine

les Côteaux du Loir

l'Anjou

le Pays Nantais

Toutes les appellations A.O.C. peuvent être complétées ou non par les mots VAL-DE-LOIRE.

Production 1986 de tout le Val-de-Loire :
Rr : 753 108 hl
B : 1 315 423 hl

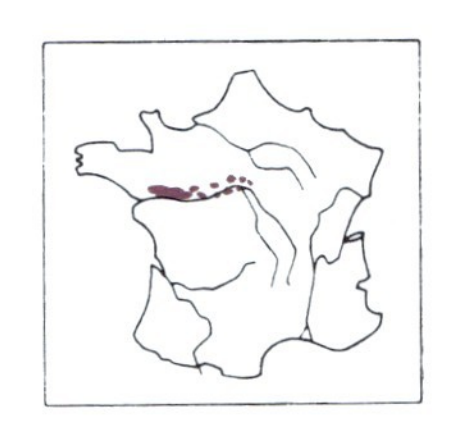

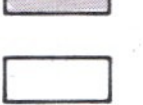

vin rouge

vin rouge et blanc

vin blanc

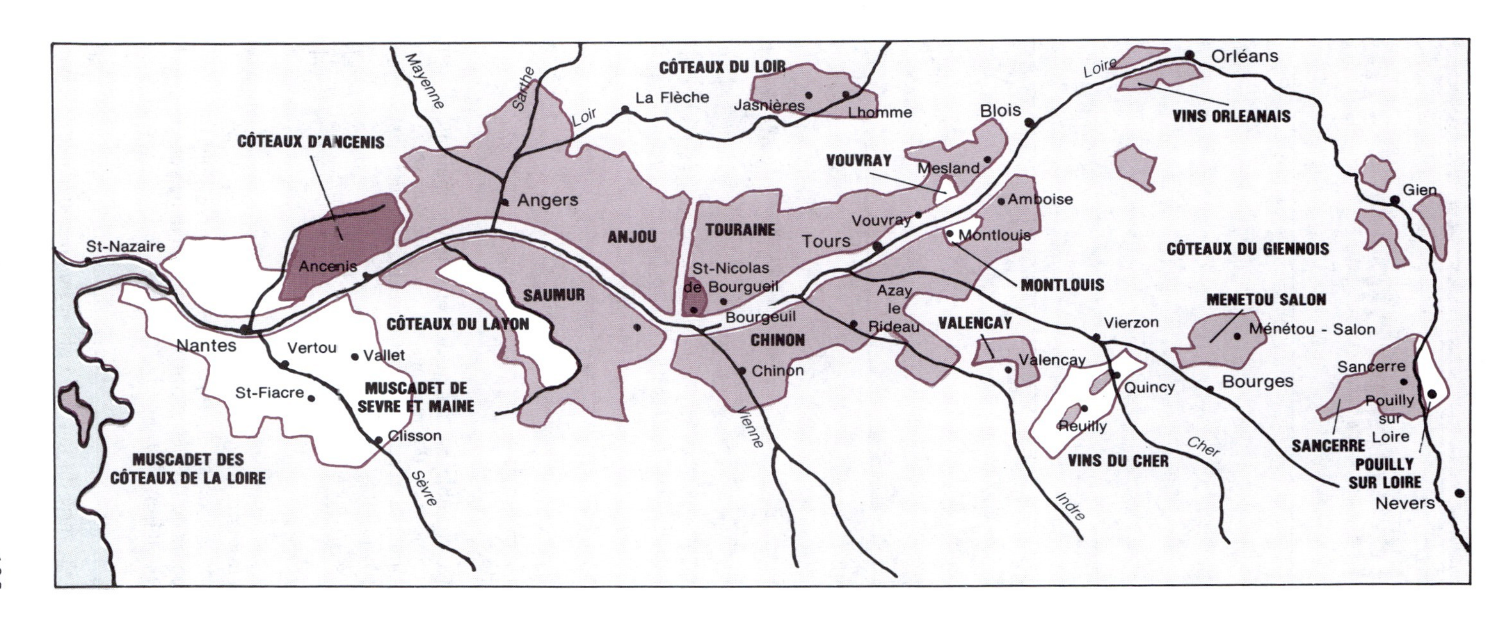

le vignoble d'Auvergne

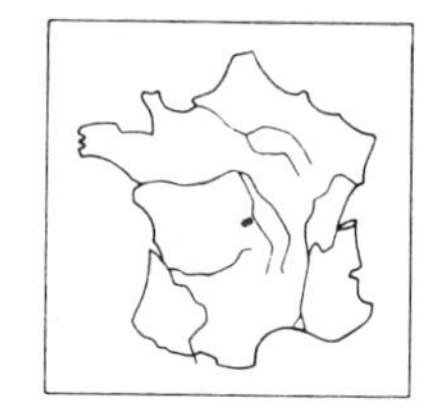

vin rouge et blanc

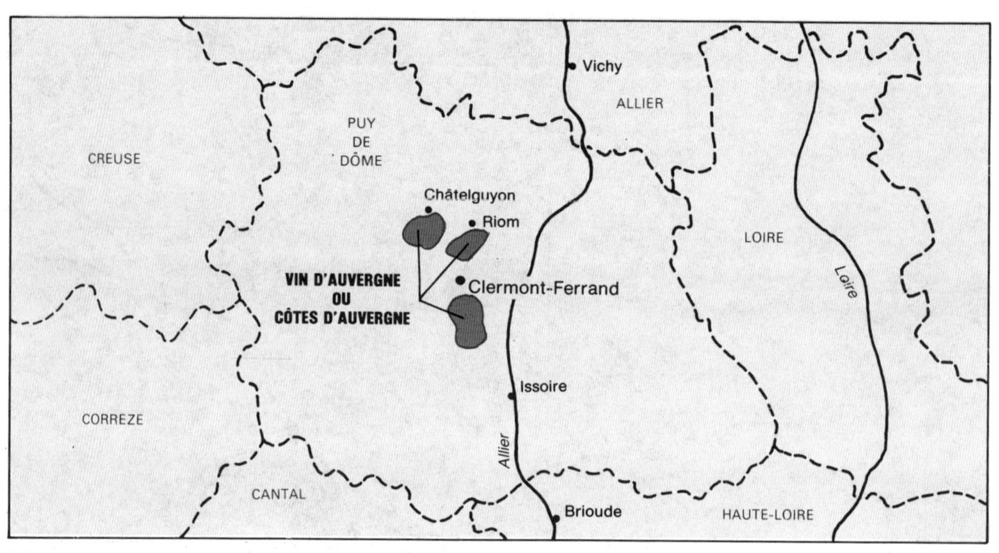

historique

Ce vignoble est très ancien et si le thermalisme anime bien des stations de cette région volcanique, la réputation des vins d'Auvergne n'est pas à faire.

milieu

situation géographique

Département du Puy de Dome, en suivant le cours de l'Allier entre Issoire et Châtelguyon et au sud de Clermont-Ferrand.

sol

très varié du fait de la dispersion des vignobles.

climat

Saisons nettes. Les hivers sont rudes mais les étés suffisamment chauds pour permettre au raisin de mûrir correctement.

altitude

plus ou moins 500 mètres.

superficie

environ 300 hectares.

production

plus ou moins 15.734 hectolitres en rouge et 4 hectolitres en blanc.

cépages

Pour les vins rouges et rosés : Gamay et Pinot noir.

Pour les vins blancs : Chardonnay.

appellations

■ Catégorie V.D.Q.S. :

Vin d'Auvergne ou Côtes d'Auvergne.

Les vins rouges sont de couleur légère, suivant la nature du sol et suivant l'exposition ils ont un arôme différent.

Les vins rosés se boivent jeunes, mais les années chaudes ils vieillissent bien.

Les vins blancs sont secs et assez rares.

Trois crus se distinguent :

Chanturgues et ***Corent***, près de Clermont Ferrand, et ***Châteaugay*** près de Riom, au nord de Clermont-Ferrand.

Note : le Gamay apporte la robe, le fruit et la légèreté
le Pinot donne du corps et de la rondeur.

le vignoble de Saint-Pourçain-sur-Sioule

historique

Après avoir fondé la colonie de Chantelle, les Phéniciens plantèrent les premières vignes.

Sur la colline qui domine la Sioule, en 286, Saint-Austremoine, premier évêque de Clermont-Ferrand, fonde l'Abbaye de Mirande qui est le berceau de l'actuelle ville de Saint-Pourçain.

Portianus, saint abbé de Mirande, donnera son nom à l'Abbaye, à la ville ensuite, puis au vignoble. Ve siècle.

milieu

situation géographique

Département : Allier.

Le vignoble s'étend de Chantelle à Moulins en passant par Saint-Pourçain sur une bande de 5 à 7 kilomètres de large. Ces côteaux sont sur les bords de l'Allier, la Sioule, la Bouble répartis sur 19 communes.

sol

argilo-calcaire plus ou moins fertile suivant les communes.

climat

Cette région bénéficie d'un climat propice à la culture de la vigne car les côteaux sont bien ensoleillés.

altitude

Entre 250 et 400 mètres

superficie

plus ou moins 450 hectares.

production

3 108 hl en blancs et mousseux
8 à 10 000 hl en rosé
plus de 13 998 hl en rouge.

cépages

Blanc ancien : Sacy et Saint-Pierre
Blanc récent : Sauvignon et Chardonnay
Rosé : Gamay
Rouge : Gamay et Pinot.

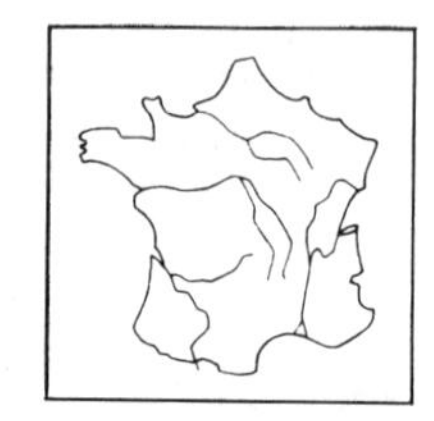

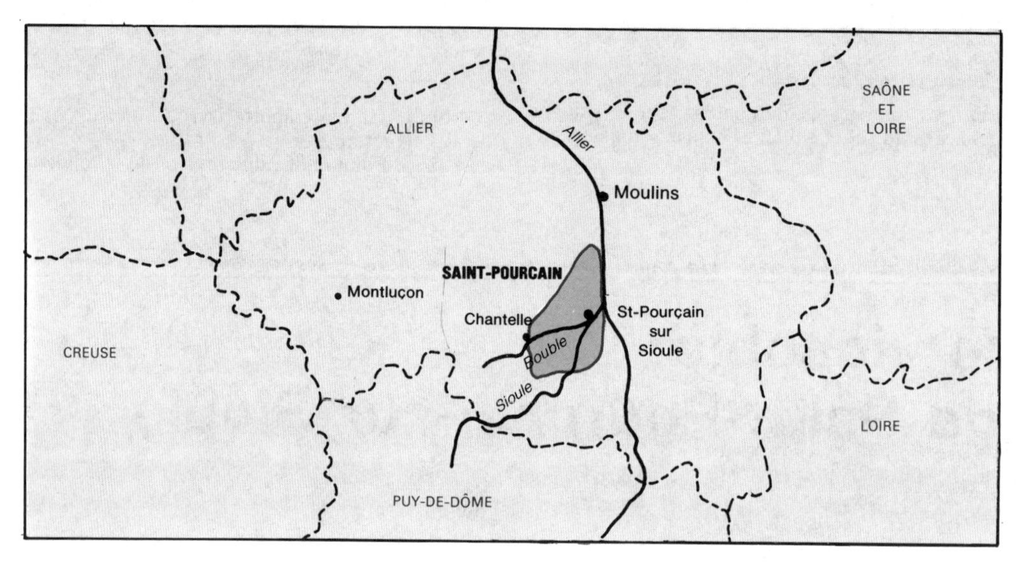

appellations

■ Catégorie V.D.Q.S. :

Saint-Pourçain. Il est l'œuvre de 400 viticulteurs.

Ces vins sont secs et bus jeunes. Les rouges peuvent supporter un vieillissement de 5 ans.

Les mousseux (méthode champenoise) sont bus pour les bonnes occasions.

Le dernier samedi de février, c'est la foire aux vins où sont récompensés les meilleurs vins.

le vignoble de Châteaumeillant

historique

Grégoire de Tours le signale dans ses écrits en 582.

milieu

situation géographique

Département du Cher. A 60 km au sud de Bourges, entre le Cher et l'Indre. Sur huit communes Châteaumeillant, Vesdis, Saint-Maur, Reigny, Urciers, Néret, Champellet et Fusines.

sol

grès caillouteux.

superficie

Une soixantaine d'hectares.

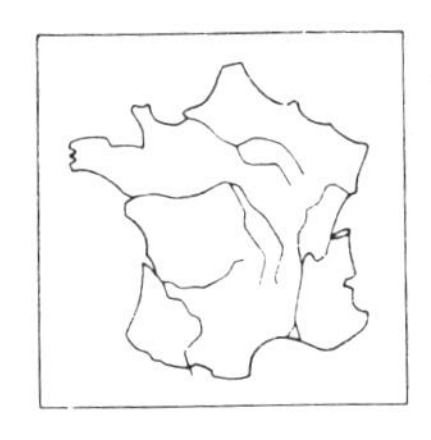

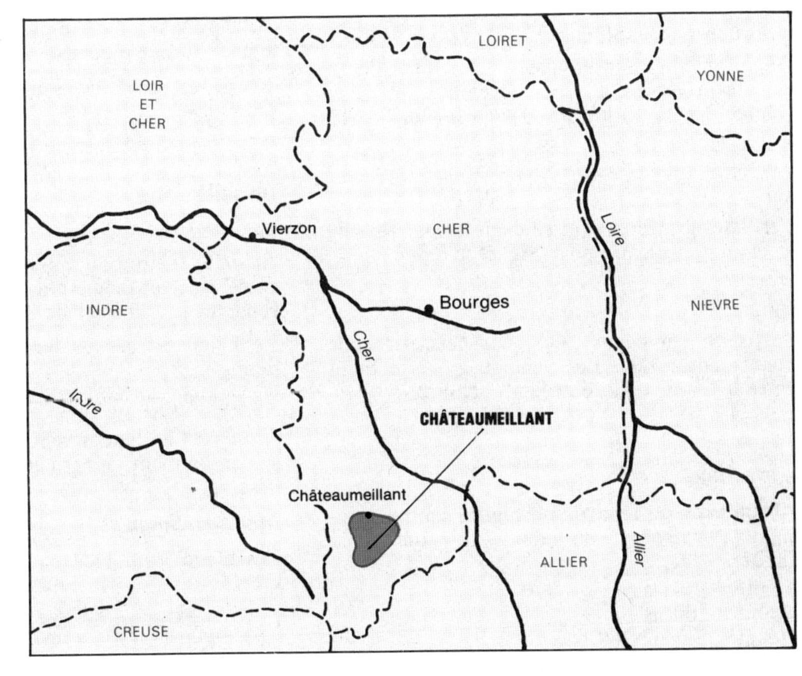

vin rouge, rosé

production

Plus ou moins 3 218 hectolitres.

cépages

Rouge et rosé : Gamay – Pinot noir et Pinot gris, ces derniers augmentent le degré et diminuent l'acidité suivant les années.

appellations

■ Catégorie : V.D.Q.S.

Châteaumeillant

Le rosé, plus célèbre, est un vin gris préparé comme un rouge. Il est sec, fruité, coulant, agréable l'été.

Le rouge est de bonne qualité les bonnes années.

les vins du Centre

historique

Le vignoble est très ancien; c'est l'œuvre traditionnelle des moines. Le Prieur de l'abbaye de Saint-Denis en 1202 se faisait fournir un lot de vin important de Reuilly et plus récemment Napoléon III y faisait honneur.

milieu

situation géographique

Départements : Indre, Cher.
Sur les rives de l'Arnon (Reuilly) du Cher (Quincy) et à 30 km de là vers la Loire (Ménétou-Salon).

sol

Terrasses graveleuses et silicieuses pour Reuilly et Quincy. Calcaire pour Ménétou-Salon.

climat

Suffisamment chaud l'été pour permettre une bonne mâturation. Les vendanges s'effectuent entre le 20 septembre et le 13 octobre.

superficie

10 000 hectares répartis sur quatre centres principaux : Valençay, Issoudun, Argenton et la Chatre.

Reuilly : 250 ha.
Quincy : 200 ha.
Ménétou-Salon : 260 ha.

production (1986)

Reuilly : 985 hl en blanc
765 hl en rouge

Quincy : 4 506 hl en blanc

Ménétou-Salon : 2 917 hl en rouge
3 711 hl en blanc

cépages

Blanc : le Sauvignon.

Rouge et rosé : les Pinots noirs et gris – le Gammay.

appellations

■ Catégorie A.O.C. :

Reuilly (fleuron du vignoble de l'Indre) il titre de 12 à 13° et même plus les bonnes années. Le rendement à l'ha est de 35 hl.

Le blanc est sec et ferme, parfois vinifié en demi-sec.

Le rosé est bu localement.

Quincy : Ces blancs sont secs et fins. Ces vins se consomment jeunes car ils s'oxydent en vieillissant.

Ménétou-Salon :

Les blancs sont bien équilibrés, fruités et discrets.

Les rouges et rosés sont frais et tiennent bien en bouteille.

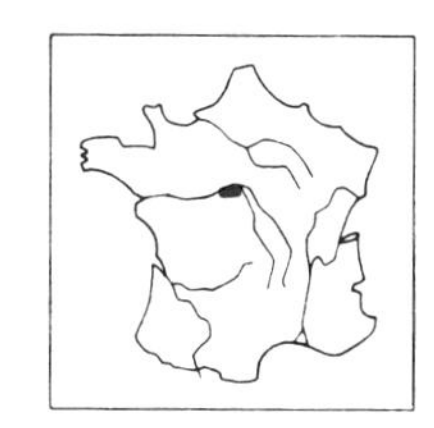

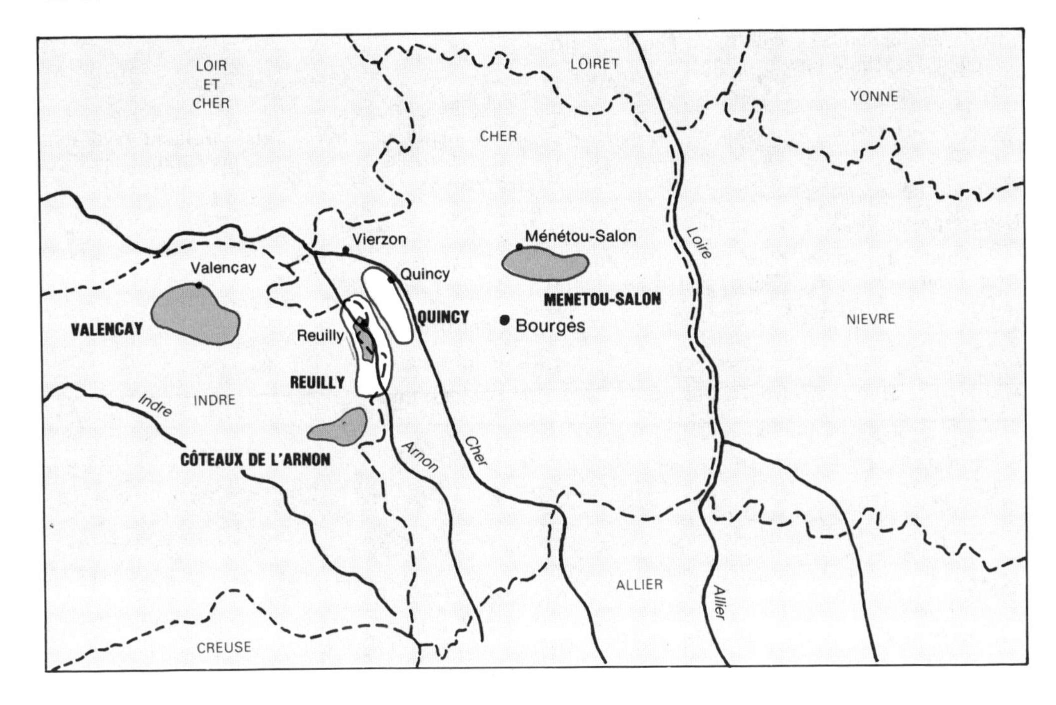

■ Catégorie V.D.Q.S. :

Coteaux de l'Arnon

Les rouges de la commune de Diou sont de bonne qualité.

Valençay : Cette région autour de la commune du même nom donne des V.D.Q.S. légers et fruités en blanc et en rouge.
Les blancs sont issus du Sauvignon blanc et les rouges des Pinots noirs et Gamay.
3 798 hl en rouge.
983 hl en blanc.

A ***Ménétou-Salon***

« Comme le paissiau soutient la vigne,
La Confrérie du Paissiau soutient la cause du vin de Qualité ».

les vignobles du Nivernais

historique

Des textes du XIIe siècle de l'abbaye de Saint-Satur mentionnent ces vins. Le vignoble a été protégé et amélioré par les moines.

milieu

situation géographique

Départements de la Nièvre et du Cher.

Les côteaux longent les rives de la Loire, autour de deux grands centres : Sancerre (rive gauche) et Pouilly-sur-Loire (rive droite).

sol

Marneux et argilo-calcaire à Sancerre.

Argilo-silicieux à Pouilly-sur-Loire, mais surtout calcaires, argilo-calcaires et marnes kimmeridgiennes.

climat

De nombreux micro-climats influent favorablement sur la qualité des vins produits par ces côteaux.

superficie

Sancerre : 1.100 ha.

Pouilly-sur-Loire : 100 ha.

Pouilly-Fumé : 450 ha.

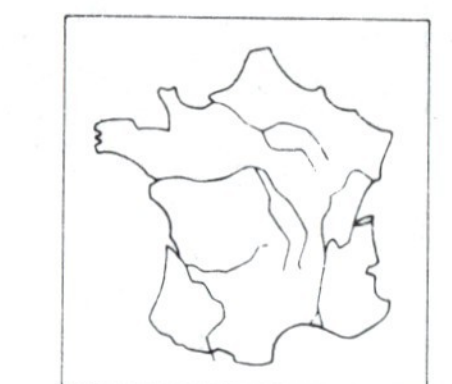

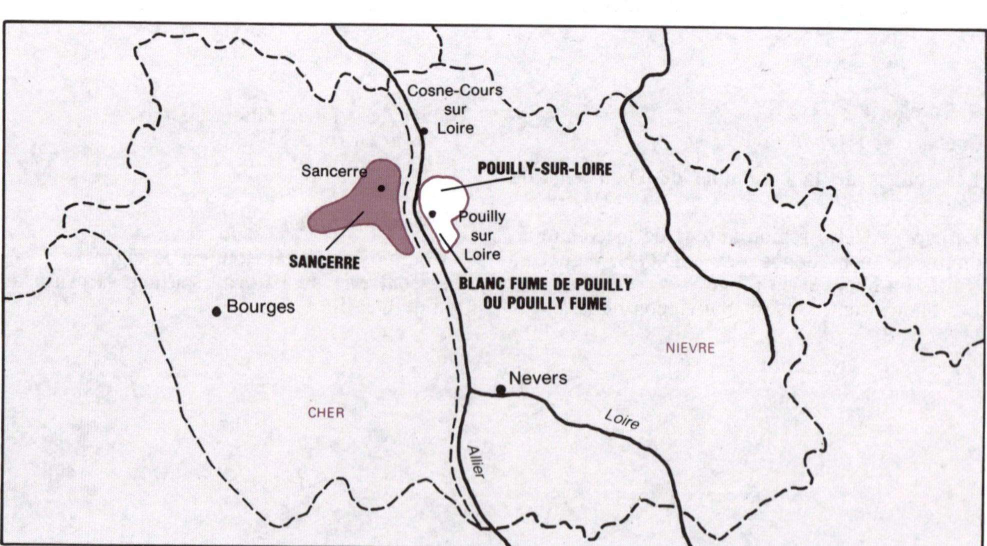

production (1986)

Sancerre : 87 774 hl en blanc
21 928 hl en rouge et rosé

Pouilly-sur-Loire : 4 044 hl en blanc

Pouilly-Fumé : 39 036 hl en blanc

cépages

Blanc : Sauvignon pour le Pouilly-Fumé et Chasselas pour le Pouilly-sur-Loire.

Rouge et rosé : Pinot noir.

appellations

■ Catégorie : A. O. C. :

Sancerre

Ce blanc est sec, racé, assez tendre, se boit jeune mais vieillit assez bien.

Les rosés sont bus jeunes, ils sont fruités et agréables l'été.

Les rouges sont de couleur soutenue, ont peu de tanin, sont souples et fruités.

Pouilly-sur-Loire

Ce vin blanc est léger, coulant, souvent un peu vif, peu alcoolique. Il titre de 10 à 11° avec 4 à 5 gr. d'acidité par litre. Il a parfois un goût de noisette mais le Chasselas est sensible au millerandage.

Blanc fumé de Pouilly ou Pouilly fumé

Plus tendre, plus sérieux, a une odeur de figue fraîche et une pointe épicée; un goût de pierre à fusil lui est caractéristique. Il vieillit bien avec ses 5 gr. à 6 gr. d'acidité par litre. Il titre 12° à 13°.

Quelques lieux-dits

Sur Pouilly : Les Cornets, la Loge-aux-Moines, les Bas-Coins, les Griottes.
Sur Saint-Andelain : le Désert, la Renardière.

Sur Tracy : les Champs-de-Cris, les Champs-de-la-Croix.

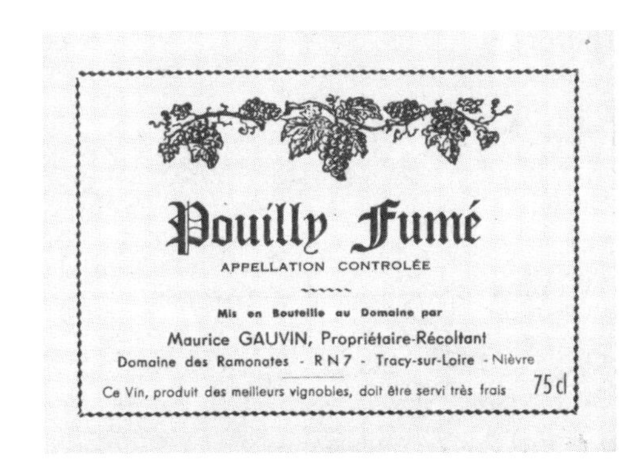

les vignobles du Giennois

historique

Au début du Moyen-Age, toutes les côtes longeant la Loire étaient plantées de vignes. Son origine est une des plus anciennes.

Charles V avait toujours du vin de Gien sur sa table. (On en trouve la référence dans les comptes royaux aux Archives Nationales).

milieu

situation géographique

Ce vignoble s'étend de Cosne à Gien sur les deux rives de la Loire. Principalement dans le département du Loiret dans les communes de Gien, Ousson, Bonny, Beaulieu, Thau et dans la Nièvre à Cosne.

sol

La vigne s'accroche sur des côteaux et terrasses au sol varié : argileux avec silex, parfois calcaire.

superficie

Le vignoble de 60 hectares constitué de petites exploitations de type familial, souvent en poly-

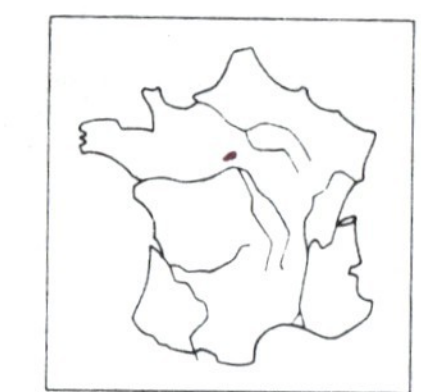

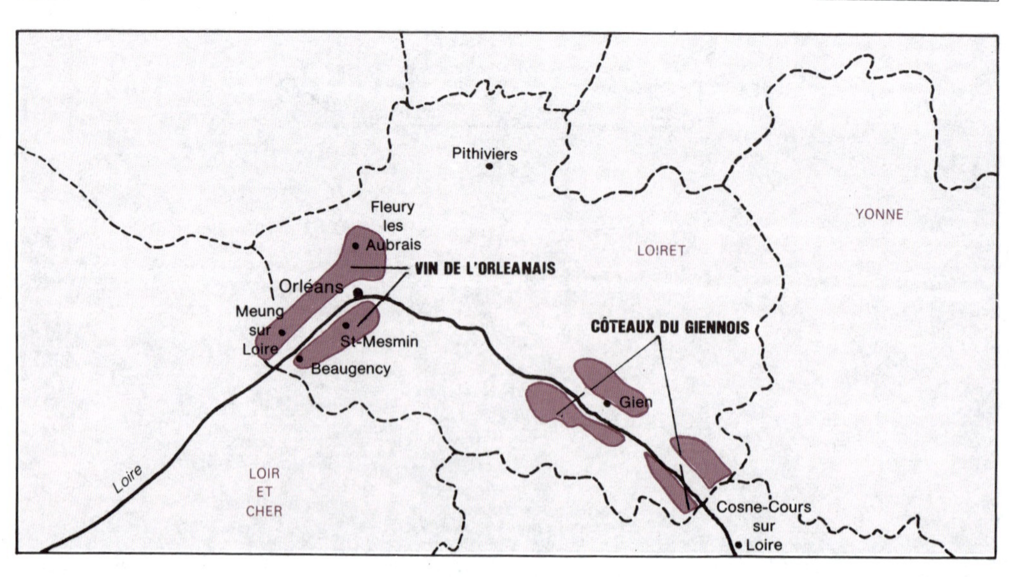

culture, a repris un certain essor depuis quelques années.

production

1.898 hl en rouge et rosé.
234 hl en blanc.
Le rendement est de 40 à 50 hl à l'hectare.

cépages

Rouge et rosé : le Gamay et le Pinot noir.
Blanc : le Sauvignon et le Chenin.

appellations

■ Catégorie V.D.Q.S. :
Côteaux du Giennois

Les blancs sont secs, agréables et bouquetés.

Les rouges sont légers et fruités.

Les rosés sont frais et gouleyants.

Ces vins ont leur place sur toutes les tables, du fait de leur originalité et de leur prix abordable pour tous.

les vignobles de l'Orléanais

historique

Très ancien vignoble également. Les religieux sont aussi à l'origine de ce vaste vignoble. Clovis but certainement de ce vin aux Ve-VIe siècles.

Longtemps Orléans fut un centre viticole important, comparable aux autres grandes régions.

Aujourd'hui si une des spécialités d'Orléans est le vinaigre, il ne faut pas conclure que ses vins en sont.

milieu

situation géographique

Département du Loiret.

20 communes en aval d'Orléans, rive gauche de la Loire, de Fleury-les-Aubrais à Meung-sur-Loire et de Beaugency à Saint-Mesmin.

sol

Varié, principalement marneux et calcaire.

climat

L'Orléanais se trouve au milieu de deux zones qui séparent la France. Le temps est très changeant.

superficie

Environ 150 hectares. Le vignoble est très morcellé.

production

5.030 hl en rouge.

339 hl en blanc.

cépages

Rouge : le Pinot Meunier ou gris Meunier et du Pinot noir.

Blanc : le Chardonnay.

appellations

■ Catégorie V.D.Q.S. :
Vin de l'Orléanais

Rouge léger et fruité.

Blanc il est sec.

Rosé il est bouqueté, frais et friand, se boit dans l'année.

le vignoble de Cheverny

historique

Huges II de Châtillon, comte de Blois, réglementait en 1294, le travail des vignerons de cette région, et exonérait de certains impôts les bourgeois de Blois possesseurs de « closeries ».

François 1er fit planter autour de son château de Romorantin en 1519, 80.000 plants de la famille des chenins, venant de Bourgogne.

Avec les années ce vignoble s'est déplacé vers la Sologne viticole à une trentaine de kilomètres où il s'est très bien acclimaté. Il n'en resta plus à Romorantin même, mais le cépage en a conservé le nom.

milieu

situation géographique

Département Loir-et-Cher. En Sologne viticole avec une partie longeant la Loire, une autre en Sologne et la 3e partie jouxtant la Touraine.

sol

Il est assez pauvre, mais très étérogène : en général silico-argileux et argilo-calcaire.

climat

Type continental mais avec de nombreux microclimats dus aux nombreux bois et forêts.

altitude

Assez plat. Les vignes sont sur de petits mamelons. Les fonds ou vallées sont exclus de l'appellation.

superficie

L'appellation s'étend sur 23 communes.

Superficie déclarée en appellation 300 à 350 ha plantée, 600 à 700 ha sont en reconversion.

production

5.000 hl à 18.000 hl suivant les années avec autant de rouge que de blanc. 6.048 hl de rouge, 9.146 hl de blanc.

cépages

Le Romorantin, Cheverny est la seule région où on le trouve cultivé en aussi grande quantité. Il donne un vin sec et nerveux qui vieillit bien.

Le Gamay donne des vins rouges légers et des rosés fruités c'est le plus classique cépage pour les vins rouges.

Le Sauvignon représente le fleuron des vins blancs de Cheverny et est en expension.

Le Menu Pineau appelé localement Arbois donne un vin pâle sec et frais.

Le Pineau d'Aunis donne seulement des rosés au fin bouquet et une fraîcheur poivrée.

Les vins de Cheverny sont très souvent présentés avec le nom du cépage afin que l'amateur retrouve facilement le type de vin qui lui plaît le mieux.

Cépages moins répandus :

Le Cot, le Cabernet qui donnent des vins tanniques.

Le Pinot noir qui donne des arômes subtils après vieillissement.

Le Pinot gris ou Tokay d'Alsace donne des blancs de grande classe.

Le Chardonnay donne des vins complets, fins souples et généreux.

Le Chenin donne des vins secs qui vieillissent bien.

Le Meslier autre cépage local donne des mousseux agréables et assez typiques élaborés à la méthode champenoise. Leur préparation demande 1 an de travail.

appellations

■ Catégorie V.D.Q.S. :

Cheverny ou
Cheverny + nom du Cépage

L'appellation d'origine était Mont-Près-Chambord-Cour-Cheverny.

C'est à la suite de la création d'un syndicat de défense qui groupait les viticulteurs de 4 communes :

Huisseau-sur-Cosson, Mont-Près-Chambord, Cour-Cheverny et Cheverny qu'un jugement fixa la délimitation de l'appellation en 1949.

A la suite de décisions communautaires de la suppression des appellations simples, des communes voisines demandèrent de se joindre aux 4 communes initiales : d'où extension de l'aire d'appellation avec changement de dénomination ***Cheverny.***

Blanc : 9 à 12° il doit être sec (maximum de sucre résiduel 8,5 g/l).

Rouge : 9 à 12,5° après chaptalisation.

Mousseux : la seule appellation à bénéficier de l'appellation V.D.Q.S. avec pour cépage de base le Meslier Saint-François.

la Touraine

historique

Les restes d'un vieux pressoir en pierre de l'époque romaine découverts à Cheille près d'Azay-le-Rideau, témoignent de la culture de la vigne en Touraine dès le IIe siècle.

Saint-Martin vers 380, aurait fait planter de la vigne sur les premières côtes de Vouvray et en 1089, l'abbé Baudry, prieur de l'Abbaye de Bourgueil invitait ses amis à boire le vin qu'il récoltait dans son clos.

milieu

situation géographique

Départements : Indre-et-Loire et Loir-et-Cher.

Au sud-ouest du Bassin Parisien; Tours est le centre de ce vignoble important.

sol

Une terminologie locale sert à désigner les diverses natures de terrain.

Les Bournais sont dérivés de l'argile à silex et de sables miocènes. Riches en limons argilo-siliceux et difficiles à assainir, ils ne conviennent guère à la culture de la vigne. Ce sont des terres froides et humides.

Les Perruches sont des argiles à silex. Elles présentent des silex très abondants en surface, ce qui permet un bon assainissement du sol. Elles sont aptes à porter la vigne. Elles conviennent en général à la production des vins rouges. Mais en bonne exposition et sur sous-sol calcaire, les blancs y sont excellents.

Les Bournais Perrucheux sont des sols intermédiaires entre les deux types de sols précédemment décrits.

Les Aubuis sont des sols argilo-calcaires, pierreux, dérivés des calcaires qui sont variés en Touraine. Il s'agit de terre chaudes, perméables, fertiles, sur lesquelles se plaisent les cépages tels que le Pineau de la Loire.

Les Varennes sont les sols des vallées. Ils sont constitués d'alluvions modernes de sable et de limon. La vigne pousse très bien sur les parties sableuses de ces Varennes mais les vins produits sont en général de moins bonne qualité, particulièrement les blancs. Les Varennes graveleuses présentent une forte proportion de graviers.

climat

Un climat doux protégé de l'influence océanique et continentale est propice aux grand crus.

Les étés sont chauds sans excès et les automnes sont généralement beaux; les hivers doux ont rarement de fortes gelées.

1976 a été une année exceptionnelle.

altitude

Faible, 40 m à Bourgueil, 105 m à Vouvray, 120 m à Oisly près de Contres.

superficie

Bourgueil	1.000 ha
Saint-Nicolas-de-Bourgueil	540 ha
Chinon	1.400 ha
Vouvray	1.600 ha
Montlouis	350 ha
Touraine	4.500 ha
Touraine-Amboise	210 ha
Touraine-Azay-le-Rideau	100 ha
Touraine-Mesland	250 ha
	9.950 ha

production (1986)

La production moyenne est de :

Bourguil R et r	61 265 hl
Saint-Nicolas-de-Bourgueil R et r	918 hl
Chinon R, r,	68 870 hl
Chinon B	447 hl
Vouvray tranquille	55 670 hl
Vouvray effervescent	36 714 hl
Montlouis tranquille	15 724 hl
Montlouis effervescent	4 145 hl
Touraine R et r	140 221 hl
Touraine B	103 747 hl
Touraine-Amboise R et r	7 761 hl
Touraine-Amboise B	3 563

Touraine Azay-le-Rideau r	1 116 hl
Touraine Azay-le-Rideau B	1 327 hl
Touraine-Mesland R et r	9 554 hl
Touraine-Mesland B	1 588 hl
Touraine Mousseux R et r	828 hl
	2 541 hl
Total R et r	328 533 hl
B	225 466 hl

cépages

Blancs

Le Pineau de la Loire : (ou Chenin blanc) est le plus répandu et donne des vins fruités.

Le Sauvignon : (ou Surin) donne les vins secs de Touraine très caractéristiques.

Le Menu Pineau : est assez répandu dans la vallée du Cher. Très voisin du Chenin il est cependant plus précoce.

Le Chardonnay : (ou Pinot-Chardonnay ou Auvernat blanc) peu répandu, il est assez vigoureux.

Rouges

Le Gamay noir à jus blanc : (ou Gamay) produit un vin léger et fruité. Il est très répandu dans la vallée du Cher.

Le Cabernet Franc : (ou Breton) donne un vin riche en tanin, très fruité. Il est beaucoup plus répandu que le Cabernet-Sauvignon tous deux d'origine du Sud-Ouest.

Le Cot : moins parfumé mais plus tendre que les Cabernets.

Le Grolleau : (ou Groslot de Cinq Mars) cépage rouge productif qui donne de bons rosés.

Le Pineau d'Aunis : produit des vins rosés très fruités.

Le Pinot gris : en faible proportion.

Le Meunier : (ou gris Meunier, Pinot Meunier) en faible proportion.

Le Pinot noir : (ou Auvernat) peu répandu.

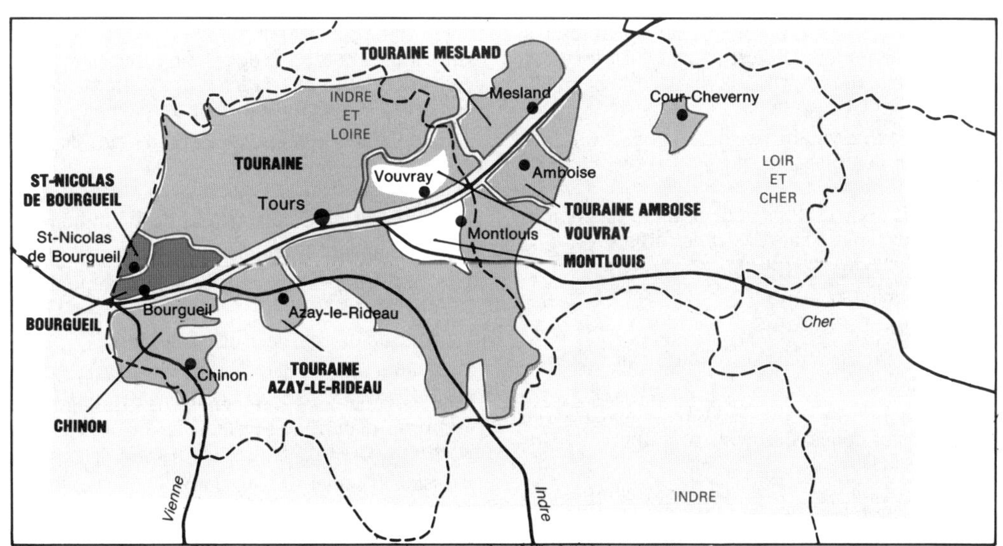

appellations

■ Catégorie A.O.C.

Bourgueil et ***Saint-Nicolas de Bourgueil :*** Ces vins issus du Cabernet Franc de 9°5 sont rouges, ont un bouquet particulier, fruité et délicat où domine l'arôme de framboise.

Les vins de graviers sont bouquetés et fins et atteignent rapidement leur plénitude.

Les vins de « Tufs » sont plus durs, ne fruitent qu'un an plus tard et sont d'une excellente conservation.

Chinon : Ces vins rouges issus du Cabernet Franc de 9°5 fleurent la violette ou la fraise des bois.

Ils murissent assez vite et peuvent se boire jeunes. Suivant les années et le sol ils vieillissent bien.

Le Chinon blanc est sec.

Les raisins de Bourgueil et de Chinon vinifiés en rosés donnent un très beau vin au caractère marqué : ils sont secs, légers, délicats et arômatiques.

Vouvray, issu du Pineau blanc de la Loire, il se présente sous 3 formes :

tranquille : Ces vins blancs de 11°, suivant les années, la situation des parcelles, le sol et la façon de vendanger (par tris) sont secs, 1/2 secs ou moëlleux.

pétillant : ce vin blanc de 9°5 légèrement effervescent peut le devenir franchement.

mousseux : il titre 9°5 et est vinifié à la méthode champenoise.

Quelle que soit sa vinification ses caractères sont les mêmes lorsqu'il est jeune : il est terroité, fruité et lorsqu'il mûrit, il a un arôme de coing, de giroflée et de prune cuite.

Le Vouvray ne vieillit pas il mûrit. C'est un vin de grande conservation qui peut rester en cave plus de 100 ans.

Montlouis : issu du Pineau de la Loire est comme le Vouvray vinifié sous les trois formes :

tranquille : il titre 10°5. On le trouve sec, 1/2 sec ou moëlleux.

effervescent : il titre 9°5.

mousseux : il titre 9°5 et est vinifié à la méthode champenoise.

Il se « fait » plus vite que le Vouvray mais vieillit bien. Fins et délicats ces vins sont appréciés des connaisseurs.

Touraine-Amboise : Ces vins sont vinifiés en rouge de 9°5 issus du Gamay, du Cot et du Cabernet. En rosé de 10° avec parfois du Grolleau et en blanc de 10°5 en secs, 1/2 secs. Il sont fruités, légers et frais.

Touraine-Azay-le-Rideau : Les blancs de 10° sont issus du Pineau de la Loire et sont très fruités. Un rosé de 9° à base de Grolleau, typé, a fait l'objet d'une appellation récente (1976).

Touraine-Mesland : Les vins rouges de 10°, rosés de 10°5 sont issus soit du Gamay soit du Cabernet. Les blancs de 10°5 sont issus du Pineau de la Loire et sont fins.

En général ces vins sont très appréciés pour leur fruité et leur légèreté.

Touraine : Ces vins sont rouges de 9°, rosés de 9° et blancs de 9°5 ont la réputation d'être légers, frais, très agréables à boire. Le nom du cépage est souvent mentionné sur l'étiquette.

Le rouge de Cabernet a du corps et est long en bouche.

Le rouge de Gamay a du fruit et de la fraîcheur.

Mélangés ces cépages donnent un vin de semi-garde. L'appellation existe aussi pour les mousseux et pétillants
Le ***Touraine Primeur*** issu du Gamay existe depuis 1979 et progresse tous les ans.

Le Touraine blanc issu du Pineau de la Loire est tranquille ou mousseux. Il est léger et fruité.

Celui issu du Sauvignon est sec et a beaucoup de caractère.

les confréries vineuses

Toutes les appellations de Touraine ont créé leur Confrérie bachique dont le rôle est de faire connaître les crus, de défendre et perpétrer les traditions vinicoles du Terroir.

Elles tiennent un ou deux chapitres par an au cours desquels ont lieu les intronisations. Celles-ci se font sur invitation et parrainage.

Les confréries vineuses des grands vins de Touraine sont les suivantes :

Commanderie de la Dive Bouteille des Vins de Bourgueil et de Saint-Nicolas de Bourgueil.

Les Entonneurs Rabelaisiens à Chinon.

La Confrérie des Chevaliers de la Chantepleure à Vouvray.

La Coterie des closiers de Montlouis.

La Commanderie des Grands vins d'Amboise.

La Confrérie des Compagnons de Grandgousier à Onzain (Touraine-Mesland).

La Confrérie des Tire-Douzils de la Grande Brosse à Chemery (Touraine).

La Confrérie des Maitres de Chais à St.-Georges-sur-Cher (Touraine).

Les Côteaux du Loir

historique

Ce vignoble peut être comparé au vignoble de Touraine et comme lui a le même âge. Ronsard parlait des vins de cette région.

milieu

situation géographique

Départements : Sarthe et Indre-et-Loire. Le vignoble est limitrophe du Maine-et-Loire.

Château-du-Loir et la Chartre-sur-le-Loir sont deux communes importantes de cette région.

sol

Le même qu'en Touraine où domine un sous-sol de tuffeau où sont creusées des caves idéales pour des crus qui peuvent vieillir dans des conditions parfaites.

climat

Les côteaux bien exposés profitent au maximum d'un climat favorable à la vigne.

superficie

Les Côteaux du Loir et ceux du Jasnières une vingtaine d'ha.

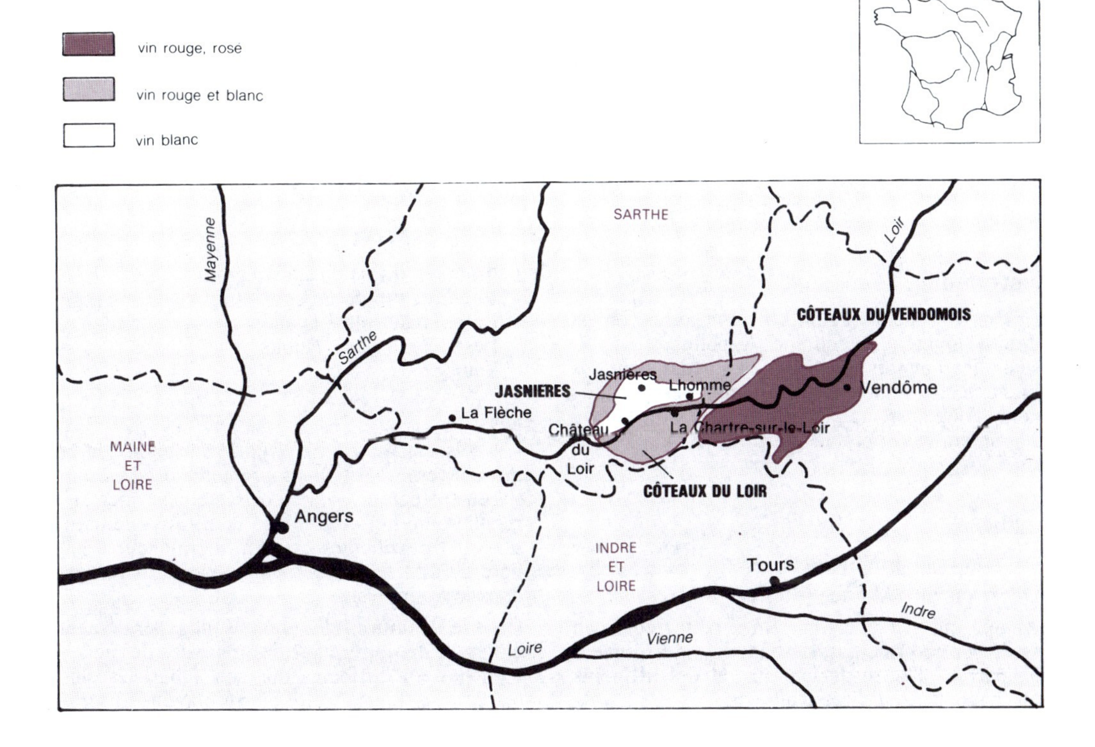

production (1986)

Les Côteaux du Loir produisent des rouges, rosés et blancs. Le Jasnières varie suivant les années.

Côteaux du Loir	Rr	985 hl
	B	389 hl
Jasnières		1 201 hl

cépages

Blanc : le Pineau de la Loire (ou Chenin blanc) qui donne des vins fruités.

Rouge : le Pineau d'Aunis.

appellations

■ Catégorie A.O.C. :

Jasnières : Sur les communes de Lhomme et de Ruillé-sur-Loir est issu du Pineau de la Loire. Ce vin blanc titre 10,5° à 12° suivant les années. Il est sec et fruité, mais peut être demi-sec exceptionnellement. Il est de conservation remarquable. Il mérite de passer 2 à 3 ans en cave avant d'être apprécié. Il est quelquefois champagnisé.

Côteaux-du-Loir : Les vins récoltés sur plusieurs communes sont :
les blancs : secs avec des parfums délicats et différents suivant l'emplacement où ils sont récoltés, titrent 10° et ressemblent aux Vouvray;
les rouges : ont un goût particulier et doivent vieillir en fût au moins de l'année des vendanges à l'autre.

■ Catégorie V.D.Q.S. :

Côteaux-du-Vendomois : Ces vins rouges et rosés sont récoltés autour de Vendôme sur une trentaine de communes.

Ils sont issus du Pineau d'Aunis et du Gamay.

Ils sont légers et fuités.

En 1980 R : 3 993 hl.
B : 423 hl.

le vignoble d'Anjou

historique

Les vins de cette région sont eux aussi connus depuis longtemps. Sidoine Appolinaire au Ve siècle les mentionnait. Connue surtout pour ses blancs cette région exportait déjà ses produits vers l'Angleterre au XIIe siècle. Les Côteaux du Layon étaient appréciés de Louis XIV.

milieu

situation géographique

Département : Maine-et-Loire.

Angers qui a donné son nom à cette région en est le centre principal. Les vignobles se trouvent de part et d'autre de la Loire et des affluents qui passent par ce département.

L'Anjou se divise en sous-régions :
- Les Côteaux de la Loire
- Les Côteaux du Layon
- Les Côteaux de l'Aubance
- Saumur.

sol

Les sols sont schisteux et parfois argileux en ce qui concerne l'Anjou proprement dit. Le sous-sol en tuffeau ou tufs calcaires qui permet une régulation d'humidité du sol mais aussi le creusement d'excellentes caves à la fraîcheur régulière de 12°, se rencontre plus particulièrement dans le Saumurois.

Dans le Saumurois, les vignes sont généralement closes ou délimitées par des murettes de pierres blanches « le tuffeau » dont on a bâti les châteaux de la Loire. Cette pierre blanche absorbe la chaleur du soleil pendant le jour et la restitue la nuit, ce qui contribue à la bonne maturation du raisin.

climat

Par sa position géographique, l'Anjou bénéficie de facteurs favorables de maturité. Le trio : ensoleillement, température, hygrométrie, conduit une maturation sans à coup et suffisamment complète pour préserver l'harmonie des colorations, des fruités et des volumes.

superficie

22.200 ha.

production (1986)

Catégorie	Appellation contrôlée	Récolte
Rouges	CRÈMANT DE LOIRE	1 250 hl
	ANJOU MOUSSEUX	1 508 hl
	ANJOU	86 844 hl
	ANJOU GAMAY	16 167 hl
	SAUMUR	22 880 hl
	SAUMUR-CHAMPIGNY	37 941 hl
	SAUMUR MOUSSEUX	5 743 hl
Rosés	ROSE D'ANJOU	105 601 hl
	CABERNET D'ANJOU	97 000 hl
	ROSE DE LOIRE	20 360 hl
	CABERNET DE SAUMUR	2 686 hl
Blancs	ANJOU MOUSSEUX	4 119 hl
	ANJOU	782 232 hl
	SAUMUR	30 800 hl
	COTEAUX DE L'AUBANCI	2 032 hl
	COTEAUX DE SAUMUR	139 hl
	COTEAUX DE LA LOIRE	1 586 hl
	SAVENNIÈRES	2 561 hl
	COTEAUX DU LAYON	50 863 hl
	Communes de BEAULIEU FAYE D'ANJOU - RABLAY - ROCHEFORT ST-AUBIN-DE-LUIGNY - ST-LAMBERT - DU LATTRAY	6 500 hl
	COTEAUX DU LAYON - CHAUME	
	QUARTS DE CHAUME	891 hl
	BONNEZEAUX	1 753 hl
	SAUMUR Mousseux	79 455 hl
	CRÉMANT DE LOIRE	8 112 hl

Effervescents SAUMUR D'ORIGINE : 13 millions de bouteilles - CREMANT DE LOIRE : 2 millions de bouteilles - ANJOU MOUSSEUX (blanc et rosé) - Anjou pétillant - Rosé d'Anjou pétillant : (méthode champenoise) environ 1 million de bouteilles.

cépages

Blanc : Le Pineau de la Loire (ou Chenin blanc). Il donne dans cette région la plénitude de ses qualités. Le Chardonnay et le Sauvignon contribuent aussi aux appellations Anjou et Saumur.

Rouge : Le Cabernet Sauvignon. Il offre l'ampleur sous toutes ses phases gustatives. Seul ou associé au Cabernet Franc, il étoffe les nuances de la « Robe » par un rubis profond. Il développe des fruités proches de la Framboise ou du Cassis selon les secteurs. Il « charpente » l'ensemble. Il donne de l'« avenir ».

Le Cabernet franc : ayant d'excellentes facultés de vieillissement, peut, néanmoins, être consommé vite, sans démériter pour autant.

Le Gamay : il donne un vin frais, gouleyant, agrémenté d'un élégant fruité, qui le prédispose à une consommation rapide.

Rosé : Le Pineau d'Aunis, le Cot, le Groslot et les cépages rouges ci-dessus.

appellations

■ Catégorie A.O.C. :

Anjou :

Les blancs titrent 9°5 d'alcool acquis et sont issus du Chenin blanc. Fermes et racés, ils ont la finesse et le fruité mais doivent être bus jeunes.

Les rouges titrent 10° et ont les caractères de leurs cépages.

Les rosés titrent 9° et sont issus du Groslot, du Cot et du Gamay. Traditionnellement 1/2 sec, le rosé d'Anjou est fruité, pimpant et agréablement désaltérant. C'est un vin dont on admire la couleur plaisante et dont on apprécie l'inégalable fraîcheur.

Les pétillants d'Anjou ont la qualité des vins blancs avec en plus ce pétillant très agréable.

Les mousseux le sont à la méthode champenoise. Ils sont blancs ou rosés et doivent titrer 9°5 avant d'ajouter la liqueur de tirage, avant la deuxième fermentation en bouteille.

Anjou-Gamay :

C'est un vin rouge qui se caractérise par un parfum et un fruité particuliers.

Cabernet d'Anjou :

C'est un des meilleurs rosés de France, il est moëlleux et fin, d'une couleur rose pourpre ou plus paille suivant la nature du terrain; il fleure bon la framboise et allie finesse et fruité.

Rosé de Loire, produit sur l'ensemble de la région, issu du cépage Cabernet à 30% minimum est sec, fruité, vif et attrayant à l'œil. Il est gouleyant à plaisir avec un agréable parfum.

Côteaux de la Loire :

Ces blancs issus du Chenin blanc titrent 12° dont 11° d'alcool acquis. Ils sont fins et nerveux, secs ou 1/2 secs avec beaucoup d'élégance. Ils sont répartis sur les communes de Saint Barthélémy, Brain sur l'Authion, Bouchemaine, Savennières, La Possonnière, Saint Georges, Champtoué et Ingrandes rive droite de la Loire ainsi que Montjean, La Pommeraye et Chalonnes sur la rive gauche.

Savennières

C'est un cru célèbre.
C'est un vin sec, corsé et fin, d'une sève particulière.

Le *Savenières Coulée de Serrant* est sec, corsé, nerveux et très fruité. C'est un vin de garde mais l'aire de production est faible pour ce grand seigneur.

Le *Savennières La Roche aux Moines* est semblable au précédent avec peut-être une plume de moins au panache.

Muscadet des Côteaux de la Loire (Voir Pays Nantais)

Ce vin blanc issu du Muscadet est réparti en Anjou et en Pays Nantais.

Côteaux du Layon : Ces vins blancs sont récoltés sur 25 communes. Ils tirent leurs qualités d'une vendange en surmaturation par tries successives (Pourriture noble). Ils titrent 12° dont 11° d'alcool acquis.

Le nom de la commune d'où provient le vin s'ajoute parfois à l'Appellation Côteaux du Layon.

Ces six communes sont :

Beaulieu-sur-Layon, Faye d'Anjou, Rablay-sur-Layon, Rochefort-sur-Loire, Saint-Aubin-de-Luigné et Saint-Lambert-du-Lattray.
Côteaux du Layon Chaume.
Il en est de même pour les vins de Chaume en raison de leur notoriété.

Deux crus sont célèbres :

Bonnezeaux (Commune de Thouarcé) titre 13°5 dont 12° d'alcool acquis. C'est un vin parfumé, frais et long en bouche.

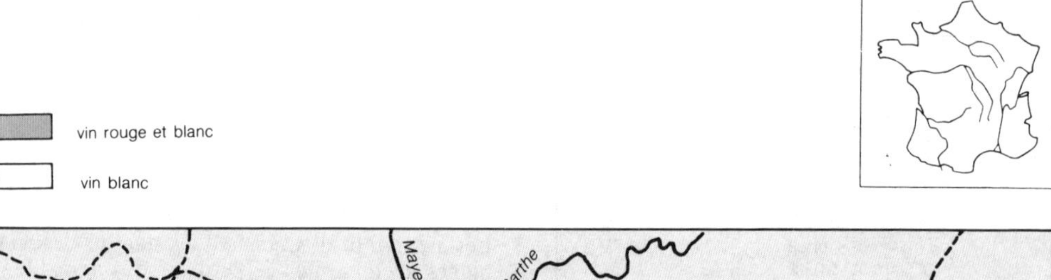

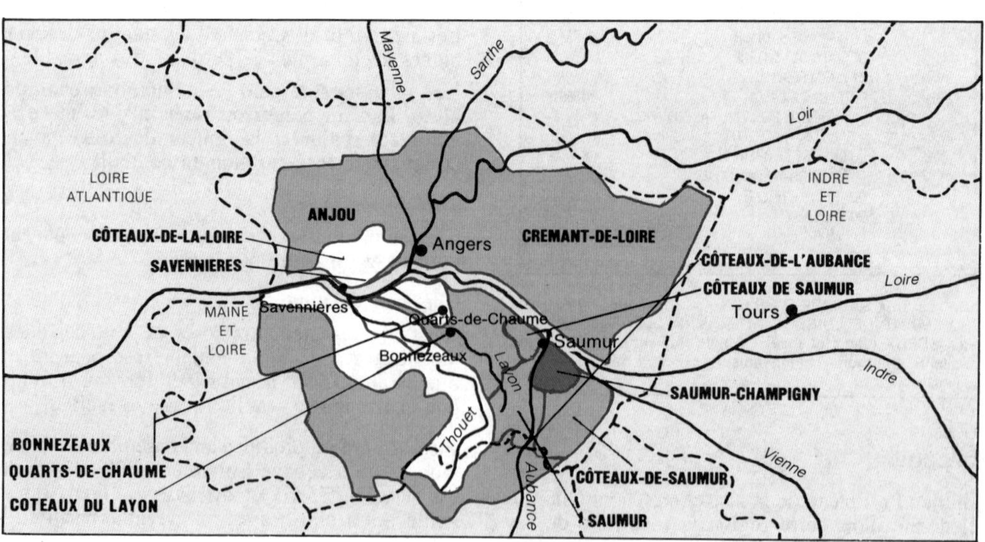

Quarts de Chaume (Commune de Rochefort-sur-Loire) titre 13°5 dont 12° d'alcool acquis. C'est un vin délicat, avec de l'ampleur et quelquefois une pointe d'amertume.

Ces vins blancs peuvent bonifier en bouteilles jusqu'à devenir centenaires. Ils figurent parmi les plus grands vins de France.

Ces vins de couleur or aux reflets verts sont fruités et délicats moëlleux ou liquoreux, suivant les années, s'épanouissent dans la bouche comme un bouquet de fleurs et font dire qu'ils font « la queue de paon ».

Côteaux de l'Aubance

L'Aubance produit autour de Brissac d'agréables vins rosés et vins rouges. Mais, des côteaux qui dominent cette petite rivière, naît un vin blanc demi-sec fin et distingué. Les côteaux de l'Aubance. Ce vin titre 11° dont 10°5 d'alcool acquis.

Saumur : Cette appellation fait partie de l'Anjou mais est très importante aussi il est bon d'en parler un peu plus longuement.

Historique : Autrefois dénomée « Haut Pays », la région de Saumur a une longue tradition viticole. Dès le XIIe siècle en effet les vins de Saumur jouissaient d'une très grande renomée jusqu'aux Pays-Bas. Cet intérêt s'est maintenu à travers les siècles et au XVIIIe siècle on a noté l'importance de l'exportation des blancs de Saumur.

Les mémoires du XVIIIe siècle rapportent que certaines bouteilles explosaient, notamment au moment de la montée de la sève dans la vigne, parce que le vin se mettait à « travailler ».

Au XIXe siècle, l'homme a maîtrisé ce phénomène naturel et pour domestiquer ce vin fougueux, il a mis en œuvre les préceptes de Dom Pérignon (Voir Champagne).

L'appellation est répartie sur 93 communes.

– les blancs tranquilles : titrent 10° issus du Chenin blanc sont secs et fruités, vifs et racés. Ils portent toutes les nuances du terroir.

Côteaux de Saumur :

titrent 12° d'alcool acquis.
– les pétillants : qui ont les traits essentiels des blancs,

– les mousseux : brut ou 1/2 sec le sont à la méthode champenoise, ils sont appréciés brut à l'apéritif et 1/2 sec au dessert.

– les rosés et rouges titrent 10° d'alcool acquis et ont les caractères de leurs cépages. Ils sont élégants et fins.

Saumur-Champigny meilleur que les précédents rouges a une couleur caractéristique et un parfum de framboise.

Parmi les A.O.C. de cette région Anjou-Saumur, un vin effervescent à ne pas oublier, le

Crémant de Loire dont 80 % de la production provient de cette région.

les confreries

Chevaliers du Sacavin d'Anjou – 21 boulevard Foch, 49000 Angers
Fins Gousiers d'Anjou – Mairie 49540 Martigne-Briand
Taste Saumur Maison du Vin, 49400 Saumur
Canette de Bouille-Loretz – Mairie 79290 Bouille-Loretz.

■ Centres d'information touristique du Vignoble :

Maison du vin de l'Anjou
5 bis, Place Kennedy, 49000 Angers.

Maison du vin de Saumur
25, rue Beaurepaire, 49400 Saumur.

le vignoble Nantais

historique

C'est au Moyen-Age que la vigne prit un essor considérable mais c'est en 1693 que les premiers plants de Muscadet ont remplacé les cépages rouges alors utilisés.

Un hiver terrible en 1709 détruisit presque entièrement le vignoble et il fallut 30 ans pour le reconstituer.

Au XIXe siècle le vignoble Nantais est presque exclusivement complanté en Muscadet pour 1/3 et Gros-Plant pour 2/3.

milieu

situation géographique

L'aire de production s'étend géographiquement le long de la Vallée de la Loire en amont de Nantes ainsi qu'à l'est et au sud-ouest du département de la Loire-Atlantique. Ses limites extrêmes n'atteignent la Vendée et le Maine et Loire que pour une faible part de la production.

sol

L'ensemble du vignoble de Sèvre-et-Maine repose presque partout, sur des terrains anciens entremêlés de roches erruptives et parfois couverts de terrains plus récents.

Tous sont dépourvus de calcaires et sont acides. Les sables et éléments grossiers représentent 60 à 80% de l'ensemble. L'argile 10 à 30%.
Quant au gros Plant, il ne se plaît que dans les terrains dérivant de roches erruptives métamorphoriques ou schisteuses.

climat

Il est doux et tempéré, surtout dans le voisinage de l'Océan qui assure une grande régularité de la température. Les pentes abritées des vents permettent à une végétation de type méditerranéen de surprendre le visiteur. La vigne s'étend à perte de vue.

altitude

Les côteaux ne dépassent que rarement 50 mètres.

superficie

Muscadet	820 ha
Muscadet des Côteaux de la Loire	450 ha
Muscadet de Sèvre et Maine	8.530 ha
Gros Plant	2.600 ha
Côteaux d'Ancenis	200 ha
Superficie totale	12.600 ha

production (1986)

Muscadet de Sèvre et Maine	483.330 hl
Muscadet des Côteaux de la Loire	21.456 hl
Muscadet	182.992 hl
Gros Plant	100.000 hl
Côteaux d'Ancenis	10.000 hl

Le rendement est de 50 hl/ha.

Au delà de cette limite les quantités produites et admises à conserver le droit à l'appellation sont bloquées à la propriété et ne peuvent sortir des chais des récoltants avec l'appellation qu'à partir de la date de déblocage de la récolte suivante.

cépages

a) pour les A.O.C. Muscadet blanc
le Muscadet (ou Melon en Bourgogne)

b) pour les V.D.Q.S. Grosplant ou Gros plant du Pays Nantais blanc
le Gros-Plant

c) pour les V.D.Q.S. côteaux d'Ancenis
Blanc : le Pineau de la Loire
le Pineau Beurot ou Malvoisie
Rouge : Le Gamay et le Cabernet

le porte-greffe utilisé à 95% est le riparia-rupestris 3 309.

vinification spéciale Muscadet sur lie

Les vendanges se font à maturité complète mais non à sur-maturité.

Elles commencent, souvent, au début de la 2e décade de Septembre pour le Muscadet. Le gros-plant est vendangé après.

Les raisins cueillis, sont transportés, le plus rapidement possible au pressoir. Là, le raisin est pressé parfois après foulage.

Suivant l'état sanitaire de la vendange, le moût subit ou non un débourbage, puis est entonné dans les cuves, demi-muids ou fûts pour subir la fermentation alcoolique.

Cette opération terminée, le vin sera « méché » et les fûts soigneusement « ouillés ». Le viticulteur cherchera à lutter contre tous les phénomènes d'oxydation et évitera les manipulations.

Certains arrivent à mettre le vin en bouteilles en effectuant un seul soutirage, suivi d'une filtration : l'embouteillage se faisant à la sortie du filtre.

Le vin va, ainsi « mûrir » en bouteilles et sera apprécié par le consommateur.

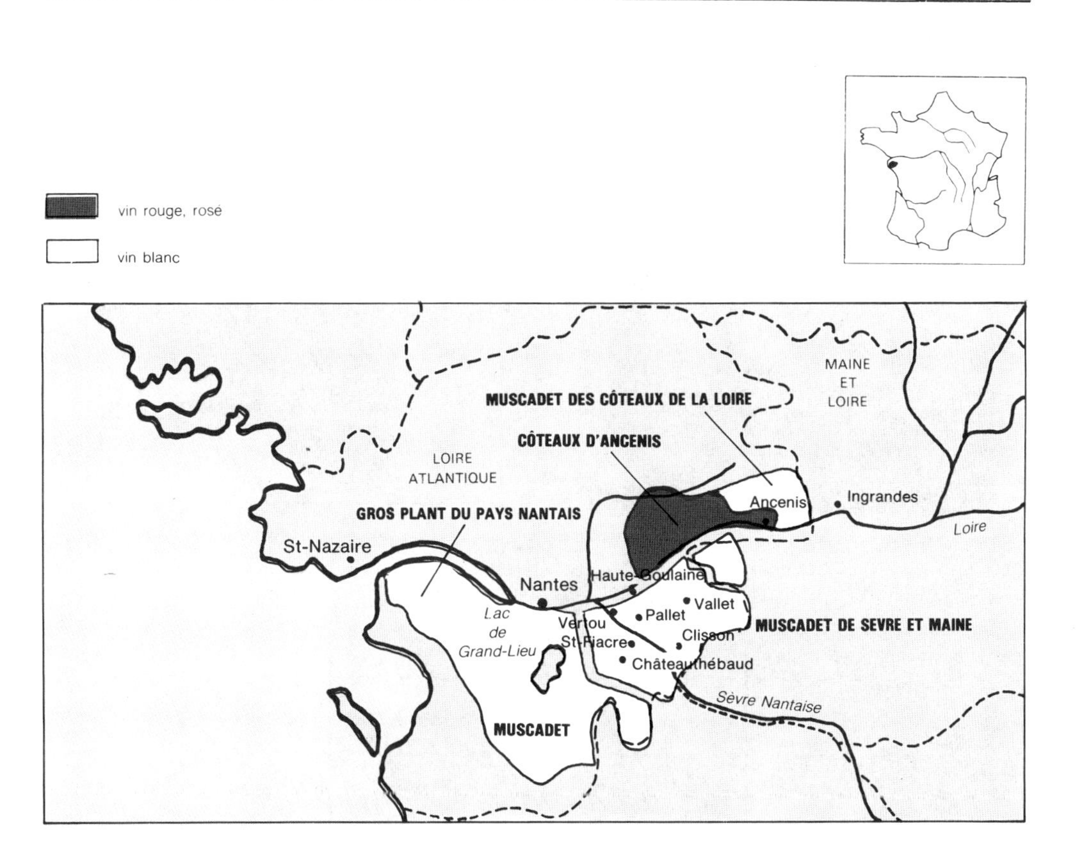

appellations

■ Catégorie A.O.C. :

Trois appellations sont distinguées suivant la situation géographique.

Muscadet, depuis 1936. C'est le vin récolté sur tout le territoire qui ne porte pas les deux autres appellations. Le volume le plus important provient de la région d'Herbauges (canton de Bouaye et communes limitrophes) et de Logne et Boulogne (canton de Saint Philbert de Grand Lieu et communes limitrophes). Ce vin blanc est sec mais sans verdeur. C'est le vin de toutes les heures. 163 g de sucre par litre correspond à 9° 5 d'alcool acquis.

Muscadet des côteaux de la Loire, il est plus corsé, plus fruité mais peut être plus acide que les deux autres. 170 g de sucre par litre correspond à 10° d'alcool acquis. Il est cultivé sur chacune des deux rives de la Loire, à partir de Nantes, sur les cantons d'Ancenis, Carquefou, Champtoceaux, Ligne, Saint-Florent-Le-Vieil et Varades.

Muscadet-de-Sèvre-et Maine, il représente à lui seul 80% de la production. Il est cultivé au sud-est de Nantes dans les cantons d'Aigrefeuille, Clisson, Le Loroux Bottereau, Vallet et Vertou. La dénomination de Sèvre et Maine tire son origine du nom des deux rivières qui traversent ce vignoble. 170 g de sucre par litre correspond à 10° d'alcool acquis.

Les Appellations d'Origine Contrôlée Muscadet ne sont accordées depuis 1971 qu'aux seuls vins ayant satisfait à la double exigence de la dégustation et de l'analyse, organisées par la section A.O.C. sous la responsabilité de l'I.N.A.O.

■ Catégorie V.D.Q.S. :

Gros Plant du Pays Nantais :

Depuis 1954 le cépage la Folle Blanche est d'origine Charentaise.

Ce blanc est léger, sec et frais.

Côteaux d'Ancenis : Pineau de la Loire, Chenin Blanc, Malvoisie, Pinot-Beurot, Gamay, Cabernet.

Depuis 1954. Ce vin est léger sec et fruité, il est en rosé en rouge.

L'obtention du label V.D.Q.S. est subordonnée à une analyse et une dégustation organisées par les unions de producteurs de chacun de ces crus.

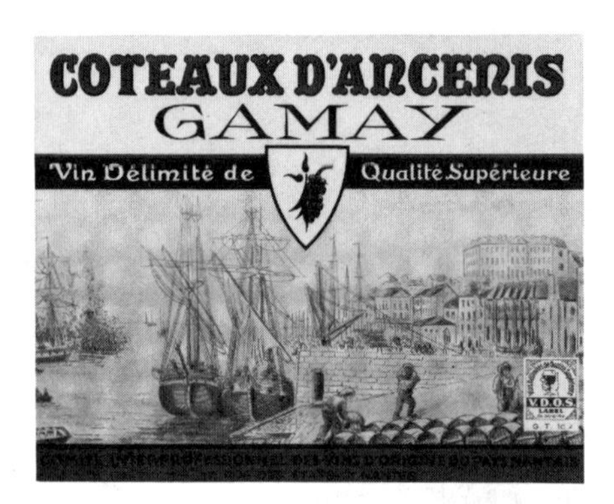

En Vendée depuis le 27.10.1984 les vins des fiefs vendéens sont classés V.D.Q.S.
313 ha 20 233 hl dont 16 980 hl de rouge et rosé et 3 253 hl de blancs.

Les départements des Deux-Sèvres et de la Vienne donnent des vins de catégorie V.D.Q.S. en rouge 12 618 hl et en blanc : 10 794 hl en 1980. ***Vin du Haut-Poitou.***

Le Département des Deux-Sèvres donne des vins de catégorie V.D.Q.S. en rouge 362 hl en 1980 et en blanc 617 hl sous l'appellation : ***Vin de Thouarsais.***

le Cognac

historique

La création du vignoble de Saintonge date vraissemblablement du dernier quart du IIe siècle.

Au XIIe siècle, grâce à Guillaume X, duc de Guyenne et Comte de Poitiers, s'est constitué autour de La Rochelle un grand vignoble, appelé « Vignoble de Poitou », lequel, dès le siècle suivant, produisait des vins appréciés dans les pays bordés par la Mer du Nord, et qui étaient transportés par des navires hollandais et scandinaves.

L'importance du trafic des vins entraîna l'extension du vignoble.

Dans la seconde moitié du XVIe siècle, les vaisseaux hollandais venaient y chercher les vins renommés des crus de « Champagne » et des « Borderies ».

Au XVIe siècle, les vignobles d'Aunis et de Saintonge se mirent à produire de telles quantités de vins qu'il était souvent difficile de les écouler. La qualité baissait; acides et d'un degré alcoolique peu élevé, ces vins souffraient des longs voyages en mer. Les marchands hollandais et anglais eurent l'idée de les faire distiller à l'arrivée. Au XVIIe siècle, ils trouvèrent plus avantageux d'importer le produit des vignobles de Saintonge, d'Aunis et d'Angoumois sous forme d'eau-de-vie inaltérable, de volume réduit, donc moins coûteux à transporter. Additionné d'eau, ce produit prit le nom de « brandwine ». Par suite de crises économiques, des stocks d'eau-de-vie restèrent invendus. On s'aperçut alors qu'elle s'améliorait en vieillissant et pouvait se consommer pure.

Au cours des XVIIe et XVIIIe siècles, Cognac fut rapidement considérée comme la capitale d'un commerce de renommée mondiale.

Après 1830, de nombreuses maisons prirent l'habitude d'expédier l'eau-de-vie en bouteilles et non plus en barriques.

milieu

situation géographique

Départements : Charente et Charente Maritime.

Au nord de la Gironde, autour de Cognac arrosée par la Charente, dans les Iles de Ré et d'Oléron.

sol

C'est la qualité du sol qui détermine la qualité du produit.

Au centre de la Charente, il ressemble au sol champenois : crayeux – d'où le nom de Grande et petite Champagne. Il est de plus en plus changeant au fur et à mesure que l'on s'éloigne de ce centre (argilo-calcaire, argileux (terre de groies) et siliceux.

climat

Il est océanique tempéré. Il joue un grand rôle dans la qualité du Cognac.

Supéficie et division du vignoble

Nous n'étudierons dans cette région que celle qui produit l'eau-de-vie

Grande Champagne	12.958 ha
Petite Champagne	16.147 ha
Borderies ou Premiers Bois	4.088 ha
Fins Bois	39.716 ha
Bons Bois	21.310 ha
Bois Ordinaires et Bois Communs à Terroir	3.890 ha
Total	98.109 ha

production

La production pour la récolte de 1980 représente l'équivalent de 161 millions de bouteilles.

cepages

Le vignoble est composé exclusivement de cépages blancs – à titre principal : Ugni blanc ou St. Emilion des Charentes pour 98 % Colombard et Folle Blanche pour 1,8 % (qui donne les eaux de vie les plus fines).

– à titre d'appoint : Blanc Ramé, Jurançon blanc, Meslier St. François, Sémillon, Sauvignon, Sélect qui représente 0,2 % des cépages utilisés dans la région.

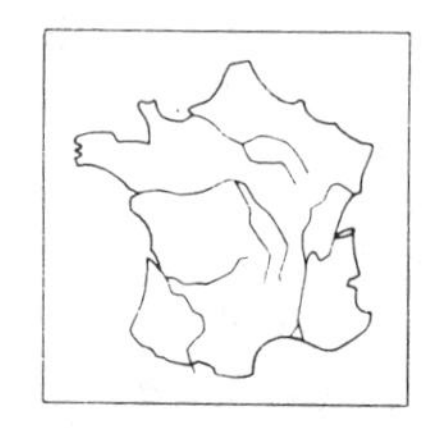

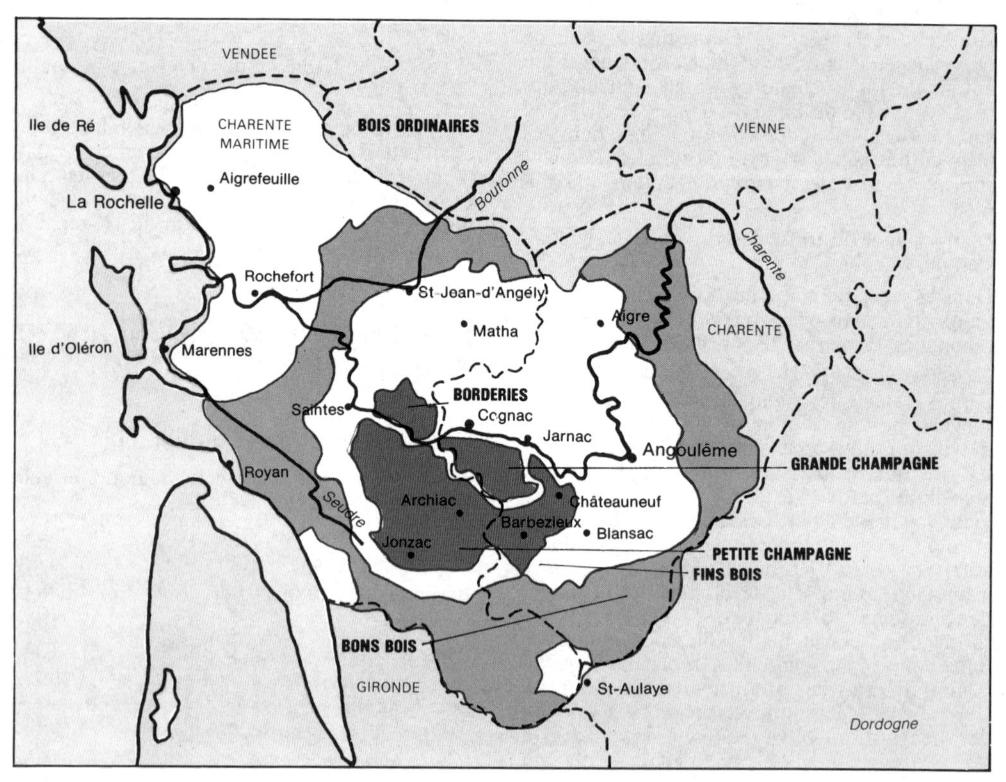

mode de vinification

Vinification normale en blanc avec interdition de sucrage et interdiction d'utiliser le pressoir à vis d'Archimède (Pressoir continu).

distillation

Elle se fait en deux temps par l'emploi de l'abambic charentais traditionnel.

La première chauffe donne le Brouillis : 25 à 35°.

La deuxième chauffe ou Bonne chauffe donne l'eau-de-vie titrant environ 70°.

Au cours de la deuxième chauffe, un premier liquide blanchâtre sort de l'alambic : les flegmes (alcool brut par distillation de liquides alcoolisés).

Elles sont recueillies à part car elles sont trop odorantes. Elles donnent le produit « de tête ». (85°).

Vient ensuite un liquide clair le « cœur » de la distillation, qui donne le meilleur produit à 70°.

Ensuite viennent les « secondes » à 30°.

Puis pour terminer les « queues » ou « restes » ou « vinasses » à 4°.

Les « flegmes » et « secondes » seront recueillies dans un fût spécial afin d'être rajoutées soit au vin soit au brouillis pour une redistillation ultérieure.

Les « queues » permettent la récupération de tartrate de chaux.

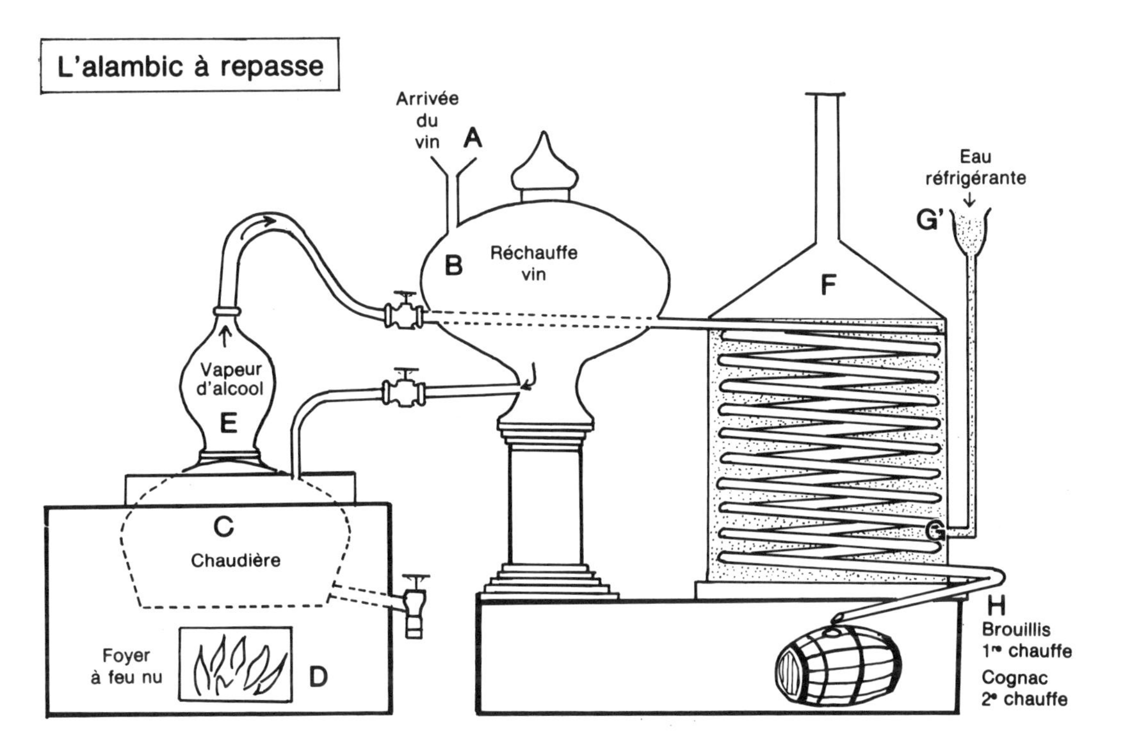

A – Arrivée du vin
B – Réchauffe vin
C – Chaudière
D – Foyer à feu nu
E – Vapeurs d'alcool dans le chapiteau et le col de cygne
F – Eau réfrigérante
G – Arrivée d'eau froide
H – Brouillis (1re chauffe)
cognac (2e chauffe).

vieillissement

Un cognac ne vieillit pas en bouteilles, mais en fûts de chênes neufs au moins pour la 1re année du Limousin et du Tronçais (Allier). Le bois lui confère une coloration ambrée et un arôme particulier. Les eaux-de-vie de Cognac seront changées de fûts plusieurs fois dans leur vie.

Les fûts vont ensuite être mis en chais à l'abri de l'air et de la lumière. Ce lent vieillissement s'accompagne d'une intense évaporation, poétiquement appelée « part des anges », qui chaque année voit l'équivalent de 20 millions de bouteilles se diluer dans le ciel.

Pour obtenir un V.S.O.P. il faut obtenir un minimum de 4 ans de vieillissement.

assemblages

Le Maître de Chai va marier des eaux-de-vie d'âges et de crus différents afin d'obtenir un ensemble harmonieux où l'on retrouvera la finesse de tel cru, le moëlleux de tel autre...

Ce n'est qu'après plusieurs assemblages suivis chacun par des périodes de vieillissement que le Cognac aura acquis toute sa valeur.

Le Maître de Chai est capable de créer un type constant d'eau-de-vie spécifique à chaque marque.

Rectification autorisées

L'eau-de-vie de Cognac ne peut être commercialisée que titrant 40° d'alcool réel (à 15°C.).

Pour abaisser la teneur en alcool, le Maître de Chai peut ajouter de l'eau distillée. Quelques corrections peuvent se faire au niveau de la couleur par adjonction de caramel ou copeaux de chêne (par macération).

appellations des eaux de vie charentaises

L'appellation contrôlée générale :

Cognac ou ***Eau-de-vie de Cognac*** ou ***Eau-de-vie des Charentes***

se divise en crus :

Grande Champagne
Petite Champagne
Borderie
Fins Bois
Bons Bois

■ Emploi du mot « Fine »

Le mélange Grande Champagne et Petite Champagne a droit à l'appellation Fine Champagne s'il comporte au moins 50 % de Grande Champagne. Le mot « Fine » ne peut être utilisé que pour une Appellation d'Origine Controlée : Fine Borderie, Fins Bons Bois...

■ Emploi du mot « Grande Fine Champagne » :

Synonyme de Grande Champagne.

■ Emploi du mot « Petite Fine Champagne » :

Synonyme de Petite Champagne.

■ L'esprit de cognac 85 - 80°

est un produit obtenu en faisant subir une troisième repasse à une eau-de-vie ayant droit à l'appellation « Cognac ».

Ce produit est destiné à la confection des liqueurs de dosage des vins mousseux (Champagne en particulier) et entre dans la composition du Pineau des Charentes.

Le pineau des charentes

Ce V.D.N. titre 18 à 22°. C'est un moût de raisins des Charentes, muté en esprit de Cognac. Il est liquoreux, agréable, de caractère particulier. Il se trouve en blanc ou en légèrement rosé.

Pour avoir droit à l'Appellation, « COGNAC » des eaux-de-vie des vins de Charentes doivent remplir un certain nombre de conditions qui sont fixées par la loi et qui concernent notamment leur âge.

- ★★★ Bonne qualité (entre 5 et 9 ans)
- V.O. (Very Old) Très vieux
- V.S.O.P. (Very superior old pale). Très vieille eau de vie supérieure (entre 10 et 18 ans)
- Réserve
- Vieille Réserve
- Grande Réserve
- Royal
- Vieux
- X.O. (Extra Old) Extra-vieux. Hors d'âge
- Napoléon (entre 10 et 20 ans)

Certaines mentions obligatoires figurent sur les étiquettes : les sigles ou désignations du vieillissement, le degré alcoolique ° transformé en titre alcoométrique volumique % vol. le nom et d'adresse du vendeur, l'expression « Digestif » ou lettre « D », la contenance de la bouteille/La Cognaçaise 0,75 l.

L'état du marché à l'issu de la campagne 1980-1981 est caractérisé par cinq chiffres essentiels :

Production 1981	161 millions de bouteilles
Ventes totales dans le monde	149 millions de bouteilles
dont	119,6 milloins de bouteilles à l'exportation
(50 millions de bouteilles pour la C.E.E.)	
Les stocks	1.000 millions de bouteilles (1 milliard)
L'évaporation	19 millions de bouteilles

comment boire un cognac ?

Il ne peut être apprécié qu'avec du temps.

Les gourmets le préfèrent pur à la fin du repas. Ils le font délicatement tourner dans un verre tulipe et l'« humanisent » dans la paume de la main puis en hument l'arôme subtil avant de le déguster.

Mais le cognac peut être servi en « long drinks » très rafraîchissants en été, et en hiver, il est à la base de nombreuses boissons chaudes revigorantes.

Enfin, il entre dans la confection de nombreux cocktails auxquels il apporte son bouquet caractéristique et délicat.

■ Quelques Marques :

Bisquit, Canus, Courvoisier, Hennessy, Marnier-Lapostolle, Martell, Otard, Remy-Martin, Polignac, Salignac...

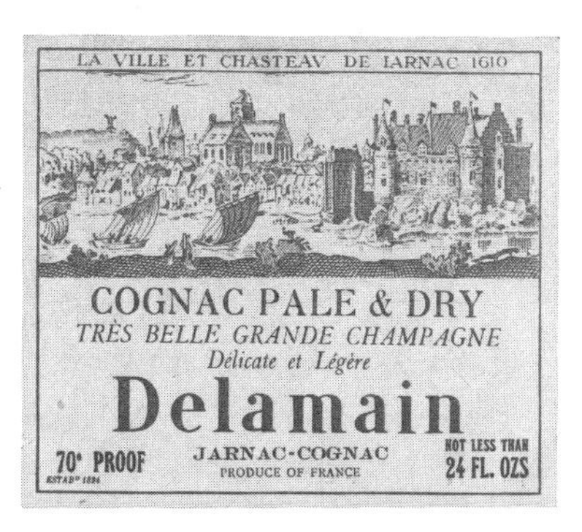

la Dordogne

historique

Le vignoble est célèbre depuis le Haut Moyen Age.

Des siècles durant Bergeracois et Bordelais rivalisèrent dans la production et la vente de leurs vins. Disputes, saisies, batailles... le premier document concernant cette lutte date de 1254, le dernier est de François 1er qui en 1520, autorise les vins de Bergerac à circuler librement sur la Dordogne en toutes saisons.

Au XVIIIe siècle la Hollande était le plus grand consommateur de ce vin car beaucoup de Français après la révocation de l'Edit de Nantes s'étaient réfugiés dans ce Pays.

Montravel était le cellier de Montaigne.

Montaigne fut un grand ami du vin et dans ses écrits on peut lire : « Le vin, ce Bon Dieu qui redonne aux hommes la gaieté et la jeunesse aux vieillards ».

milieu

situation géographique

Département : Dordogne. A l'est du Bordelais. Bergerac en est le centre.

sol

Argilo-silico-calcaire, et varie suivant les emplacements.

à Bergerac il est silico-calcaire sur sable et graviers du Périgord.

à Montravel il est sableux et pauvre, parfois avec silice ou argile.

à Monbazillac il est argilo-calcaire.

climat

Doux et humide.

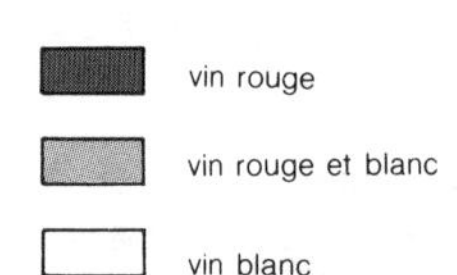

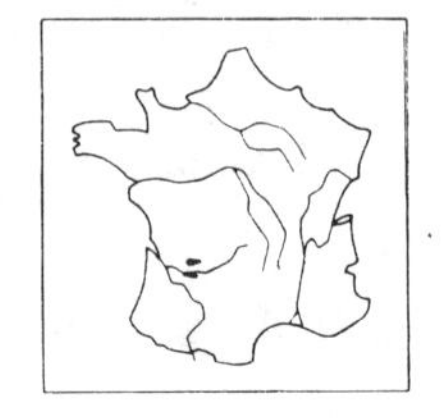

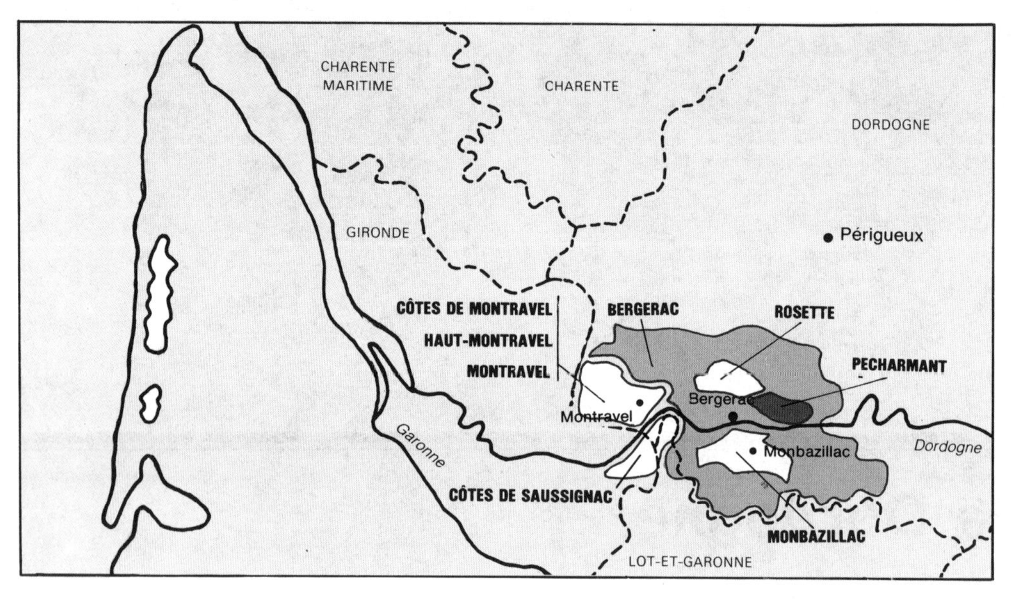

superficie

20.000 ha.

production

Blancs : 185.324 hl
Rouges : 142.666 hl en A.O.C.
327.990 hl

cepages

Pour les blancs : Sauvignon, Sémillon et Muscadelle comme ceux du Bordelais et Ugni blanc et Ondenc.

Pour les rouges : Cabernet, Merlot et Malbec.

appellations

■ Catégorie A.O.C.

Bergerac Rouge et rosé titrant 10°
Cotes de Bergerac Rouge titrant 11°
Bergerac sec Blanc titrant 11°
Bergerac moëlleux Blanc titrant de 12 à 15°
Cotes de Saussignac Blanc moëlleux titrant 12 à 15°
Monbazillac blanc titrant 12°5
Montravel Blanc sec de 10 à 13°
Cotes-de-Montravel Blanc moëlleux titrant 11°
Haut-Montravel Blanc moëlleux titrant 11°
Rosette blanc 1/2 sec titrant 12° minimum
Pecharmant (prononciation Pech Charmant) Rouge titrant 11°.

caractères des vins

■ blancs :

L'A.O.C. Monbazillac est un très beau vin liquoreux, fin et moëlleux au fort parfum de miel ; il a même vinification que les Sauternes.

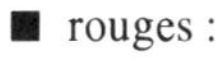

Sa teneur en sucre peut varier de 30 à 100 g par litre.

On dit que ce vin fait la « Queue de Paon ». C'est-à-dire qu'il déploie dans la bouche tous ses arômes subtils, comme le fait le paon lorsqu'il déploie les couleurs de sa queue.

Les autres blancs moëlleux sont tendres et distingués, gras et ronds mais doivent être bus assez jeunes.

Les blancs secs sont fruités, nerveux et très agréables.

■ rouges :

L'A.O.C. Pécharmant est corsé, bien charpenté d'une belle robe, il s'épanouit dans sa 3e année. Il vieillit bien.

Les autres vins rouges sont fins, généreux, bouquetés et gouleyants dans leur jeunesse.

■ rose :

Il est très agréable par son fruité.

Le consulat de la ***vinée de Bergerac*** s'occupe de la défense des vins de Dordogne.

le Bordelais

Les vignobles situés rive gauche de la Garonne

Médoc

Graves

Cérons

Sauternes-Barsac

Les vignobles situés entre la Garonne et la Dordogne

Loupiac et Sainte-Croix-du-Mont

Premieres Côtes de Bordeaux

Côtes-de-Bordeaux-Saint-Macaire

Graves de Vayres

Sainte-Foy-de-Bordeaux

Entre-Deux-Mers

Les vignobles situés rive droite de la Dordogne

Côtes-de-Castillon

Côtes-de-Francs

Saint-Emilion et les appellations satellites de Saint-Emilion

Pomerol

Néac et Lande de Pomerol

Le Fronsadais

Blayes-Côtes de Blaye et premières Côtes de Blaye

Bourg-Bourgeais Côtes de Bourg

généralités

historique

Au IVe siècle, Burdigala n'est pas encore Bordeaux. Le poète : le consul romain Ausone, propriétaire-vigneron en pays d'Entre-Deux-Mers et de Saint-Emilion, fut le premier propagandiste des vins de Bordeaux et son premier ambassadeur. C'est par ses écrits qu'on en a le temoignage.

C'est grâce aux monastères, abbayes et chartreuses que la vigne a pu survivre à toutes les invasions barbares jusqu'au moyen Age.

A cette époque, les vins de Bordeaux connaissent une grande vogue en Grande Bretagne et au Pays-Bas grâce à Eléonore d'Aquitaine qui a ouvert un marché aux Anglais.

Au rendez-vous de Castillon prendra fin la domination anglaise.

Le vin de Bordeaux poursuivra sa prodigieuse carrière et en 1855 à l'Exposition Universelle sa renommée fut officiellement récompensée. Une classification des grands crus a été établie et persiste encore aujourd'hui.

milieu

situation géographique

Département : Gironde

Suivant les rives de la Garonne et de la Dordogne et de leur estuaire commun : la Gironde.

sol

On rencontre en Gironde une grande variété de terrains de nature très différente. La constitution du sol revêt une importance déterminante dans la qualité des vins.

climat

Protégée par l'immense forêt de pins des Landes qui fait écran contre les vents de l'Atlantique, la maturité du raisin se fait à l'abri des excès de température progressivement et délicatement.

altitude

Elle est faible avec des ondulations de terrains très douces.

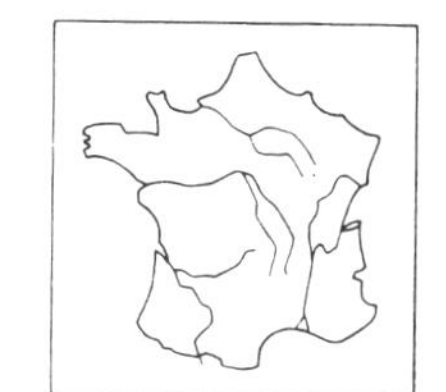

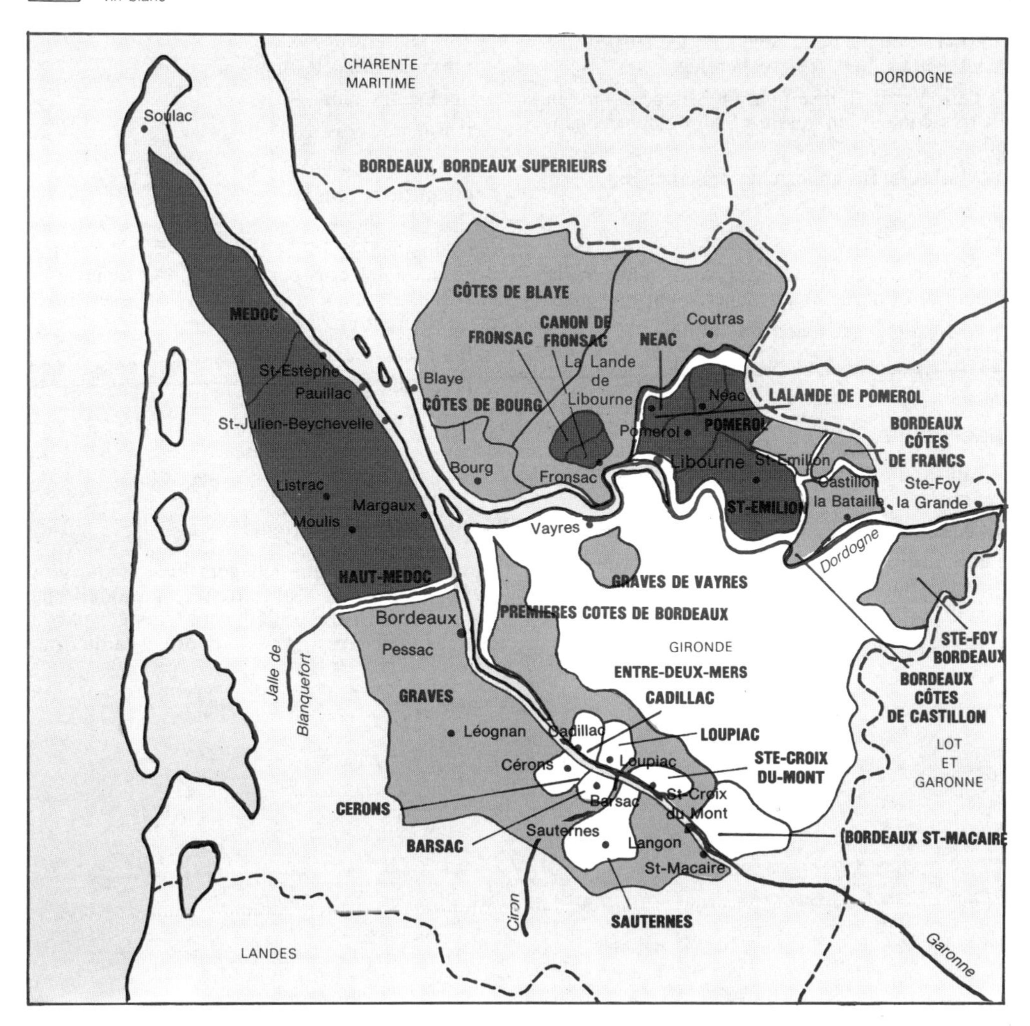

superficie

140 000 hectares

production

environ 4 000 000 d'hectolitres

cépages

La liste des cépages du Bordelais peut paraître bien courte, mais elle est justement le résultat d'une lente sélection.

rouges :

Le Cabernet Sauvignon donne un vin corsé, très

bouqueté qui vieillit bien.

Le Cabernet Franc plus spécialement dans la région de Saint-Emilion donne un vin moins coloré et moins corsé, et qui sera plus long à se faire.

Le Carmenère principalement en Médoc est un cépage de complément d'excellente qualité.

Le Merlot est un excellent appoint des Cabernets principalement dans le Pomerol et à Saint-Emilion. Il donne de la sève, un moelleux et une richesse alcoolique très recherchés.

Le Petit Verdot qui se plaît en Médoc donne un vin très corsé, bien coloré et solidement constitué.

Le Malbec enfin apporte sa belle couleur.

blancs :

Le Sémillon donne de la finesse et de l'alcool

Le Sauvignon donne un vin corsé, d'une belle couleur or et d'une saveur légèrement musquée.

La Muscadelle est très arômatique.

appellations

Les appellations de Bordeaux sont des A. O. C. principalement :

Les vins sont classés en trois grandes catégories :

1) les appellations générales : Bordeaux ou Bordeaux Supérieurs
(rouges, blancs, rosés, clairets et mousseux)
2) les appellations régionales :Médoc, Sauternes Graves Pomerol...)
(voir carte)
3) les appellations communales : Listrac, Margaux...
Souvent les Châteaux, domaines ou crus, sont la limite géographique de chaque vignoble

Tous les grands crus sont classés suivant leur valeur en :

- premiers crus (les meilleurs)
- deuxièmes crus
- troisièmes crus
- quatrièmes crus
- cinquièmes crus

Il n'existe plus, après ces cinquièmes crus, de classement d'A.O.C. Cependant dans la région du Médoc des crus bourgeois furent répertoriés en 1858. Ce ne sont pas des crus classés, mais ils se divisent en :

- Bourgeois Supérieurs
- Bons Bourgeois et
- Bourgeois

caractères des vins

Ce sont des vins qui voyagent bien et qui sont de bonne conservation. Cette région produit une gamme très vaste de vins non seulement par la couleur, mais aussi par le nombre et la qualité.

les vignobles situés rive gauche de la Garonne

le Médoc

milieu

situation géographique

Département de la Gironde.

Le vignoble s'étend sur la rive gauche d'une partie de la Garonne et sur toute la rive gauche de la Gironde, de Blanquefort à Soulac. Cette région est divisée en deux parties :

– le Médoc (ou Bas-Médoc) près de l'embouchure de la Gironde,

– le Haut-Médoc qui s'étend de la Jalle de Blanquefort à Saint Seurin de Cadourne (le qualificatif « haut » appliqué à une région désigne l'altitude) mais cette subdivision est également haute en qualité.

sol

Sur un fond d'argile ou d'alios (formations ferrugineuses) qui donne aux vins des qualités que ne possèdent pas d'autre régions, se sont déposées des couches plus ou moins épaisses de sable ou de calcaire.

climat

Il est tempéré océanique. La température est assez douce tout au long de l'année mais les pluies sont nombreuses.

superficie

Haut Médoc : 4. 800 ha 184 504 hl

Médoc : 1. 700 ha 220 956 hl

production (1986)

La production est d'environ 400 000 hl avec un rendement moyen de 30 à 50 hl à l'hectare.

cépages

Ce sont les cépages rouges du Bordelais, Cabernet, Sauvignon, Carmenère, Merlot, Petit Verdot et Malbec.

appellations

■ appellation générale

Bordeaux rouge
Bordeaux Supérieurs rouges

■ appellation régionale

Haut-Médoc rouge
Médoc rouge

■ appellation communale

ne concerne que le Haut-Médoc :

Saint Estèphe
Pauillac
Saint Julien de Beychevelle
Margaux
Listrac
Moulis

■ classification des Grands Crus

La classification se fait en 5 classes. Ils sont au nombre de 60 répartis de la façon suivante :

4 premiers crus, 14 deuxièmes crus, 14 troisièmes crus, 10 quatrièmes crus et 18 cinquièmes crus.

Ce classement mériterait une révision aux yeux des spécialistes médocains.

Premiers grands crus classés

Château Lafite	à Pauillac
Château Margaux	à Margaux
Château Latour	à Pauillac
Château Mouton-Rothschild	à Pauillac

Deuxièmes grands crus classés

Château Rausan-Ségla	à Margaux
Château Rausan-Gassies	à Margaux

Château Léoville-Las-Cases	à St. Julien
Château Léoville-Poyferré	à St. Julien
Château Léoville-Barton	à St. Julien
Château Durfort-Vivens	à Margaux
Château Lascombes	à Margaux
Château Gruaud-Larose	à St. Julien
Château Brane-Cantenac	à Cantenac
Château Pichon-Longueville	à Pauillac
Comtesse-de-Lalande	à Pauillac
Château Ducru-Beaucaillou	à St. Julien
Cos d'Estournel	à St. Estèphe
Château Montrose	à St. Estèphe

Troisièmes grands crus classés

Château Giscours	à Labarde
Château Kirwan	à Cantenac
Château d'Issan	à Cantenac
Château Lagrange	à St. Julien
Château Langoa	à St. Julien
Château Malescot-Saint-Exupery	à Margaux
Château Cantenac-Brown	à Cantenac
Château Palmer	à Cantenac
Château La Lagune	à Ludon
Château Desmirail	à Margaux
Château Calon-Ségur	à St. Estèphe
Château Ferrière	à Margaux
Château Marquis-d'Alesme-Becker	à Margaux
Château Boyd-Cantenac	à Cantenac

Quatrièmes grands crus classés

Château Saint-Pierre	à St. Julien
Château Branaire-Ducru	à St. Julien
Château Talbot	à St. Julien
Château Duhart-Milon	à Pauillac
Château Pouget	à Cantenac
Château La Tour Carnet	à St. Laurent
Château Beychevelle	à St. Julien
Château Prieuré-Lichine	à Cantenac
Château Marquis de Terme	à Margaux
Château Lafon Rochet	à St. Estèphe

Cinquièmes grands crus classés

Château Pontet-Canet	à Pauillac
Château Batailley	à Pauillac
Château Haut-Batailley	à Pauillac
Château Grand-Puy-Lacoste	à Pauillac
Château Grand-Puy-Ducasse	à Pauillac
Château Lynch-Bages	à Pauillac
Château Lynch-Moussas	à Pauillac
Chateau Dauzac	à Labarde
Château Mouton Baron-Philippe	à Pauillac
Château du Tertre	à Arsac
Château Haut-Bages-Libéral	à Pauillac
Château Pédesclaux	à Pauillac
Château Belgrave	à St. Laurent
Château Camensac	à St. Laurent
Château Cos-Labory	à St. Estèphe
Château Clerc-Milon-Mondon	à Pauillac
Château Croizet-Bages	à Pauillac
Château Cantermerle	à Macau

caractères de vins

Le Saint Estèphe est un vin rouge léger et souple.

Le Pauillac est un vin rouge corsé et puissant.

Le Saint Julien de Beychevelle est un rouge léger, délicieux et élégant.

Le Margaux est un vin rouge d'une grande finesse et au bouquet suave.

Le Listrac est un vin rouge fruité au bouquet délicat.

Le Moulis est un vin rouge fin et moëlleux.

Ce sont des vins dits« hygiéniques » par leur teneur en fer et pour leur faiblesse en alcool.

Ils ont une belle robe rubis, beaucoup de finesse et sont très élégants.

Ils vieillissent très bien et gardent leurs qualités pendant 20, 30 ou 40 ans.

Ils accompagnent suivant leur classe les mets des plus simples aux plus somptueux.

la commanderie du Bontemps du Médoc et des Graves

Cette commanderie s'attache à la défense et à la promotion des vins de Médoc et des Graves.

Le terme bontemps signifie une écuelle en bois dans laquelle le maître de chai reçoit le premier vin de la cuve. Cette écuelle qui servait à battre le blanc d'oeuf destiné au collage est appelée aussi desquet du nom de son inventeur vers l'an 1100.

Dans cette Commanderie tous les « Commandeurs » ont même rang, mais ceux qui composent le Chapitre sont désignés pour assurer la gestion et la bonne marche de la Commanderie. Ils portent parfois des titres : Grand-Maître, Grand-Chancelier, Grand-Argentier, Porte-Desquet...

Trois grandes cérémonies sont organisées par cette commanderie :

La Saint Vincent, fête des vignerons

la fête de la fleur en juin (floraison de la vigne)

le Ban des vendanges en septembre

1959
1959
Cette récolte a produit:
151.744 Bordelaises et 1/2 B. de 1 à 151.744
2.091 Magnums de M 1 à M 2.091
116 Grands Formats de GF1 à GF116
2.000 "Réserve du Château" marquées RC
N° 089575
Château
Mouton Rothschild
APPELLATION PAUILLAC CONTRÔLÉE
TOUTE LA RÉCOLTE MISE EN BOUTEILLES AU CHATEAU
BARON PHILIPPE DE ROTHSCHILD PROPRIÉTAIRE A PAUILLAC

MIS EN BOUTEILLES AU CHÂTEAU
CHATEAU LAFITE-ROTHSCHILD
1957
DÉPOSÉ
APPELLATION PAUILLAC CONTRÔLÉE

MIS EN BOUTEILLE AU CHATEAU
2me Cru Classé en 1855
N° 094858
CHATEAU
RAUSAN-SÉGLA
1964
APPELLATION MARGAUX CONTROLÉE
HOLT FRÈRES & FILS, PROPRIÉTAIRES A MARGAUX (GIRONDE)
LOUIS ESCHENAUER, S. A. SOCIÉTÉ FERMIÈRE

MIS EN BOUTEILLE AU CHATEAU
GRAND VIN
DE
CHATEAU LATOUR
DÉPOSÉ
1965
APPELLATION PAUILLAC CONTROLÉE

CHÂTEAU-MARGAUX
GRAND VIN
1964
PREMIER GRAND CRU CLASSÉ
FRANCE
APPELLATION MARGAUX CONTROLÉE
DÉPOSÉ

PRODUCE OF FRANCE
Château
Rauzan-Gassies
DEUXIÈME CRU CLASSÉ HAUT-MÉDOC
MARGAUX
CLASSEMENT 1855
Société de Château Rauzan-Gassies
MARGAUX
(GIRONDE)
APPELLATION MARGAUX CONTROLÉE

MIS EN BOUTEILLE AU CHATEAU
COS D'ESTOURNEL 1967
SAINT-ESTÈPHE
APPELLATION SAINT-ESTÈPHE CONTROLÉE
SOCIÉTÉ DES VIGNOBLES GINESTET PROPRIÉTAIRE A SAINT-ESTÈPHE

Château Giscours
Grand Cru Classé
CLASSEMENT OFFICIEL DE 1855
MARGAUX
1966
APPELLATION MARGAUX CONTROLÉE
NICOLAS TARI, PROPRIÉTAIRE
MARGAUX HAUT-MÉDOC
MIS EN BOUTEILLES AU CHATEAU

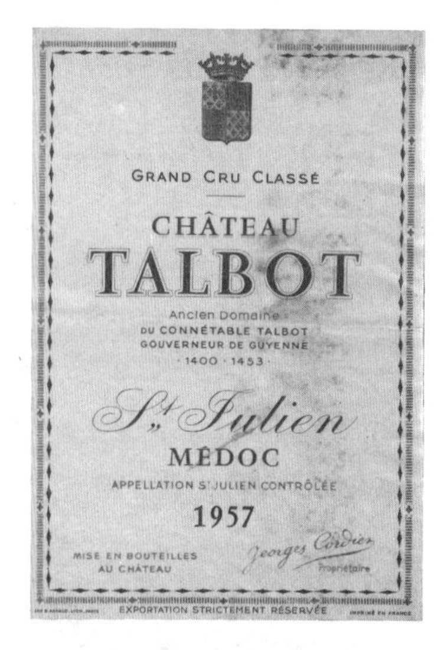
GRAND CRU CLASSÉ
CHÂTEAU
TALBOT
Ancien Domaine
du CONNÉTABLE TALBOT
GOUVERNEUR DE GUYENNE
1400 · 1453
St Julien
MÉDOC
APPELLATION St JULIEN CONTRÔLÉE
1957
MISE EN BOUTEILLES
AU CHÂTEAU
Georges Cordier
Propriétaire
EXPORTATION STRICTEMENT RÉSERVÉE

Grand Cru Classé
1966
Château Branaire
(DULUC-DUCRU)
St Julien-Médoc
(Appellation Saint-Julien Contrôlée)
J. TAPIE, PROPRIÉTAIRE A St-JULIEN (Gde)
MIS EN BOUTEILLE AU CHATEAU
DEPOSÉE

GRAND VIN
CHATEAU
LYNCH BAGES
GRAND CRU CLASSÉ
PAUILLAC
MÉDOC
1967
APPELLATION PAUILLAC CONTROLÉE
MISE EN BOUTEILLE AU CHATEAU
J. C. CAZES, Propre

CHATEAU GRAND-PUY-LACOSTE
SAINT GUIRONS
MIS EN BOUTEILLES AU CHATEAU
Pauillac
(MÉDOC)
Appellation PAUILLAC contrôlée
ANNÉE 1966
MARQUE DÉPOSÉE
SYNDICAT DES GRANDS CRUS CLASSÉS DU MÉDOC
MARQUE DE GARANTIE
Société du Château Grand-Puy-Lacoste, Propriétaire

les Graves

milieu

situation géographique

Département : Gironde

Sur la rive gauche de la Garonne, au sud du Médoc jusqu'à Langon en contournant les vignobles de Cérons, Barsac et Sauternes.

sol

Près du Haut-Médoc, il lui ressemble puis devient soit calcaire-argileux soit argilo-calcaire

La région doit son nom aux « Graves » (graviers de quartz) roulés par la Garonne, translucides et généralement d'une plaisante couleur jaune pâle.

climat

Cette région est bien protégée par la forêt landaise.

superficie

Le vignoble s'étend sur 50 km de long et sur 10 à 20 Km de large.

environ 1500 ha.

production

en 1986

Blancs : 50 660 hl.

Rouges : 91 352 hl
Supérieurs blancs : 28 822 hl

cépages

Ceux du Bordelais (voir § généralités)

appellations

appellation générale

Bordeaux ou Bordeaux supérieurs.

■ appellation régionale

Graves Rouge et Blanc
Graves Supérieurs Blanc de plus de 12°

■ appellation communale

Aucune

■ classification des grands crus classés

Premier grand cru classé

Château Haut-Brion R	à Pessac

Grands crus classés

Château Pape Clément R	à Pessac
Château La Mission Haut-Brion R	à Talence
Château La Tour Haut-Brion R	à Talence
Château Laville Haut-Brion B	à Talence

Château Couhins B	à Villenave d'Ornon
Château Haut Bailly R	à Léognan
Château Carbonnieux R et B	à Léognan
Domaine de Chevalier R et B	à Léognan
Château Fieuzal R	à Léognan
Château Malartic-Lagravière R et B	à Léognan
Château Olivier R et B	à Léognan
Château Smith-Haut-Laffite R	à Martillac
Chateau Latour-Martillac R et B	à Martillac
Château Bouscaut R et B	à Cadaujac

caractères des vins

Les rouges sont fins, bouquetés et plus virils que les vins du Médoc

Ils sont de grande garde eux aussi.

Les blancs vont de sec à liquoreux.

Les secs sont nerveux et fins

Les demis-secs sont souples au bouquet délicat

Les moëlleux et liquoreux ont beaucoup de distinction

le Cerons

milieu

situation géographique

Département Gironde

Vers le sud de la région des Graves, rive gauche de la Garonne

sol

Sensiblement identique à celui des Graves

climat

général à celui du Bordelais

superficie

environ 1000 ha

production (1986)

environ 2 660 hl

appellations

■ *Cerons*

Uniquement pour les vins blancs liquoreux. Sinon les vins portent l'appellation Graves ou Graves Supérieurs.

Il n'y a pas de classement officiel pour cette région.

les Sauternes-Barsac

milieu

situation géographique

Département de la Gironde. Rive gauche de la Garonne à 40 km de Bordeaux. Cette région est traversée par le Ciron, petit affluent de la Garonne. Le Pays de Sauternes et Barsac comprend seulement 5 communes : Barsac, Fargues, Preignac, Bommes et Sauternes.

sol

Il est argilo-graveleux ou silicieux. Il est très varié et donne à chaque vin un caractère particulier.

climat

Cette ravissante région sauternaise aux collines basses et creusées de minuscules vallées est traversée par le Ciron. Cette région jouit d'un micro-climat générateur en automne de brouillards matinaux (évitant les gelées) auxquels succède rapidement un chaud soleil.

Cette alternance, pluie, brouillard et soleil favorise sur le raisin le développement d'un champignon microscopique le Botrytis Cinéréa, qui est l'agent principal de la Pourriture Noble.

superficie

Sauternes : environ 1 300 ha

Barsac : environ 700 ha.

production (1986)

Sauternes : 33 034 hl

Barsac : 15 076 hl

Le rendement est de 25 hectolitres à l'hectare soit quelques verres par pied de vigne.

cepages

Parmi les trois cépages blancs utilisés dans cette région : Sauvignon, Sémillon et Muscadelle, le Sémillon est le plus sensible à la Pourriture Noble et donne les moûts les plus riches.

■ Effets du Botrytis Cinéréa sur le raisin

- Il désorganise la pellicule du raisin
- consomme des sucres et des acides
- forme de nouveaux acides (citrique)
- apporte de nombreuses diastases dont l'oxydase qui donne aux vins cette couleur or.
- permet la formation de gommes, de glycérol, et substances diverses dénaturant les goûts et parfums propres à chaque cépage.

(Voir croquis vinification page suivante).

appellations

La Région de Barsac a eu le droit à sa propre appellation en 1908; et en 1936 ses vins obtenaient leur classement en A.O.C.

Les vins de la Commune de Barsac peuvent choisir entre l'A.O.C. Sauternes et l'A.O.C. Barsac.

Classification Sauternes :

Grand premier cru

Château d'Yquem.

Ce château est le seul de tous les crus classés à recevoir le titre de « premier cru supérieur » ou « grand premier cru ».

Premiers crus

Château La Tour Blanche	à Bommes
Château Lafaurie Peyraguey	à Bommes
Clos-Haut Peyraguey	à Bommes
Château Rayne Vigneau	à Bommes
Château Rabaud-Promis	à Bommes
Château Sigalas-Rabaud	à Bommes
Château Suduiraut	à Preignac
Château Rieussec	à Fargues
Château Guiraud	à Sauternes

Deuxième crus

Château Malle	à Preignac
Château Romer	à Fargues
Château Lamothe	à Sauternes
Château Filhot	à Sauternes
Château d'Arche	à Sauternes

VINIFICATIONS SPECIALES DES VINS BLANCS LIQUOREUX

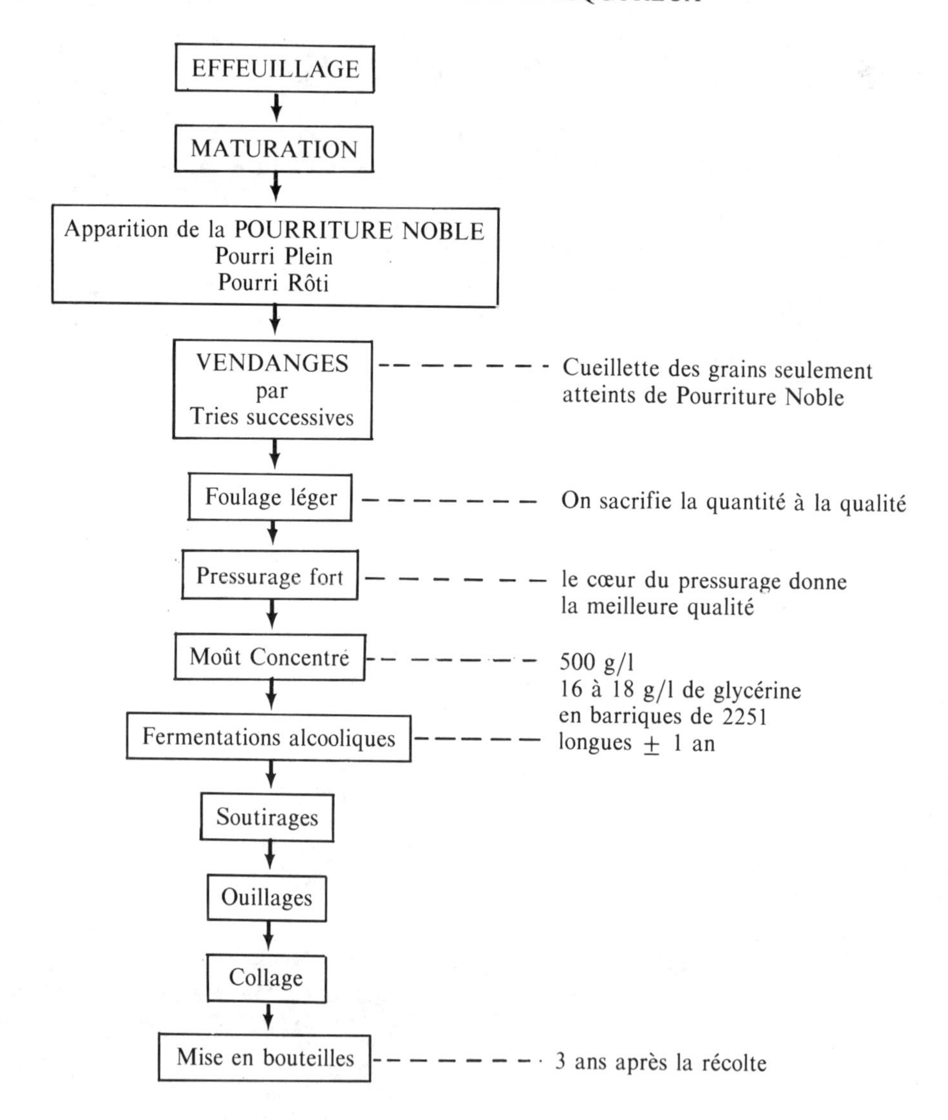

■ Appellation régionale
Classification ***Barsac***

Premiers crus

Château Climens	à Barsac
Château Coutet	à Barsac

Deuxième crus

Château Myrat	tous à Barsac
Château Doisy-Dubroca	
Château Doisy-Daene	
Château Doisy-Vedrines	
Château Broustet	
Château Nairac	
Château Caillou	
Château Suau	

caractères des vins

Ils sont de classe incomparable,

– leur couleur est jaune-doré avec une nuance vieil or

– leur bouquet rappelle celui des fleurs et des fruits (pêche-abricot)

– leur saveur, par leur moëlleux ou leur liquoreux est délicate tout en étant persistante.

– leur degré alcoolique est élevé de 13 à 16° et ils contiennent environ 150 g de sucres non fermentés par litre.

la commanderie du bontemps de sauternes et de barsac

Toujours avec le faste traditionnel, de nombreuses cérémonies ont lieu dans ces régions.

Particulièrement lors des vendanges, la Commanderie fait une cuvée spéciale « RESERVE DE LA COMMANDERIE » faite de prélèvements dans les diverses propriétés.

les vignobles situés
entre la Garonne et la Dordogne

Loupiac et Sainte-Croix-du-Mont

milieu

situation géographique

Toujours dans le département de la Gironde : rive droite de la Garonne à l'opposé des vignobles de Sauternes et de Barsac.

sol

Argilo-calcaire

climat

sensiblement le même qu'en Sauternais.

superficie

Loupiac : 500 ha

Ste-Croix-du-Mont 600 ha.

production (1986)

Loupiac : 10 531 hl

Ste-Croix-du-Mont : 18 180 hl

cépages

Les mêmes que ceux de la région bordelaise en blancs.

appellations

■ appellation régionale

Loupiac

Sainte-Croix-du-Mont

caractères des vins

Identiques à ceux du Sauternais mais avec moins de renommée.

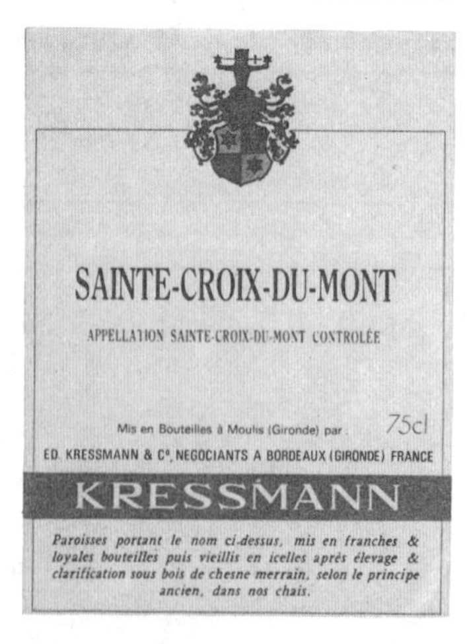

Premières Côtes de Bordeaux

milieu

situation géographique

Rive droite de la Garonne, de Bordeaux à Langon en contournant les vignobles de Loupiac et de Ste-Croix-du-Mont.

sol

Des côteaux dominent la Garonne sur 50 km, avec une faible largeur 5 km.

Le nord produira principalement des vins rouges, le sud des vins blancs de secs à liquoreux.

climat

Il est général au Bordelais du fait de la longueur du vignoble; quelques micro-climats permettent l'élaboration de vins liquoreux.

superficie

4.000 ha environ

production (1986)

Rouges : 110 703 hl

Blancs : 32 147 hl

Cadillac blanc : 1 633 hl

cépages

Ils sont ceux du Bordelais mais avec une tendance au Malbec pour les rouges.

appellations

Premières Côtes de Bordeaux R, B et Clairet

Première Côtes de Bordeaux Gabarnac B

Premières Côtes de Bordeaux Cadillac B

Premières Côtes de Bordeaux + le nom de la Commune R et B.

caractères des vins

Les rouges sont riches en alcool et en sève, ils sont colorés et corsés.

Ils sont vite prêts à la consommation et vieillissement bien.

Le Clairet : cette région est spécialisée dans ce vin rouge clair. Celui de Quinsac est le plus réputé.

Les blancs vont de secs à liquoreux mais sont toujours très fins.

Côtes de Bordeaux-St-Macaire

milieu

situation géographique

Toujours dans le département de la Gironde et encore rive droite de la Garonne, dans la prolongation des Premières Côtes de Bordeaux à l'Est de Langon.

sol

Argilo-calcaire ou graveleux.

climat

Océanique tempéré avec des micro-climats.

superficie

1.300 ha.

production

4.049 hl

cépages

Ceux du Bordelais.

Cette région était autrefois presqu'uniquement vouée aux vins rouges.

Depuis le siècle dernier les vignes blanches ont pris de plus en plus d'importance et bénéficient de l'appellation.

appellations

■ Appellation générale :

Bordeaux ou ***Bordeaux Supérieurs*** pour les vins rouges.

■ Appellation régionale :

Côtes de Bordeaux-Saint-Macaire pour les vins blancs.

caractères des vins

Les blancs sont très fins et corsés, ils vont de secs à moëlleux.

Les rouges sont en faible production et sont de qualité moyenne.

Graves de Vayres

milieu

situation géographique

Département de la Gironde.

rive gauche de la Dordogne au sud-ouest de Libourne.

sol

Graves pures ou graves argilo-siliceuses. Le sol justifie l'appellation de cette région.

climat

Général au Bordelais.

superficie

725 ha.

production (1986)

Rouge : 15 300 hl
Blanc : 14 744 hl

cépages

Rouges : Cabernet, Carmenère, Merlot, Malbec et Petit Verdot.

Blancs : Sauvignon, Sémillon, Muscadelle et Merlot Blanc.

appellations

■ Appellation Régionale :
Graves de Vayres R et B

caractères des vins

Les rouges ont une belle couleur, sont assez vite consommables, sont souples et ont un excellent bouquet.

Les blancs vont de sec à liquoreux, ils ont du corps, de la finesse et un moëlleux bien personnel.

Sainte-Foy-Bordeaux

milieu

situation géographique

Dans l'extrême partie orientale du département de la Gironde, rive gauche de la Dordogne. Le vignoble est groupé autour de Sainte-Foy-la-Grande.

sol

Il est fertile et donc peu propice à l'obtention de vins fins. Il est argilo-calcaire ou argileux siliceux.

climat

Océanique tempéré.

superficie

470 ha.

production

Blanc : 4 850 hl
Rouge : 4 192 hl

cépages

Ceux du Bordelais

appellations

■ Appellation régionale :
Sainte-Foy-Bordeaux B et R

caractères des vins

Les rouges ont une jolie robe, du corps et de la race.
Les blancs sont secs, moëlleux ou demi-liquoreux. Ils ont une couleur jaune-pâle et ont un bouquet très plaisant.

Entre-Deux-Mers

milieu

situation géographique

Département Gironde.

Cette vaste région s'étend « entre deux fleuves » : la Garonne et la Dordogne, depuis le Bec d'Ambès jusqu'aux limites des départements de la Dordogne et du Lot-et-Garonne.

sol

Argilo-calcaire, argilo-siliceux et graveleux.

climat

Toujours celui du Bordelais mais avec des micro-climats.

superficie

environ 5.000 ha

production (1986)

Blanc : 195.433 hl

cépages

Les cépages nobles du Bordelais.

appellations

■ Appellation générale

Bordeaux et ***Bordeaux Supérieurs*** pour les vins rouges

■ Appellation régionale

Entre-deux-Mers pour les vins blancs secs.

Le Haut-Bénauge est une région située au centre dc l'Entre-deux-Mers, autour de Targon et qui a droit à une appellation particulière :

Entre-deux-Mers Haut-Bénauge B

Bordeaux Haut-Bénauge B

Ces vins blancs sont fins appréciés et très recherchés.

caractères des vins

Les blancs ont une grande finesse, de la souplesse, du corps et de la fraîcheur.

Les rouges sont corsés et assez colorés.

les vignobles situés rive droite de la Dordogne

les Côtes de Castillon

Le vignoble se situe au Nord de Castillon la Bataille. Le terrain est argileux-calcaire encépagé en variétés nobles.

Les rouges sont de haute qualité, ont une belle robe. Ils sont séveux et corsés et de plus en plus recherchés.

Les blancs sont fins et délicats mais en faible quantité.

appellations

Bordeaux cotes de castillon B et R :
Bordeaux supérieurs cotes de castillon B et R.

les Côtes de Francs

Située au nord de la Côte de Castillon, cette région est semblable par le climat, l'encépagement et le sol.

Cette région produit des vins rouges mais surtout des vins blancs de très ancienne réputation.

Si les rouges sont colorés et corsés, les blancs eux sont délicats avec un bouquet plaisant. Ils vont de secs à liquoreux.

appellations

Bordeaux Côtes de Francs B et R B :
Bordeaux supérieurs Côtes de Francs B et R.

Saint-Emilion

historique

Un ermite du VIIIe siècle Aemilius, s'installant dans la région a su par ses paroles et ses actes attirer beaucoup de moines et religieux.

Les couvents se sont développés et ainsi la vigne fut protégée. Après sa mort, Aemilius est proclamé Saint et devient Saint-Emilion.

milieu

situation géographique

Département : Gironde

rive droite de la Dordogne et rive gauche de la Barbanne (affluent de l'Isle) au Sud-Est de Libourne.

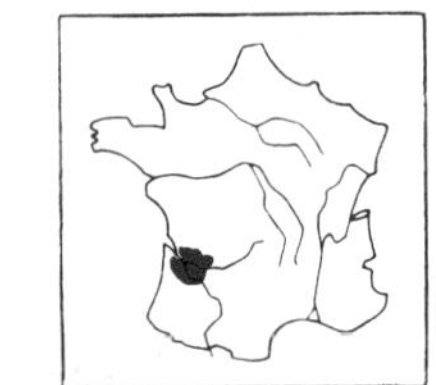

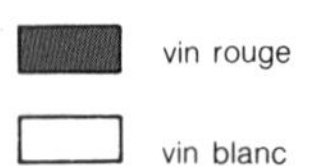

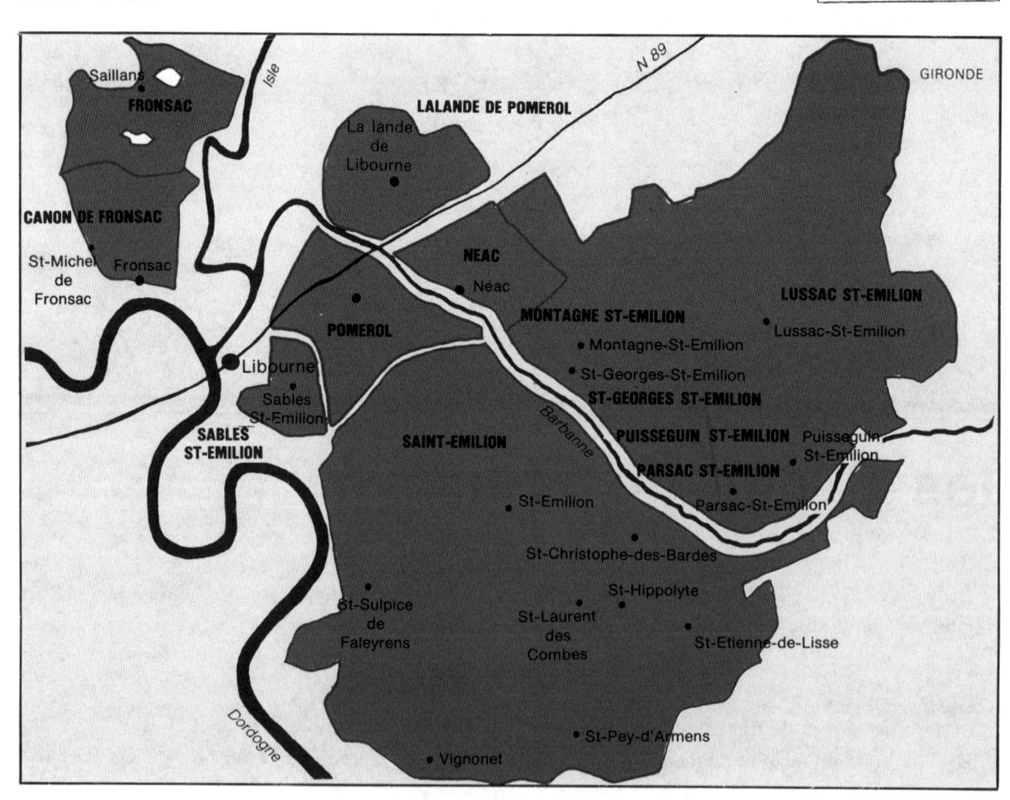

sol

Il est divisé en trois parties distinctes :

– La région des Graves au Nord : c'est une zone créée par les alluvions de l'Isle et très favorable à la vigne, argilo-siliceux.

– La région de la Côte : toute la partie Est. C'est une couche calcaire de formation marine sur laquelle se trouve une terre argilo-silicieuse ou argilo-calcaire.

C'est le terroir le plus doué de Saint-Emilion sur lequel se trouvent les crus les plus illustres.

– La région de la plaine : au sud de Saint-Emilion jusqu'aux rives de la Dordogne. C'est un mélange d'argiles, sables et graviers.

climat

Océanique tempéré.

altitude

de 50 à 100 mètres.

superficie

5.114 hectares environ.

production (1986)

en moyenne : 511 692 hl

A.O.C. Saint-Emilion	2.265,45 ha
A.O.C. Saint-Emilion Grand Cru	1.740,13 ha
A.O.C. Saint-Emilion Grand Cru classé	682,67 ha
A.O.C. St-Emilion 1er Grand cru classé	194,78 ha
	4.883,03 ha

cépages

Principalement le Cabernet Franc ou Bouschet, le Merlot l'emporte sur le Malbec.

appellations

La classification Saint-Emilion comprend quatre catégories de vins de Saint-Emilion, réparties en fonction des appellations controlées :

■ Première Catégorie

Saint-Emilion, premier grand cru classé, comprenant deux divisions :

Château A comprenant 2 châteaux :

Château Ausone

Château Cheval Blanc

Château B comprenant 10 châteaux :

Château Beauséjour-Duffau

Château Beauséjour-Fagouet

Château Canon

Château Figeac

Clos Fourtet

Château Bel air

Château La Gaffelière

Château Magdelaine

Château Pavie

Château Trottevieille

■ Deuxième Catégorie

Saint-Emilion, grand cru classé, comprenant 72 châteaux :

Château l'Angélus

Château l'Arrosée

Château Baleau

Château Balestard-la-Tonnelle

Château Bellevue

Château Bergat

Château Cadet-Bon

Château Cadet-Piola

Château Canon-la-Gaffelière

Château Cap de Mourlin

Château Chapelle-Madeleine

Château Chauvin

Clos-de-l'Oratoire

Clos-des-Jacobins

Clos-de-Madeleine

Clos-Saint-Martin

Château Corbin

Château Corbin Michotte

Château Curé-Bon

Château Coutet

Château Couvent des Jacobins

Château Croque-Michotte

Château Dassault

Château Fonplégade

Château Fonroque

Château Franc-Mayne

Château Grand-Barail-Lamarzelle

Château Grand-Corbin-Despagne

Château Grand-Corbin-Pècresse

Château Grand-Mayne
Château Grand-Pontet
Château Grandes Murailles
Château Guadet Saint-Julien
Château Haut-Corbin
Château Haut-Sarpe
Château Jean Faure
Château La Carte
Château La Clotte
Château La Cluzière
Château La Couspaude
Château La Dominique
Château Lamarzelle
Château Laniote
Château Larcis-Ducasse
Château Larmande
Château Laroze
Château Lasserre
Château La Tour-du-Pin-Figeac
Château La Tour-Figeac
Château Le Châtelet
Château Le Couvent
Château Le Prieuré
Château Matras
Château Mauvezin
Château Moulin-du-Cadet
Château Pavie-Decesse
Château Pavie-Macquin
Château Pavillon Cadet
Château Petit-Faurie-de-Souchard
Château Petit-Faurie-de-Soutard
Château Ripeau
Château Saint-Georges-Côte-Pavie
Château Sansonnet
Château Soutard
Château Tertre-Daugay
Château Trimoulet
Château Trois-Moulins
Château Troplong-Mondot
Château Villemaurine
Château Yon-Figeac

■ Troisième catégorie
Saint-Emilion, grand cru dont :
Château Monbousquet
Château Patris

■ Quatrième catégorie
Saint-Emilion

caractères des vins :

Tous les vins ont une robe grenat foncé. Ils sont de saveur exquise au bouquet somptueux.

On les nomme souvent « les Bourgognes de la Gironde ».

Ces vins vieillissent bien.

CHATEAU AUSONE
SAINT-EMILION
APPELLATION SAINT-EMILION CONTRÔLÉE
1962
Vve C. VAUTHIER & J. DUBOIS-CHALLON
PROPRIÉTAIRES A SAINT-ÉMILION (GIRONDE)
MIS EN BOUTEILLES AU CHATEAU

SAINT-ÉMILION 1er GRAND CRU CLASSÉ
CHÂTEAU MAGDELAINE
1966
Mis en Bouteille au Château
ETS JEAN PIERRE MOUEIX
PROPRIÉTAIRES A ST ÉMILION
APPELLATION SAINT-ÉMILION
1er GRAND CRU CLASSÉ CONTRÔLÉE

Grand Cru Classé
ST EMILION
L'ANGELUS
1961
CHÂTEAU L'ANGÉLUS
DE BOÜARD DE LAFOREST & FILS
PROPRIÉTAIRES A SAINT-EMILION - GIRONDE
Appellation ST Emilion Controlée
PRODUCE OF FRANCE
MIS EN BOUTEILLE AU CHATEAU

SAINT-EMILION
GRAND CRU CLASSE
CHATEAU FONPLÉGADE
APPELLATION SAINT-ÉMILION GRAND CRU CLASSÉ CONTROLÉE
1980
e
75cl
ARMAND MOUEIX
PROPRIETAIRE A SAINT-EMILION - GIRONDE
MIS EN BOUTEILLE AU CHATEAU
PRODUCE OF FRANCE
RECOLTE
1980
Nº 29514
CONCOURS GÉNÉRAL AGRICOLE
PARIS
1982
MÉDAILLE D'OR

CHÂTEAU JEAN FAURE
1978
SAINT-ÉMILION GRAND CRU CLASSÉ
APPELLATION ST ÉMILION Gd CRU CLASSÉ CONTRÔLÉE
Michel AMART
Viticulteur à Saint-Emilion . Gironde
MIS EN BOUTEILLES AU CHÂTEAU 75 cl
PRODUCE OF FRANCE

SAINT-EMILION
GRAND CRU CLASSÉ
CHÂTEAU TRIMOULET
APPELLATION SAINT-ÉMILION GRAND CRU CLASSÉ CONTROLÉE
1970
PIERRE JEAN
PROPRIÉTAIRE A St-ÉMILION (GIRONDE)
Mis en Bouteilles au Château

Château
La Tour du Pin
Figeac
St Emilion Grand Cru Classé
APPELLATION SAINT-ÉMILION GRAND CRU CLASSE CONTROLÉE
1980
e
75cl
A. MOUEIX
PROPRIETAIRE A ST EMILION (GIRONDE)
MIS EN BOUTEILLES AU CHATEAU

la Jurade de Saint-Emilion

Elle a contribué à écrire l'histoire de Saint-Emilion. Dès 1199, Jean Sans Terre confirma sa composition et ses fonctions. Fonctions très étendues puisque les Jurats étaient à la fois magistrats, administrateurs, chefs militaires, collecteurs d'impôts, diplomates et agents de la répression des fraudes.

Formée de Jurats élus, représentant les communes de la juridiction, la Jurade, en raison de l'importance particulière de la culture de la vigne, déploya une activité incessante et scrupuleuse pour assurer la production de vins de qualité. Elle détenait la marque à feu, un énorme sceau de fer aux armes de Saint-Emilion. Chauffé à blanc, celui-ci était alors appliqué sur les fûts de chêne destinés à l'exportation. Cette opération d'estampage était le privilège de l'un des membres de la Jurade : le Grand Vinetier.

Aujourd'hui, ce sceau est souvent reproduit sur les étiquettes numérotées ou labels accordés après dégustation de contrôle aux grands crus de St-Emillion. Elle proclamait le Ban des Vendanges (cette cérémonie se pratique encore chaque automne) n'autorisant le commencement de la cueillette qu'après avoir vérifié la maturité du raisin.

Elle réprimait la vente du vin insuffisamment fin et punissait les abus et les fraudes.

Elle délivrait les certificats sans lesquels tout déplacement du vin est interdit.

Aujourd'hui la Jurade ne tient son pouvoir d'aucun texte législatif mais de la seule adhésion des viticulteurs. Elle ne s'occupe que de la vigne et du vin, mais elle est l'expression des vignerons de Saint-Emilion; de vignerons qui ont le sentiment de la solidarité et une foi particulière dans leur destin. A l'âge de l'atome, ils croient à leur éternité et à celle de leurs vignes, ils ont le droit de dire avec une raisonnable fierté : A St-Emilion, il ne peut pas y avoir de mauvais vin.

les Appellations satellites de Saint-Emilion

milieu

situation géographique

Département de la Gironde

rive droite de la Barbanne à l'Est de Libourne pour cinq de ces appellations. La sixième : les Sables Saint-Emilion entourre Libourne.

cépages

Le Merlot à tendance à dominer le Cabernet Franc.

appellations

Ils sont déclassables en A.O.C. Bordeaux mais jamais en Bordeaux Supérieurs.

Lussac Saint-Emilion
Montagne Saint-Emilion
Saint-Georges Saint-Emilion
Puisseguin Saint-Emilion
Parsac Saint-Emilion
Les sables Saint-Emilion

caractères des vins

Ils ressemblent à leur illustre voisin avec moins de race.

L'affinage du vin exige le repos dans les barriques de chêne, jusqu'à la mise en bouteilles.

le Pomerol

milieu

situation géographie

Département de la Gironde. Rive droite de la Dordogne et Rive gauche de l'Isle au Nord-Est de Libourne

sol

Comparable à celui de Saint-Emilion sur un sous-sol d'alluvions de l'Isle plus ou moins ferrugineux qui confère au vin une sève particulière.

superficie

Environ 600 ha.

production (1986)

R. : 43 201 hl

cépages

Le Merlot plus les deux Cabernet.

appellations

en rouge uniquement : *POMEROL*

Il n'existe aucun classement officiel à Pomerol. Un cru exceptionnel ressort parmi une quarantaine d'autres :

le ***Château Petrus.***

Parmi les crus de l'A.O.C. Pomerol on trouve les châteaux suivants :

Château Petit Village

Château Clos du CLocher

Château Clos l'Eglise

Château la Conseillante

Château l'Evangile

Château Lafleur

caractères des vins

Ils se rejoignent tous par une harmonie parfaite de qualité. Tous haut en couleur et admirablement constitués, ils ont du moëlleux.

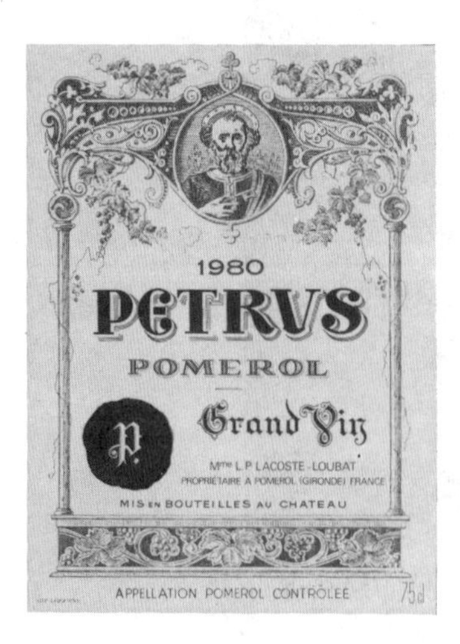

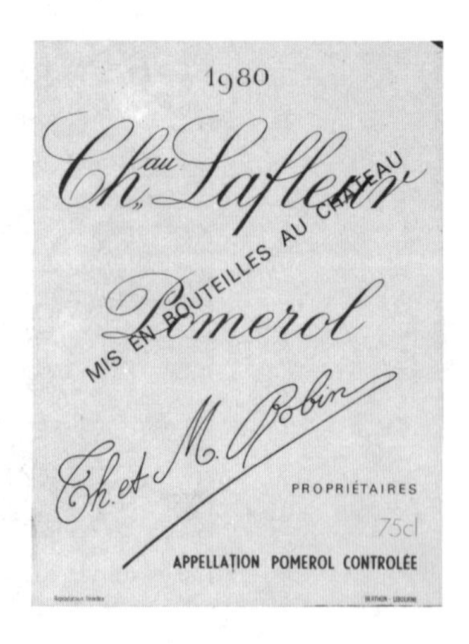

Neac et Lalande-de-Pomerol

Toujours situés rive gauche de l'Isle et dans le prolongement au Nord de Pomerol et à l'Ouest de Saint-Emilion ces deux régions ont une superficie d'environ 700 ha. pour une production d'environ 24.249 hl de rouges.

Ces régions, par leur terroir, produisent des vins qui ont les mêmes caractéristiques que ceux des régions proches.

Ces vins sont d'une belle robe avec un fin bouquet et une saveur délicate.

appellations

A.O.C. *NEAC*

A.O.C. *LALANDE DE POMEROL*

Quelques crus :

Château Bel-Air pour Lalande de Pomerol

(ne pas confondre avec le 1er grand cru de St. Emilion)

Château Moulin à Vent pour Néac.

(ne pas confondre avec le Moulin à Vent du Beaujolais).

le Fronsadais

milieu

situation géographique

Département de la Gironde, rive droite de la Dordogne et rive droite de l'Isle.

Cette région est divisée en deux :

Côtes de Fronsac au nord du canton de Fronsac, sur sept communes

Côtes de Canon-Fronsac situés entre la Dordogne et les Côtes de Fronsac

sol

Terrain argilo-calcaire parfois pierreux

superficie

production (1986)

Côtes de Fronsac : 48 601 hl

Côtes de Canon-Fronsac : 18 900 hl

cépages

ceux du Bordelais.

appellations

Côtes de Fronsac R et B

Canon-Fronsac ou **Côtes de Canon-Fronsac** RQuelques crus :

Château Canon

(ne pas confondre avec le Château B de St. Emilion)

Quelques crus blancs se trouvent au centre et au nord du Canton de Fronsac.

caractères des vins

Les vins sont charnus, fermes et corsés. Ils ont une saveur un peu épicée très personnelle mais sont fins et souples.

Blaye - Côtes de Blaye - Premières Côtes de Blaye

milieu

situation géographique

Toujours dans le département de la Gironde, sur la rive droite de la Gironde au Nord de Bordeaux.

Trois appellations distinctes sont réparties sur 42 communes de 3 cantons.

sol

argilo-calcaire

superficie

environ 7.500 ha.

production

En 1986 :

blancs : 10 753 hl

rouges : 450 hl

1re côtes de Blaye R : 178 655 hl

B : 776 hl

Côtes de Blaye Bl. : 10 198 hl

cépages et appellations

AOC ***Blaye*** OU AOC ***Blayais*** R et B

Cépages : vins rouges

Cabernet

Merlot

Malbec

Prolongeau

Cahors

Béquignol

Verdot

cépages vins blancs

Sauvignon

Sémillon

Muscadelle

Merlot Blanc

Folle Blanche

Colombar

AOC ***Premières Côtes de Blaye*** et B

Cépages vins rouges Cabernet

Merlot

Malbec (représentant 90 % de l'encepagement de cette subdivision)

cépages vins blancs

Sauvignon

Sémillon

Muscadelle

AOC ***Côtes de Blaye*** B uniquement avec comme cépages

Sauvignon

Sémillon

Muscadelle

Merlot Blanc

Folle Blanche

Colombar

caractères des vins

Les rouges sont fruités, souples moëlleux et d'une belle robe. Ils conservent bien leur fraîcheur et peuvent être assez vite consommés.

Les blancs sont secs très plaisants et très demandés.

Bourg - Bourgeais - Cotes de Bourg

milieu

situation géographique

Département de la Gironde, sur rive droite de la Gironde en face du Haut Médoc.

sol

agilo-calcaire

superficie

environ 2.900 ha.

production (1986)

Blancs : 3 104 hl

Rouges : 216 456 hl

cépages

Les Cabernets de toutes variétés avec Malbec et Merlot.

appellations

Cette région a été divisée en trois appellations distinctes.

Elle produit principalement des vins rouges.

AOC ***Bourg*** R et B

AOC ***Côtes de Bourg*** R et B

AOC ***Bourgeais*** R et B

caractères des vins

Ils ont une belle couleur, du corps, se conservent longtemps en bouteilles et sont parfois comparables à des Bourgognes.

Les blancs sont de secs à moëlleux, fins et coulants avec un certain degré d'alcool.

Bordeaux et Bordeaux supérieurs

Ces A.O.C. sont récoltés dans toutes les régions de la Gironde viticole à la condition bien sûr, de provenir de cépages sélectionnés et cultivés dans des terrains reconnus aptes à produire des vins de qualité.

C'est ainsi qu'il existe dans chaque commune des parcelles qui peuvent produire des vins dignes de l'appellation et d'autres dont la composition du sol le leur interdit.

Equilibrés, toniques, légers, les Bordeaux et Bordeaux Supérieurs possèdent un bouquet délicieux et flattent le palais.

Plusieurs régions à vocation viticole produisent des vins blancs et vins rouges d'excellentes qualités, et bénéficient de l'Appellation ***Bordeaux*** et ***Bordeaux Supérieurs***

– le Cubzaguais autour de Saint André de Cubzac

les régions de Coutras et de Guîtres rive droite de la Dordogne

– le Bazadais autour de Bazas, au-dessous des Graves

– Les vins des Iles de la Gironde :

Ile du Cazeau

Ile du Nord

Ile Verte

Ile Sampiron

Ile de Patrias

Ile Saint-Louis ou Philippe et Bouchaud.

■ Les vins de Palus

Les vignobles qui longent les rives des fleuves sont exclus des appellations contrôlées. Les terrains sont riches et si les vignes produisent beaucoup, la qualité n'y est pas.

production (1986)

Bordeaux R : 1 782 293 hl

Bordeaux B : 647 311 hl

Bordeaux Supérieurs R : 516 379 hl

Bordeaux Supérieurs B : 6 851 hl

Bordeaux Supérieurs rosé : 5 hl

Bordeaux Clairet : 5 850 hl

Bordeaux rosé : 14 850 hl

les vins du sud-ouest

Côtes de Duras
Le Marmandais
Côtes de Buzet
Vins de Lavilledieu
Côtes du Frontonnais - Fronton
Côtes du Frontonnais - Villaudric
Le Vignoble du Tursan
Le Béarn
Le Pays Basque

les Côtes du Duras

milieu

situation géographique

Département du Lot-et-Garonne.

Ce vignoble est situé dans le prolongement du Bordelais le long de la rivière le Dropt, petit affluent de la Garonne.

sol

Il est siliceux et peu calcaire.

production (1986)

Côtes de Duras R : 31 811 hl

Côtes de Duras B : 25 561 hl

cépages

Rouges : Cabernet, Merlot et Malbec

Blancs : Sauvignon, Sémillon, Muscadelle, Mauzac et Ugni blanc.

appellations

■ Catégorie A.O.C.

Côtes de Duras R et B

les rouges titrant 10° et les blancs 10°5

Côtes de Duras sec en blanc titrant de 10 à 13°

caractères des vins

Les rouges sont de qualité, corsés et robustes.

Les blancs ont un parfum particulier plaisant. Ils sont fins et distingués.

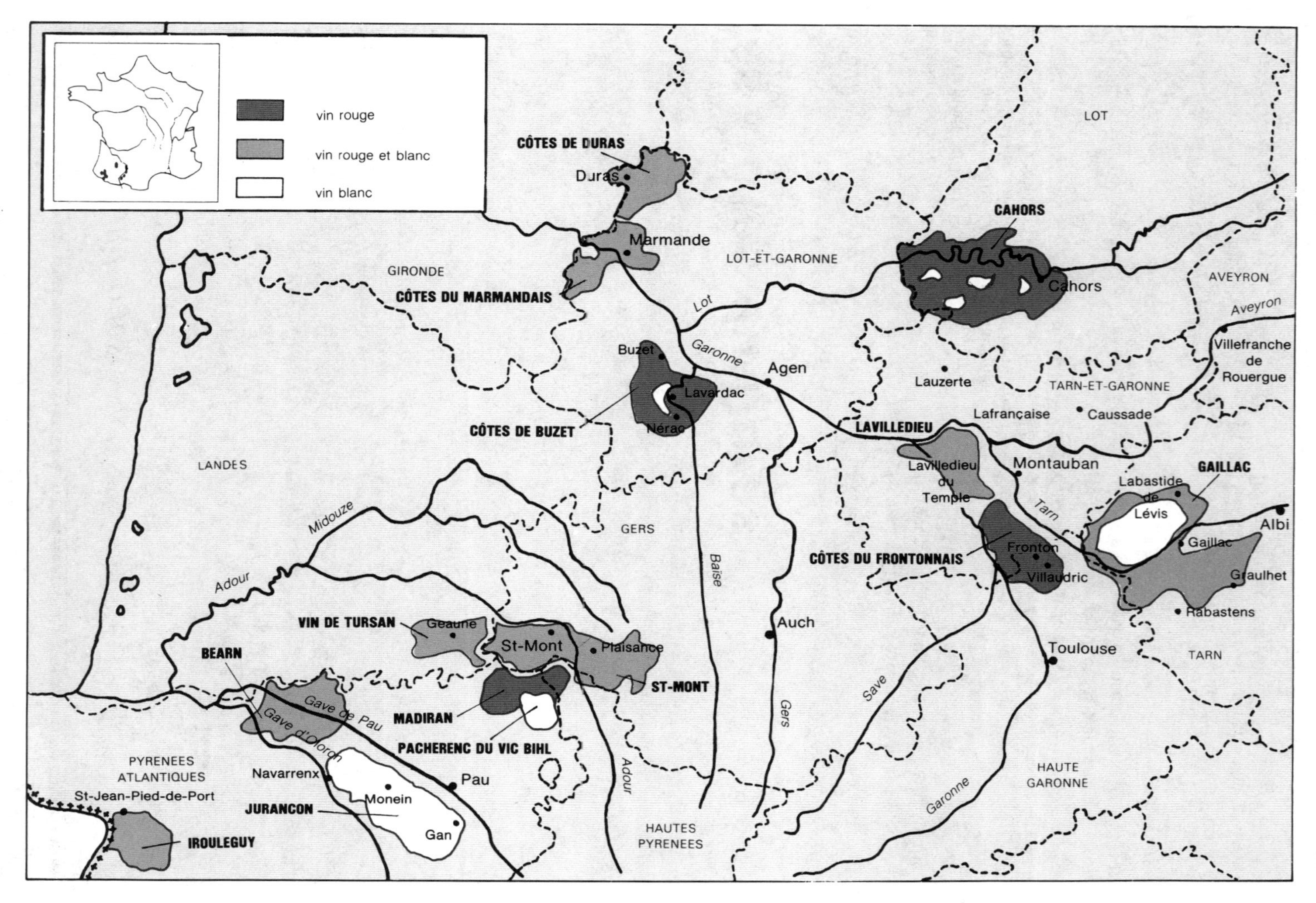

vin rouge
vin rouge et blanc
vin blanc
CÔTES DE DURAS
Duras
Marmande
GIRONDE
CÔTES DU MARMANDAIS
LOT-ET-GARONNE
LOT
CAHORS
Cahors
AVEYRON
Aveyron
Villefranche de Rouergue
Lot
Garonne
Buzet
Agen
Lavardac
Nérac
CÔTES DE BUZET
Lauzerte
TARN-ET-GARONNE
Lafrançaise
Caussade
LAVILLEDIEU
LANDES
Lavilledieu du Temple
Montauban
GAILLAC
Labastide de Lévis
Tarn
Midouze
GERS
Albi
Gaillac
CÔTES DU FRONTONNAIS
Fronton
Villaudric
Graulhet
Adour
Baïse
Rabastens
VIN DE TURSAN
Geaune
St-Mont
Plaisance
Auch
Toulouse
BEARN
TARN
ST-MONT
Gave de Pau
Gave d'Oloron
MADIRAN
Save
PACHERENC DU VIC BIHL
Gers
PYRENEES ATLANTIQUES
Navarrenx
Pau
Adour
HAUTE GARONNE
St-Jean-Pied-de-Port
Monein
JURANCON
Garonne
Gan
HAUTES PYRENEES
IROULEGUY

le Marmandais

milieu

situation géographique

Département Lot-et-Garonne

L'aire de production des Côtes du Marmandais est constituée par l'ensemble des Côteaux sur les deux rives de la Garonne surplombant la riche plaine de Marmande.

sol

Les côteaux de la rive droite ont un sol argilo-calcaire. Le sol de la rive gauche est graveleux.

superficie

200 ha.

production (1986)

pour un rendement moyen de 50 hl à l'ha : R et r : 63 913 hl.
B : 1 963 hl

cépages

Rouges : Merlot, Cabernet Sauvignon, Abouriou, Cabernet Franc, Fer-Servadou et Syrah.

Blancs : Sémillon, Sauvignon et Ugni blanc.

appellations

Catégorie Appellation d'Origine Vin Délimité de Qualité Supérieure.

Côtes du Marmandais

caractères des vins

Cette région produit des vins R, r, et B sec titrant 11° 5

Les rouges sont appréciés pour leur belle robe, leur corps, leur finesse

Ils sont souples et charnus, pleins, gouleyants à souhait.

Les rosés sont légers et fruités

Le blanc sec qui est fruité aiguise l'appétit et apporte fraîcheur aux repas.

L'ensemble des producteurs est regroupé en deux caves : l'une au nord la cave de Beaupuy et l'autre au sud la cave de Cocumont.

La production est en augmentation constante et ces vins mériteraient d'occuper une meilleure place aux yeux des consommateurs avertis.

Buzet

historique

Des voies romaines traversaient cette région et des mosaïques de villas attestent de cette période d'opulence à Buzet-Nérac.

Les Bénédictins du couvent de la Castelle, près d'Aire-sur-Adour, détachèrent près de Damazan au bord du ruisseau de Lavizon une petite communauté de Frères Grangers.

C'est à la Grange de Fonclaire qu'est né véritablement le vignoble de Buzet.

Ce vignoble était très célèbre au Moyen Age.

Nérac figurait sur la liste des villes inscrites pour un accord tarifaire – le 14 décembre 1284 – de circulation de ces vins dits de Haut Pays (sous-entendu du Pays Bordelais).

Au XIVe siècle, en 1306-1307, sur une carte d'approvisionnement du marché Bordelais en vin du Haut Pays, figurait avec le nombre de tonneaux, les villes de Nérac 281, Buzet 45

+ 2 localités autour de Buzet :

Demazan et Queyran soit en tout : 4 000 hl.

Au XVIIIe siècle, la région de Buzet produisait également des vins de liqueur.

Tout un arsenal de privilèges défendait les « vins bourgeois » du Bordelais. Déjà en 1373, le roi d'Angleterre interdisait aux vins du Haut Pays dit « Vins de Haut » de débarquer à Bordeaux du 8 septembre à la Noël.

Ces vins étaient trop voisins des vins du Bordelais, aussi le privilège de Bordeaux s'exerça surtout contre eux.

Turgo en 1776 supprima ces privilèges. Depuis l'assemblée constituante de 1789, les vins de cette région se répandirent avec toute leur renommée.

milieu

situation géographique

Département du Lot-et-Garonne. Rive gauche de la Garonne, au confluent de la Baïse, dans le prolongement du Bordelais.

Le vignoble s'étend sur 27 communes.

sol

Les sols y sont très variés : sur des couches graveleuses ou de Boulbènes sur fond calcaire la vigne semble donner le meilleur d'elle-même.

climat

C'est une région ensoleillée dont la chaleur est tempérée par la Baïse et la Garonne ainsi que par l'influence océanique.

superficie

environ 805 hectares produisant des A.O.C.

production (1986)

R : 75 258 hl

B : 974 hl

cépages

Rouges et rosés : Cabernet Sauvignon, Cabernet-Franc, Merlot, Malbec

Blancs : Sauvignon, Sémillon, Muscadelle.

appellations

■ Catégorie A.O.C.

Buzet en R, r, et B. depuis 1973.

caractères des vins

Rouges : ils représentent 95 % de la production. Ce sont de grands vins pleins et charnus dont la finesse du bouquet se développent au vieillissement.

les vins de Lavilledieu

Ce vignoble est situé au centre du département du Tarn-et-Garonne.

Les cépages principaux sont La Négrette et le Mauzac.

production

en vin rouge : 2 040 hl

appellations

■ Catégorie V.D.Q.S.
Vins de Lavilledieu

caractères des vins

Les rouges titrent 10°5 et les blancs 11°

Ils sont légers, agréables et jouissent d'une bonne réputation locale.

Côtes du Frontonnais - Fronton
Côtes du Frontonnais - Villaudric

Ce vignoble se trouve sur deux départements : la Tarn-et-Garonne et la Haute-Garonne, au nord de Toulouse autour de la Commune de Fronton.

Les vins rouges sont issus du Cépage principal : la Négrette à 50 % et des autres cépages du Bordelais.

Ces vins ont une belle robe foncée. Ils sont fins et ont du bouquet.

Les blancs issus des cépages du Bordelais plus les Mauzac et Blanquette, en faible quantité, allient la fraîcheur à la finesse.

Ces vins bénéficient du classement A.O.C.

production (1986)

Côtes du Frontonnais R :
Côtes du Frontonnais Fronton R : 78 926 hl
Côtes du Frontonnais Villaudric R :

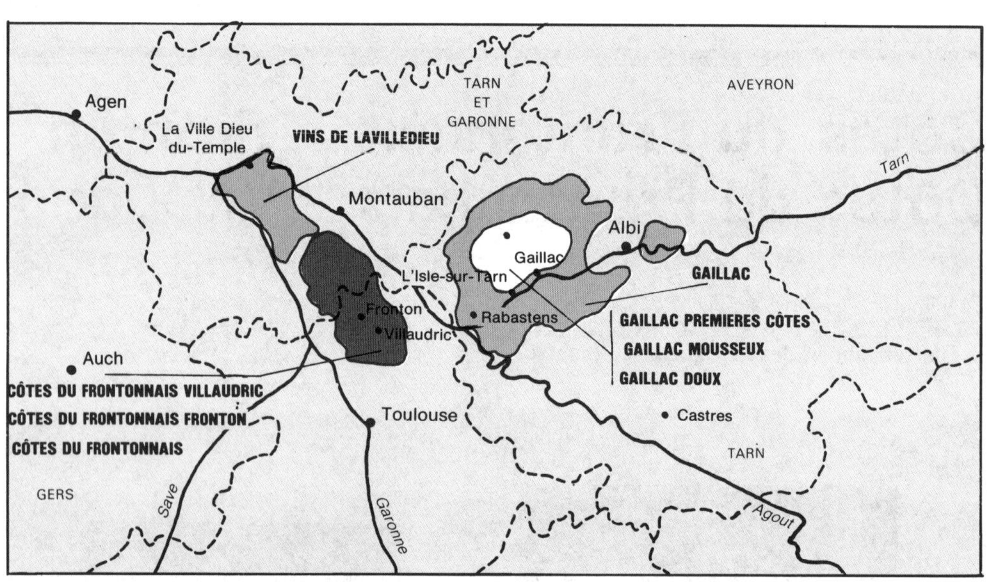

le Béarn

historique

Ces vignobles datent de l'époque Gallo-romaine eux-aussi. Les Pélerins de Saint-Jacques de Compostelle en firent les premiers les éloges.

Après avoir été aimé des cours française, anglaise et espagnole ils tombèrent dans l'oubli.

Mais le vignoble de Jurançon a acquis ses lettres de noblesse à l'occasion de la cérémonie de la « Goutte de Jurançon » et de la « Gousse d'ail » lors du baptême du futur roi Henri IV, en 1553.

milieu

situation géographique

Département des Pyrénées Altantiques mordant légèrement sur les Hautes-Pyrénées rive gauche de l'Adour et du Gave d'Oloron. Pau est le grand centre.

sol

Siliceux des Pyrénées.

A Jurançon le sol est varié : argilo-siliceux avec affleurement de galets roulés.

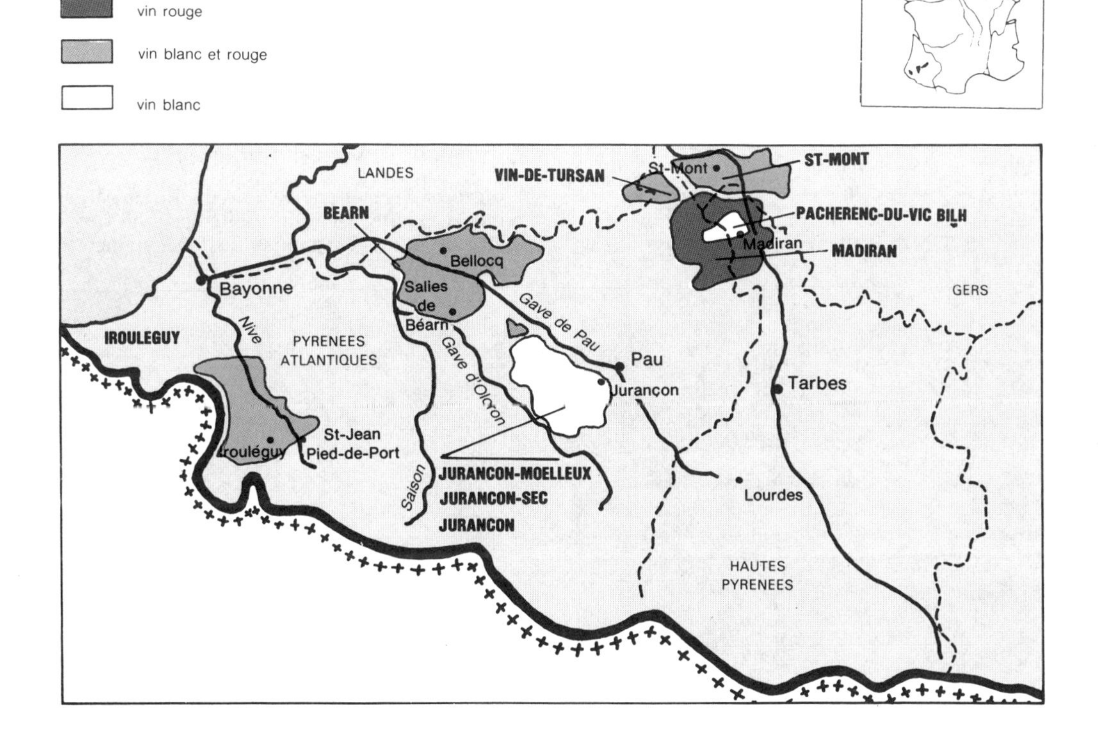

climat

Favorable à la vigne par trois influences :

- Influence de l'Océan
- Influence des Landes
- Influence des vents chauds d'Espagne.

altitude

La vigne pousse sur les flancs de basses collines.

superficie

environ 1.600 ha

production

Béarn blanc	374 hl
Béarn rouge/rosé	9 504 hl
Jurançon	31 046 hl
Madiran	54 171 hl
Pacherenc	3 624 hl

cépages

Jurançon : Petit Manseng, Gros Manseng, Courbu, Camaralet et Lauzet

Madiran : Cabernet franc 50 % (bouchy), Tannat 40 % et Fer ou Pinenc 10 %

Pacherenc du Vic Bihl : Gros Manseng, Petit Manseng, Courbu, Ruffiac, Sauvignon, Sémillon

Béarn : Tannat, Cabernet Franc, Cabernet Sauvignon, Manseng noir et Courbu noir. (Pour les rouges le Tannat entre à 60 %).

pour les blancs de Béarn : Petit et gros Manseng, Raffiat et Sauvignon.

appellation et caractères des vins

■ Catégorie A.O.C.

Béarn : en R, r et B. titrants 10°5.

ces vins de bonne qualité sont agréables.

Madiran : 11° ce grand vin rouge, riche en tanin est de bonne garde. Il atteint sa plénitude au bout de 5 à 8 ans de cave.

Pacherenc du Vic Bihl : c'est l'appellation en blanc des vins de la région de Madiran.

Pachet-en-renc en dialecte local veut dire piquets en rangs, et les vignes occupent le petit pays de Vic Bihl d'où le nom du vin.

Ce vin est sec ou moëlleux suivant les années.

Jurancon sec : 11° c'est un blanc de blancs.

Il est nerveux et doit être bu dans l'année qui suit celle de la récolte.

Jurancon moëlleux : 12°5 avec un rendement de 25 hl/ha.

La vigne pousse sur les côteaux de 300 m. environ et est conduite en hautins (sur tuteurs de 1,50 à 2 m en bois de Châtaignier).

Les raisins sont cueillis par tries successives ce qui donne un nectar moëlleux avec une couleur vert-dorée. Ce vin a souvent un goût fortement prononcé du truffe. Il est considéré comme la « Perle du Béarn ».

Le rosé de Bellocq est comparable au Jurançon.

Portet produit un vin de dessert très parfumé.

La viguerie royale du jurançon

L'ordre de la Viguerie Royale du Jurançon garantit la qualité et l'authenticité des seules bouteilles de Jurançon nanties du label numéroté de la Confrérie.

Madiran
Appellation Madiran Contrôlée
Mise en bouteilles au Domaine
Vignobles LAPLACE AYDIE (Pyrénées-Atlantiques)
1,46 l

le vignoble du Tursan

historique

Ces vins existaient déjà à l'époque Gallo-romaine.

Au Moyen-Age on le servait sur les riches tables d'Angleterre et d'Espagne.

Du XV au XVIIIe siècle les vins sont expédiés vers Rotterdam et Hambourg.

milieu

situation géographique

Département des Landes. Près de Mont-de-Marsan au confluent de la Douze et du Midou, le Centre principal est Geaune.

sol

De nombreuses miasses calcaires et d'éboulis caillouteux sont les principaux terrains rencontrés.

climat

Tempéré océanique mais bien protégé par la forêt landaise.

superficie

environ 2.000 ha.

production (1986)

R : 8 104 hl

B : 5 562 hl

cépages

B. le Barroque

R. le Tannat, le Cabernet Franc, le Cabernet sauvignon

r. le Cabernet.

appellations

■ Catégorie V.D.O.S.

Vin de Tursan

le Paysage Tursan R, r, et B c'est le Tursan par excellence

le Sélection est le plus fin.

caractères des vins

Les blancs de 10°5 sont secs, fruités ou bouquetés.

Les rouges de 10°5 sont corsés, élégants et vineux.

Les rosés de 10°5 sont bus jeunes, ils sont agressifs et gais.

le Pays Basque

milieu

situation géographique

Le vignoble est situé à l'Ouest de Saint-Jean-Pied-de-Port dans la vallée de la Nive dans le département des Pyrénées Atlantiques.

sol

Eboulis Calcaires.

cépages

Blancs : Courbu et Manseng

Rouges et rosés : Cabernet et Tannat.

superficie

40 ha.

production (1986)

rendement de 40 hl à l'ha
R et r : 3 898 hl

appellations

■ Catégorie A.O.C. depuis 1970

Irouleguy. Le rouge de 10° est âpre, grenat foncé et se dépouille vite.
Le blanc de 10° plus rarc cst de couleur pâle. Il est sec et énergique.
Le rosé de 10° est le plus connu dans la région. Il est sec et nerveux.

vins de l'Aveyron et du Cantal

■ Catégorie V.D.Q.S.

Vins d'Entraygues et du Fel. Départements Aveyron et Cantal. Les rouges et rosés titrent 9° et sont appréciés localement, les blancs titrent 10°. Ils sont issus du Chenin, Mauzac et Rousselou.

Ils sont fruités et légers.

production : R : 286 hl
B : 167 hl

Vins d'Estaing

Département Aveyron, au sud de la région précédente.

Les rouges et rosés titrent 9° et sont issus du Fer.

les blancs ont 10° et sont issus des Chenin, Mauzac et Rousselou.

Les rouges sont délicats et parfumés

Les blancs secs et fins, fort plaisants ressemblent à ceux d'Entraygues.

Production R : 268 hl
B : 45 hl

Marcillac

Département Aveyron.

Ce sont les meilleurs de ces trois régions.

Les rouges titrent 9°5

les rosés 10°

Les rouges ont une belle robe. Ils sont coulants, ont un fruité de framboise et vieillissent bien.

Les rosés sont moins racés.

Production R : 3 550 hl

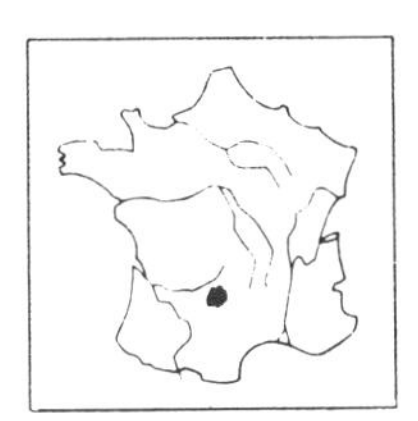

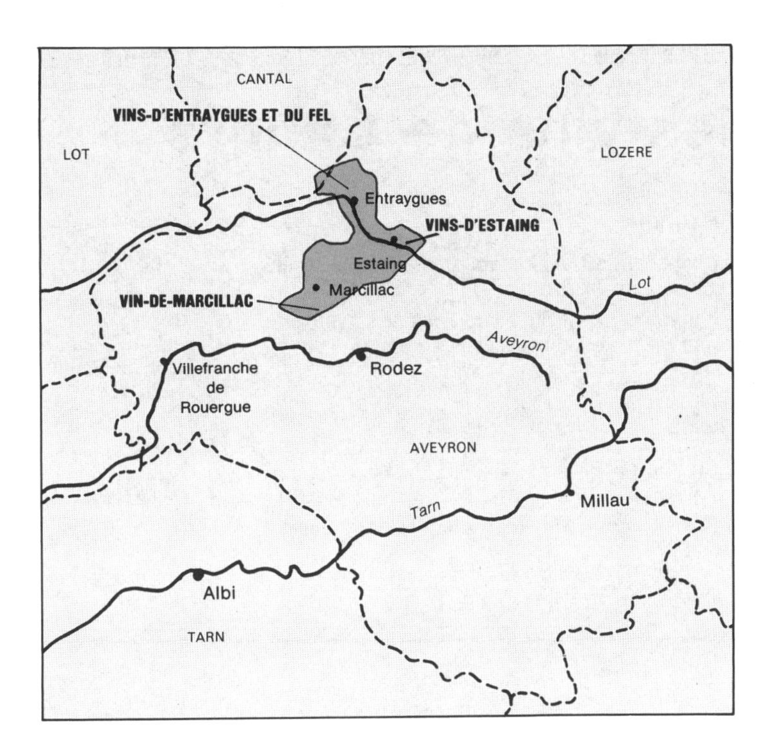

vin blanc et rouge

les vins de Cahors

historique

Ce vignoble est également très ancien et a été reconnu par un édit de Louis XVI en 1776.

Ce vignoble avait été touché par le phylloxéra, et en 1958, les fortes gelées l'ont détruit en grande partie.

milieu

situation géographique

De part et d'autre des deux rives du Lot, principalement en aval de Cahors. Département : Lot.

sol

Le vignoble est installé sur les terrasses graveleuses du Lot.

climat

Il est intermédiaire entre le climat océanique et méditerranéen mais ressent la proximité du massif central.

superficie

1.100 ha

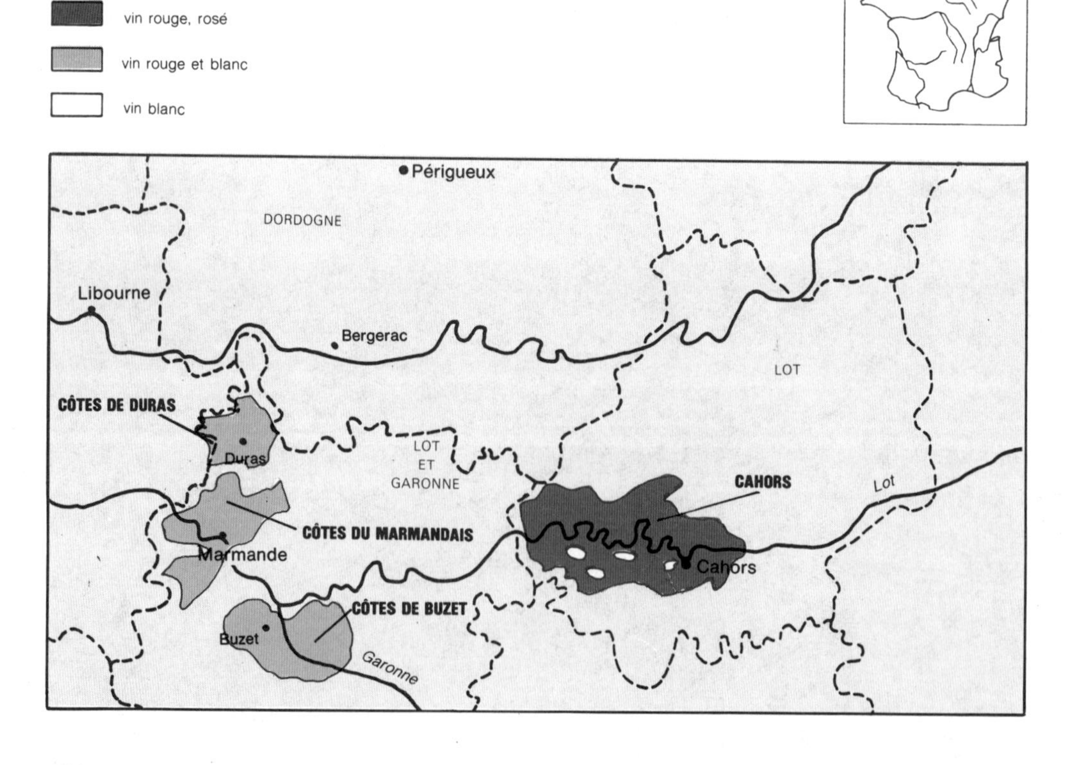

production (1986)

environ 183 247 hl de Rouge et rosé.

cépages

Le Cot ou Malbec à 70 %

le Jurançon rouge, le Merlot rouge, le Tannat à 30 % comme cépages d'appoint.

Si vous allez à Cahors vous n'entendrez parler que de l'Auxerrois et de la Dame Noire pour désigner respectivement le Malbec et le Jurançon, ainsi le veut la tradition.

appellations

■ Catégorie A.O.C.

Cahors en rouge principalement mais aussi en rosé et blanc. titrant 10°5.

caractères des vins

Le rouge est généralement coloré et corsé mais fruité. Une certaine astreingence lui donne du caractère. C'est un vin aux senteurs complexes truffe, ambre, chêne, tabac, encens, violette.

Pour avoir droit à l'appellatoin « vieux cahors » il doit vieillir au moins trois ans en fûts.

Ce vin vieillit bien 5 à 10 ans et atteint certaines fois 20 ans.

les vins du Tarn

historique

C'est l'un des plus anciens de France.

Il fut planté dès le premier siècle de notre ère. Au Xe siècle, les moines Bénédictins de l'Abbaye de St-Michel de Gaillac, avec l'aide des consuls, instaurèrent une sévère discipline pour sauvegarder la réputation des vins de Gaillac, qui était alors très importante.

Aux XIIe et XIIIe siècles, les vins de Gaillac étaient déjà exportés vers l'Angleterre et les Pays Bas.

Le Gaillac mousseux naturel, existait déjà au XVIe siècle : les écrits du poète G. Auger Gaillard en témoignent.

milieu

situation géographique

Département du Tarn autour de la ville de Gaillac, sur les deux rives du Tarn. au Nord Est de Toulouse.

sol

Sur la rive gauche du Tarn, le vignoble s'étale sur 4 terrasses. Le sol y est graveleux et pauvre, parfois argilo-siliceux, il convient bien aux vins rouges. Sur la rive droite du Tarn, les terrains sont très divers depuis les molasses tertiaires des premières côtes, jusqu'au sol granitique des côteaux qui donnent leur bouquet aux vins blancs.

climat

L'influence méditerranéenne se fait déjà sentir, bien que le climat soit encore de type océanique.

altitude

elle varie entre 100 et 400 mètres.

superficie

environ 1.400 ha.

production (1986)

Blanc : 39 505 hl

Rouge et rosé : 53 843 hl

cépages

La tradition a maintenu de nombreux cépages, dont certains, autochtones, sont inconnus ailleurs.

Cépages blancs

Le Mauzac domine; classé cépage arômatique, il donne aux vins blancs leurs caractères spécifiques.

Le Len de Lel (Loin de l'œil) cépage ancestral, que l'on ne retrouve que dans l'aire de Gaillac, donne aux vins un bouquet subtil.

Les Muscadelle, Sauvignon, Ondenc et Sémillon complètent cette palette de cépages blancs.

Cépages rouges

Le Duras, cépage local et ancestral, donne des vins charpentés et fruités.

Le Braucol, associé au Duras, donne du tanin, donc de l'aptitude au vieillissement.

cépages complémentaires

Le Merlot, le Cabernet Franc, le Cabernet Sauvignon et enfin la Syrah qui sont bien adaptés aux différents terroirs de la région. Le Gamay est de plus en plus répandu dans le vignoble de Gaillac où ses qualités le destinent particulièrement aux vins rosés et aux vins de primeurs.

appellations

■ Catégorie A.O.C.

Gaillac : les rouges et rosés titrent 10°5 et les blancs 10°5 dont 10° d'alcool acquis.

Moustillants ou frémissants (avec une tendance naturelle à pétiller). Perlés : le moût est mis en fermentation à basse température jusqu'à l'obtention d'un vin sec. Il est consevé sans soutirage plusieurs mois jusqu'à la fermentation malo-lactique. A ce moment là il sera mis en bouteilles.

Gaillac Mousseux : *Méthode rurale* pour des blancs et rosés titrants 10°5 dont 10° d'alcool acquis.

La fermentation est arrêtée par filtrations successives. Le vin doit vieillir deux à trois ans.

Gaillac premières cotes

en blancs sec ou moëlleux titrant 12° dont 10° d'alcool acquis.

Gaillac doux : en blanc il doit avoir au moins 70 g de sucre minimum au litre.

caractères des vins

Les vins blancs secs ont une belle couleur d'or blanc. Ils ont de la sève et du fruité.

Le Gaillac blanc perlé est d'un arôme subtil et ses fines perles le rendent particulièrement agréable à l'apéritif.

Les rosés sont gouleyants légers et subtils.

Les rouges à la chaude robe rubis foncé sont des vins racés,distingués et corsés.

Les vins rouges de primeurs sont tendres et fruités.

Les mousseux sont fins et leur mousse est très légère.

L'ordre de la Dive Bouteille de Gaillac est le successeur de la plus ancienne Confrérie es-vignobles en France (1529).

Cet ordre fait revivre les bonnes traditions françaises du bien manger et du bien boire louées par Rabelais.

Les dignitaires sont revêtus d'une toge rouge à parements noirs (couleur de la ville) garnie sur l'épaule d'une épitoge noire terminée par un galon blanc et bleu (couleur de la Confrérie de Rabelais et de Gargantua). Ils portent le bonnet carré et à leur cou pend le large ruban rouge et noir auquel est suspendue la *Dive Bouteille* insigne de l'Ordre.

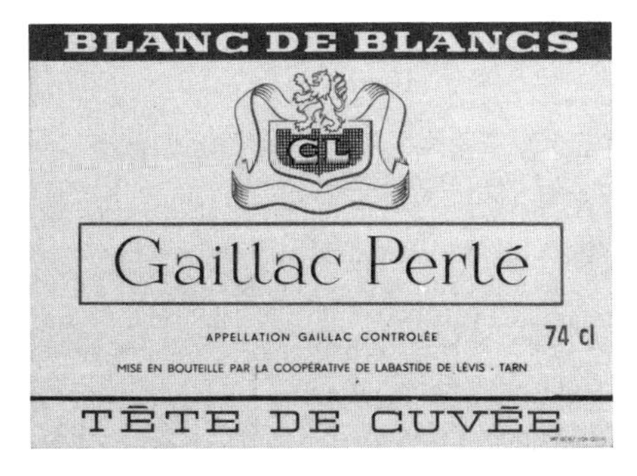

l'Armagnac

historique

Si les Romains apportèrent les techniques de la culture de la vigne et si les Celtes par leurs maîtrise du bois (constructions navales) permirent la réalisation des premiers tonneaux, les Maures d'Espagne révélèrent aux Gascons les secrets de l'art distillatoire qu'ils tenaient des antiques civilisations arabes. (Ces derniers utilisaient l'alambic pour les parfums.)

Selon les chroniques du Moyen Age, Arnaud de Villeneuve, médecin du Pape et alchimiste, fut le premier à parler de distillation en 1285.

L'Armagnac est la plus ancienne eau-de-vie française.

milieu

situation géographique

Le vignoble est compris entre la Garonne et les Pyrénées occupant principalement le département du Gers en mordant sur la Haute Garonne et les Landes.

sol

Des formations géologiques différentes divisent le vignoble en trois parties :

Bas-Armagnac ou *Armagnac noir* ainsi dénommé parce que le paysage a une teinte sombre due aux bois et forêts. L'altitude est plus basse que celle du Haut-Armagnac. Le sol est formé d'assises sableuses et marines. Cette région se subdivise en trois terroirs et produit les meilleures eaux-de-vie.

Elle est la partie la plus occidentale du vignoble.

La Tenareze : Ce terme désigne les anciens chemins de crêtes. Cette région est située entre le Bas-Armagnac à l'Ouest et le Haut Armagnac à l'Est.

Le sol est argilo-calcaire.

Le Haut-Armagnac ou *Armagnac blanc* en raison des calcaires blanchâtres qui sont majoritaires.

climat

C'est un climat de transition entre le climat Landais humide et doux et le climat plus contrasté du Roussillon.

La forêt landaise, arrête les vents venant de l'océan et les nuages passent très haut dans le ciel au-dessus d'elle.

Les Landes passées, les nuages redescendent et provoquent de nombreuses précipitations.

Le schéma ci-contre montre que deux régions sont privilégiées : principalement le Bas Armagnac puis la Ténarèze.

altitude

Les collines ne dépassent pas 400 mètres.

La région n'est pas exclusivement productrice de vin, aussi les vignobles sont très variés d'aspects.

Récolte :

Vin blanc de Distillation :	400 946,00 hl
Alcool pur produit :	34 960,15 hl
Surface :	
Vin blanc de distillation :	16 592 ha
Autres :	12 981 ha
Total	29 573 ha
Volume récolté :	
Vin blanc de distillation :	943 203 hl
Autres blancs :	982 472 hl
Rouges :	382 472 hl
Total	2 308 495 hl

cépages

Les vins destinés à la distillation des eaux-de-vie ayant droit aux Appellations Contrôlées Armagnac, Haut-Armagnac, Ténarèze et Bas-Armagnac doivent provenir des cépages suivants :

Folle blanche et jaune

Piquepoul du Pays

Saint-Emilion (Ugni blanc)

Colombar

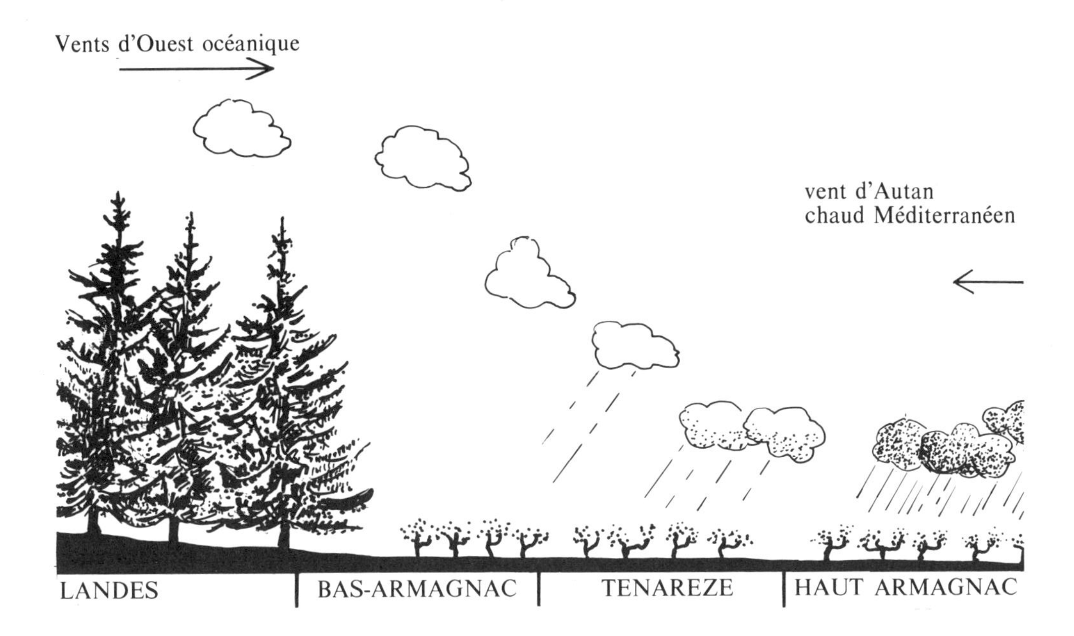

Jurançon
Blanquette
Mauzac
Clairette
Mesliers
Plan de Grèce
Baco 22 A

appellations

Armagnac. Cette appellation Armagnac couvre la production des eaux-de-vie des trois sous régions.

Haut-Armagnac, ces eaux-de-vie sont moins racées que les deux suivantes.

Ténarèze, eaux-de-vie moins fines que celles du Bas-Armagnac mais de bonne qualité.

Bas-Armagnac, les eaux-de-vie les plus fines.

La commune de Cazaubon donne les meilleurs produits : fruités et moelleux avec une sève et un arôme remarquables.

vinification

La vinification est traditionnelle des vins blancs. Sans soutirage afin de les faire bien reposer sur leur lie, ni adjonction d'aucun produit œnologique.

distillation

Avant chaque distillation, le Bureau National Interprofessionnel de l'Armagnac (B.N.I.A.) analyse le vin. Il doit être sain, loyal et marchand. Il doit avoir un taux d'anhydride sulfureux total inférieur à 20 mg/l.

Deux types de distillation sont utilisés :

– Distillation continue au moyen d'alambic du type armagnacais.

– Distillation au moyen de l'alambic charentais dit à repasse (voir Cognac).

principe de fonctionnement de l'alambic armagnacais
(voir croquis page 182)

Le vin à température ambiante, arrive dans le réfrigérant (B) par un tube d'écoulement (A), puis arrive dans le chauffe-vin (C). Le vin est réchauffé progressivement par le serpentin (H) dans lequel s'écoulent les vapeurs d'alcool. Quand il passe, selon le principe des vases communicants, dans la colonne à plateaux (D), le vin est déjà à 80°C.

L'alambic du type « armagnacais »

A - Arrivée du vin
B - Réfrigérant
C - Chauffe-vin
D - Colonne à plateaux
E - Chaudière en cuivre
F - Foyer
G - Vapeurs d'alcool
H - Serpentin
I - Barboteurs
J - Armagnac nouveau
K - Ecoulement des vinasses

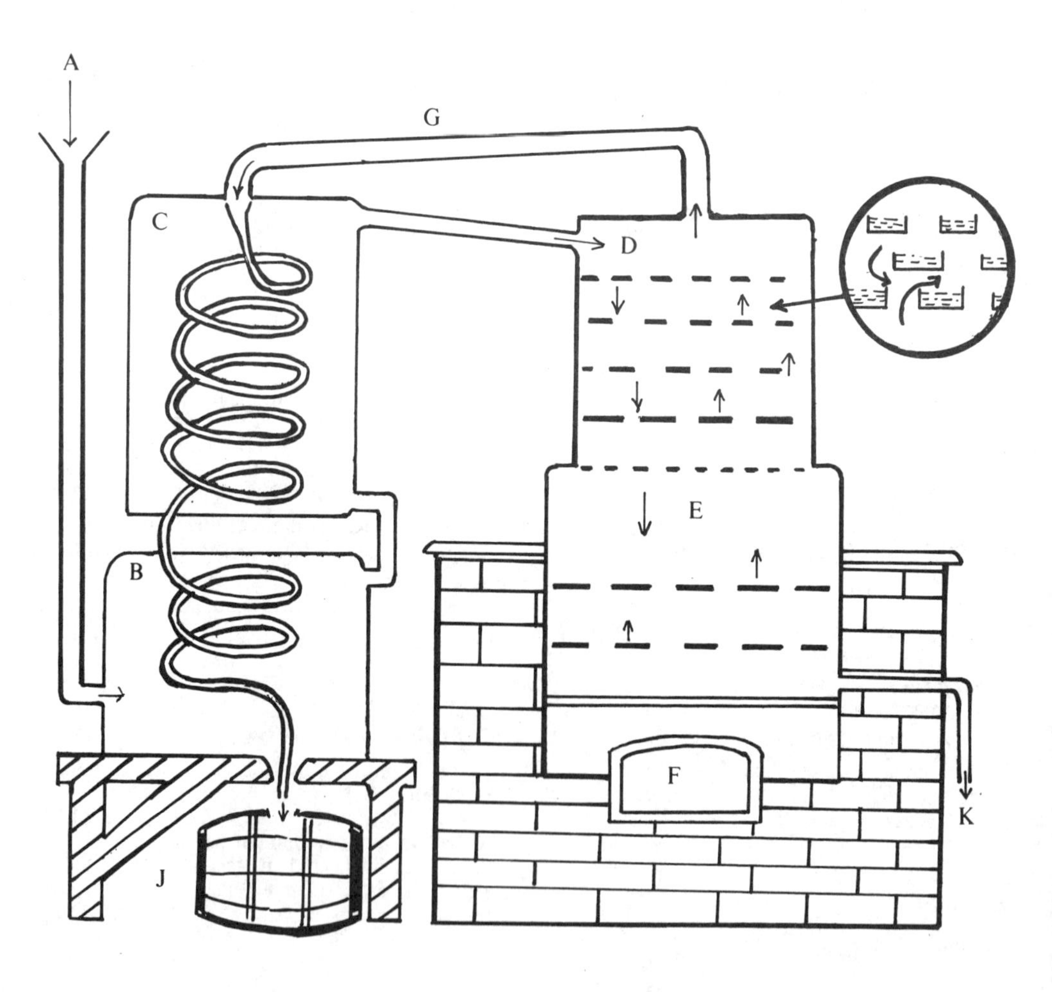

La colonne à plateaux, comme son nom l'indique, comprend des plateaux superposés et le vin descend lentement d'un plateau à l'autre. En haut de la colonne, la température est à environ 100°C et augmente au fur et à mesure que l'on descend vers le foyer (F).

L'alcool, l'eau et les autres éléments volatils s'évaporent et remontent. Au passage dans le vin, des barboteurs (I) les freinent. Les vapeurs ont donc tout le temps de s'imprégner des arômes subtils du vin. Celui-ci continue d'ailleurs à descendre de plateaux en plateaux. La température augmente. Les dernières traces d'alcool s'évaporent. Au bas de la chaudière, il ne reste plus que la vinasse, qu'il faut régulièrement vidanger (K).

Quant aux vapeurs d'alcool, elles repartent par le serpentin. Au bas du serpentin, refroidies par le vin qui arrive, elles se condensent en alcool. Le liquide recueilli à la sortie de l'alambic, contient une certaine proportion d'impuretés désignées aussi sous la dénomination de « non alcool ».

Or la propension à vieillir d'une eau-de-vie est inversement proportionnelle à sa teneur en non alcool. Aussi s'efforce-t-on de réduire celle-ci en augmentant le degré alcoolique de l'eau-de-vie à sa sortie de l'alambic.

Pendant longtemps, ce degré alcoolique se situait entre 52° et 56° Gay-Lussac. Aujourd'hui, entre 63° et 72° maximum autorisé par la réglementation.

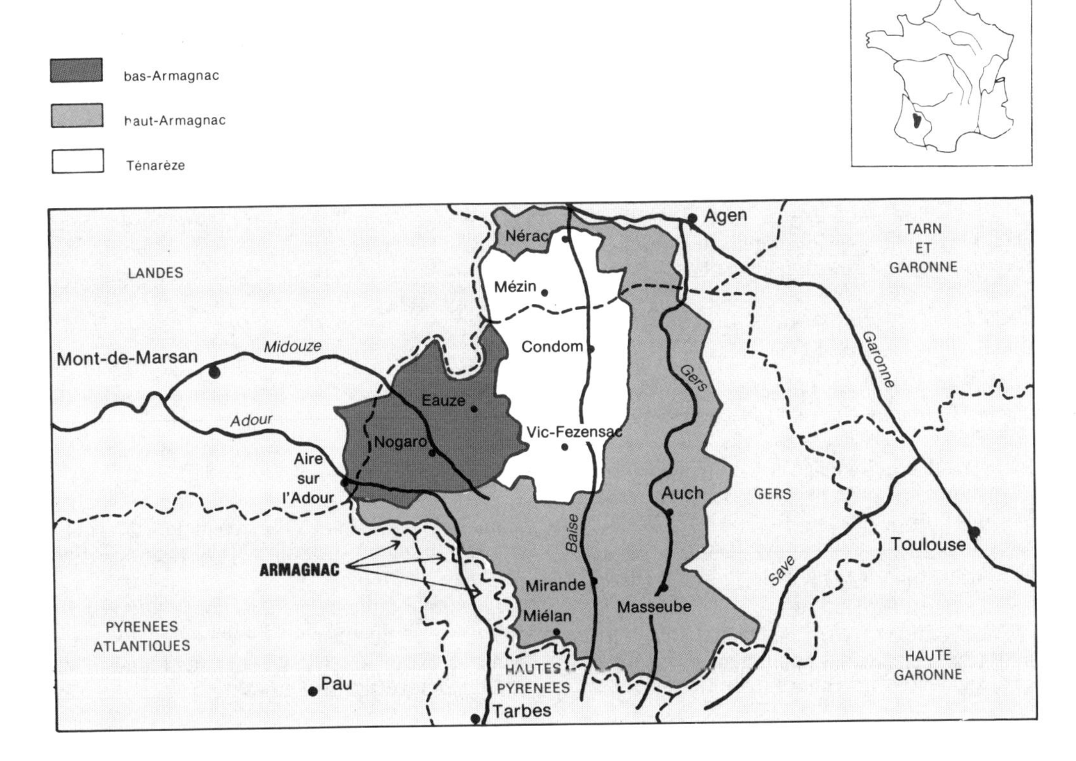

vieillissement

Comme pour le Cognac, le vieillissement s'effectue en tonneaux neufs, issus des forêts de chênes de la région, dans lesquels il s'adoucit, se colore et s'imprègne des senteurs du terroir. (pièces de 400 litres).

Ces pièces sont « gerbées » c'est-à-dire entreposées dans des chais à 12°C environ. L'évaporation appelée comme pour le Cognac « la part des Anges » est de l'ordre de 3 % sur l'ensemble des stocks.

Les murs des caves sont recouverts d'une sorte

de moisissure grise « le Torula » champignon microscopique qui se nourrit des vapeurs d'alcool.

La surveillance est constante et les vérifications sont fréquentes afin de déterminer le moment où la distillation des matières taniques et des essences provenant du bois atteignent un taux optimum.

L'eau-de-vie est alors soit transvasée dans des fûts épuisés (C'est-à-dire n'apportant plus de tanin) soit assemblée dans des cuves.

Au sortir de l'alambic, l'eau-de-vie recueillie, appelée eau-de-feu peut atteindre 72° GL, mais la règlementation autorise un résultat variant de 58 à 63° GL.

Ce degré est atténué par paliers successifs tous les deux mois (environ 3°) par addition de « petites eaux » (mélange d'eau distillée et d'Armagnac) pour obtenir une eau-de-vie commercialisable de 40°.

Le Maître de Chai peut alors commencer les coupes ou mélanges qui permettent à partir de plusieurs eaux-de-vie d'âges et d'origines différents d'obtenir un produit régulier qui fait la réputation de la marque.

La Coupe est un mariage de 2 ou plusieurs eaux-de-vie, elle exprime mieux les qualités et caractéristiques respectives de chacune en les fusionnant.

L'âge de la coupe est celui de l'eau-de-vie la plus jeune et ne change pas.

On peut ajouter une eau-de-vie de 30 ans à une eau-de-vie de 4 ans : l'âge de l'eau-de-vie sera toujours de 4 ans.

Toute eau-de-vie, livrée au consommateur comme « Armagnac » Haut-Armagnac, Ténarèze et Bas-Armagnac doit avoir au moins 1 an d'âge.

Les désignations VO, VSOP, Réserve ou assimilés concernent des eaux-de-vie à appellations précitées d'au moins 4 ans.

Les désignations Extra, Napoléon, XO, Vieille réserve et assimilées s'appliquent aux eaux-de-vie à appellations précitées d'au moins 5 ans.

Les désignations autres sont soumises à l'agrément du B.N.I.A.

La désignation Hors d'Age s'applique à des eaux-de-vie d'au moins 5 ans. L'usage veut que l'assemblage ne soit fait que par des eaux-de-vie de plus de 10 ans d'âge.

ventes

Depuis quelques années, les ventes d'Armagnac sont en expension sensible. Le premier client extérieur est la R.F.A. qui achète plus de la moitié de l'Armagnac exporté.

dégustation

La vocation première de l'Armagnac est d'être dégusté à la fin d'un repas. Mais il entre dans la confection de nombreux cocktails.

Si le « Pousse-Rapière » est une curiosité locale, le « FLOC DE GASCOGNE » est un V.D.L. à base d'Armagnac qui mérite d'être plus connu.

En conclusion l'Armagnac, la plus vieille eau-de-vie de France est celle des connaisseurs.

Tout le département du Gers bénéficie de la dénomination

« Vins de pays des Côtes de Gascogne ».

Cette région produit des vins rouges, rosés et blancs. Le « ***Côtes de Saint-Mont*** » bénéficie du label *V.D.Q.S.*

Quelques marques

Jeanneau - Lafontan - Larressingle - Marquis de Montesquiou - Marquis de Caussade - Samalens - Sempé...

La bouteille de commercialisation la plus répandue est la basquaise de 70 cl en général.

Mais il existe aussi des types de fantaisie et principalement le « pot gascon ».

le Roussillon

historique

Au VIIIe et VIIe siècles avant l'ère chrétienne, les marins grecs de Corinthe se livraient à un fructueux cabotage et l'une de leur cargaison, le fer des Pyrénées, les amenait souvent mouiller dans les criques de notre côte rocheuse.

Pline l'Ancien, atteste la présence du vignoble au pied des Pyrénées.

Au XIIIe siècle, Arnau de Vilanova réalise les premiers mutages.

Après le phylloxéra le vignoble est réduit de moitié.

La vigne remonte vers les côteaux, la surface de production baisse, le rendement aussi mais la qualité s'améliore.

Ce retour aux vignobles des temps anciens, accrochés aux collines chaudes et sèches, produisant peu de vin, mais de haute qualité, renoue avec la tradition.

milieu

situation géographique

Département des Pyrénées Orientales, et le département de l'Aude en partie.

Perpignan sur la Têt en est le centre principal.

sol

Les sols sont très variés. Dans le cirque du Roussillon, bassin bordé par trois massifs : les Corbières au nord, le Canigou à l'Ouest et les Albères au sud et s'ouvrant sur la mer Méditerranée, les terroirs sont tellement variés qu'il serait trop long de les expliquer en détail.

La plaine est composée de terrasses étagées le long de trois fleuves : le Tech, la Têt et l'Agly.

Les *terrasses* moyenne et basses appelées « Crest » dont les sols sont en général caillouteux sont à la fois argileux avec des éléments minéraux.

Les sols des *hautes terrasses* sont de faible profondeur; ils sont de texture sableuse et caillouteuse. La vigne ne se développe pas mais le raisin est alcoolique avec de bons arômes.

Le sol des *Albères* est pauvre en argile et est très acide.

Les *terrasses de Banyuls* sont acides et pauvres.

Au cœur de la *vallée de l'Agly,* il existe un terroir propice aux Vins Doux Naturels rouges particuliers.

Les *Aspres* présentent des sols très hétérogènes.

Tous ces sols sont un support de prédilection au vignoble des V.D.N., des Côtes du Roussillon et des Côtes du Roussillon-Villages.

climat

26 000 heures d'insolation principalement au printemps et en été, à haute période de développement végétatif de la vigne sont plus que favorables au raisin. L'hiver est doux. La majorité du vignoble reçoit 500 à 600 mm d'eau par an en moins de 100 jours principalement en automne. De nombreux vents accélèrent l'évaporation au niveau du sol.

superficie

58 000 ha dont 57 % en A.O.C.

production

Un rendement faible 40 hl à l'ha.

V.D.N. . 651 000 hl
Côtes du Roussillon R : 194 060 hl Bl : 7 640 hl
Côtes du Roussillon-Villages : 74 119 hl
Vins de Pays : 610 000 hl
Vins de table : 891 000 hl
Collioure R : 2 210 hl
Banyuls gd cru R : 7 701 hl
Banyuls R : 38 136 hl
Grand Roussillon R : 140 hl
Maury : 47 316 hl
Rivesaltes R : 39 680 hl
Rivesaltes B : 456 672 hl
Muscat de Rivesaltes : 95 490 hl

cépages

Les Vins Doux Naturels à Appellation d'Origine Contrôlée, sont élaborés à partir d'un encépagement limité aux cépages « nobles ».

Grenaches

Macabeu

Malvoisie

Muscats

Le Grenache d'origine espagnole est le cépage par excellence dans cette région, pour donner des V.D.N. rouges comme à Banyuls et Maury.

Les vins de Grenache noir restent toujours d'une qualité supérieure et sont plus aptes, après macération, au vieillissement.

Le Macabeu (Macabeo) est d'origine Catalane et donne des V.D.N. Il est délicat et mûr dans de bonnes conditions, il donne un vin alcoolique, fruité et fin.

La Malvoisie de Roussillon est identique au Tourbat (Malvoisie-Tourbat) d'origine Catalane.

C'est un cépage rustique, de production moyenne. Les qualités organoleptiques des vins de Malvoisie, ont toujours été citées en exemple.

Le Muscat à petits grains souvent appelé Muscat blanc, Muscat de Rivesaltes a une production moyenne. Il se distingue par son arôme muscaté bien marqué avec d'harmonieuses nuances subtiles.

Le Muscat d'Alexandrie ou Muscat Romain ou Muscat à gros grains est d'origine africaine.

Il a ceci de remarquable qu'il peut être consommé en raisin de table, en raisin sec, en vin, en mistelle et en V.D.N.

Il donne beaucoup d'arômes mais son profil diffère de celui à petits grains.

L'élaboration des Côtes du Roussillon et Côtes du Roussillon-Villages intéresse plusieurs cépages : Carignan, grenache noir, Lladonner pelut, Cinsaut, Syrah, Mourvèdre, Macabeu.

Le Carignan est un excellent cépage à qui convient parfaitement la macération carbonique.

Le Grenache noir et le Lladonner pelut apportent richesse alcoolique, fruité et souplesse au Carignan.

Le Cinsaut est intéressant pour élaborer des vins rosés ou rouges fruités.

La Syrah personnalise et parfume les vins.

Le Mouvèdre : ou Mataro, originaire de la Côte Catalane, avait presque disparu. Il donne un vin coloré, bien charpenté, assez rude au départ, devenant excellent après vieillissement.

C'est un cépage de très grande qualité.

En ce qui concerne les vins blancs, seul le Macabeu a été retenu dans le cadre des Côtes du Roussillon.

Les vins de Pays et de Table sont élaborés essentiellement avec du Carignan auquel s'ajoutent, Grenache, Syrah, Merlot et Cabernet Sauvignon.

vinification et élevage

L'élaboration des Vins Doux Naturels (V.D.N.) se caractérise par l'opération du mutage qui consiste à ajouter de l'alcool en cours de fermentation.

Cette adjonction de 5 à 10 % du volume du moût mis en œuvre, entraîne l'arrêt de la fermentation (voir Œnologie).

L'enrichissement alcoolique et le maintien d'un taux de sucres résiduels selon la densité à laquelle intervient le mutage, conditionnement ainsi le type recherché : sec, demi-sec, demi-doux, doux.

V.D.N. secs : 18° d'alcool acquis + 3,5° d'alcool en puissance = 90 g de sucres non transformés.

V.D.N. demi-secs ou demi-doux : 16° d'alcool acquis + 5,5° d'alcool en puissance = 145 g de sucres non transformés.

V.D.N. doux : 15° d'alcool acquis + 6,5° d'alcool en puissance = 170 g de sucres non transformés.

L'alcool et le moût fermenté vont mettre ensuite longtemps à se fondre pour aboutir à un V.D.N. de qualité.

Les muscats de Rivesaltes sont conservés en général en cuves : afin d'éviter toute oxydation. Une installation sous gaz inerte protège le vin. La mise en bouteilles doit être rapide.

Les Rivesaltes, Maury et Banyuls n'atteignent leur saveur caractéristique qu'après une période d'élevage particulière.

La plupart des vins vieillissent en milieu oxydant.

Certains vignerons font « mûrir » leurs vins dans des tonneaux de châtaignier. Les tonneaux utilisés sont choisis parmi les vieux fûts, afin de ne pas donner le goût du bois au vin.

Ces récipients sont logés à l'intérieur des caves ou bien à l'extérieur au soleil afin d'accélérer des réactions physico-chimiques.

Le Rivesaltes blanc est fin, le rouge est corsé et le rosé alcoolique.

Une méthode traditionnelle mais de nos jours peu utilisée, consiste à laisser des bonbonnes (Touries) au 3/4 pleines à l'extérieur soumises ainsi aux variations climatiques naturelles. L'action des rayons ultra-violets du soleil, le froid des nuits, l'oxygénation intense font « rancir » ces vins leur donnant une teinte ambrée et des arômes caractéristiques à la fois de fruits secs, de vanille, de café et de miel.

Certains vins ont droit au nom de « rancio ». Une des méthodes les plus classiques est celle du remplissage d'un demi-muid (1 muid = 274 litres) à moitié plein, avec apport chaque année de V.D.N. moins vieux à mesure que l'on tire du tonneau (6 ans d'âge minimum pour l'A.O.C.).

appellations

■ Catégorie A.O.C.

Côtes du Roussillon : rouge et rosé 11°5
blanc : 10°5

Côtes du Roussillon-Villages : rouge, rosé et Blanc 12°

Collioure : rouge au goût de rancio.
Côtes du Roussillon-villages-Caramy
Côtes du Roussillon-villages Latour de France

■ Catégorie A.O.C. en ce qui concerne les V.D.N. (Vins Doux Naturels)

Grand Roussillon : blanc, rouge et rosé. Cette appellation couvre l'ensemble des appellations du Roussillon et Banyuls Rancio et Banyuls Rancio grand cru.

Banyuls rouge, rosé et blanc plus pétillant depuis 1984.

Banyuls grand cru : en rouge uniquement.

Rivesaltes : rouge, rosé et blanc et Rivesaltes Rancio.

Muscat de Rivesaltes : en blanc uniquement.

Maury : rouge surtout et Maury Rancio

caractères des vins

Le Banyuls grand cru avec son goût de rancio est très prisé des consommateurs avertis. Il est le meilleur dans sa catégorie. Il a beaucoup de finesse et se conserve bien.

Le Banyuls est fin et bouqueté

Le Maury se rapproche du Banyuls

Le Muscat de Rivesaltes a une saveur musquée très agréable

le Languedoc

La diversité des produits de cette région nécessite un découpage en plusieurs chapitres; aussi dans les pages prochaines vous trouverez l'étude des vins suivants, d'Ouest en Est :

Les Côtes de la Malepère
La Blanquette de Limoux
Les Corbières
Le Fitou
Les Côtes de Cabardes et de l'Orbiel
Le Minervois
Les Côteaux du Languedoc
La Clairette du Languedoc
Le Picpoul de Pinet
Les Muscats de Frontignan, Mireval et de Lunel.
La Clairette de Bellegarde
Les Costières du Gard

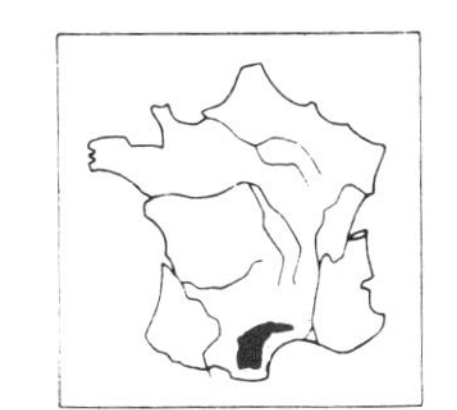

1 BANYULS
2 COLLIOURE
3 CÔTES DU ROUSSILLON
4 MUSCAT DE RIVESALTES
5 FITOU
6 COTES D'AGLY
7 MAURY
8 CORBIERES
9 BLANQUETTE DE LIMOUX
10 CÔTES DE LA MALEPERE
11 CÔTES DE CABARDES ET DE L'ORBIEL
12 MINERVOIS
13 MUSCAT DE ST-JEAN DE MINERVOIS
14 ST-CHINIAN
15 FAUGERES
16 CABRIERES
17 CLAIRETTE DU LANGUEDOC
18 ST-SATURNIN MONTPEYROUX
19 PICPOUL DE PINET
20 MUSCAT DE FRONTIGNAN
21 MUSCAT DE MIREVAL
22 CÔTEAUX DE LA MEJANELLE
23 PIC ST-LOUP
24 VENARGUES
25 MUSCAT DE LUNEL
26 COSTIERES DU GARD
27 CLAIRETTE DE BELLEGARDE

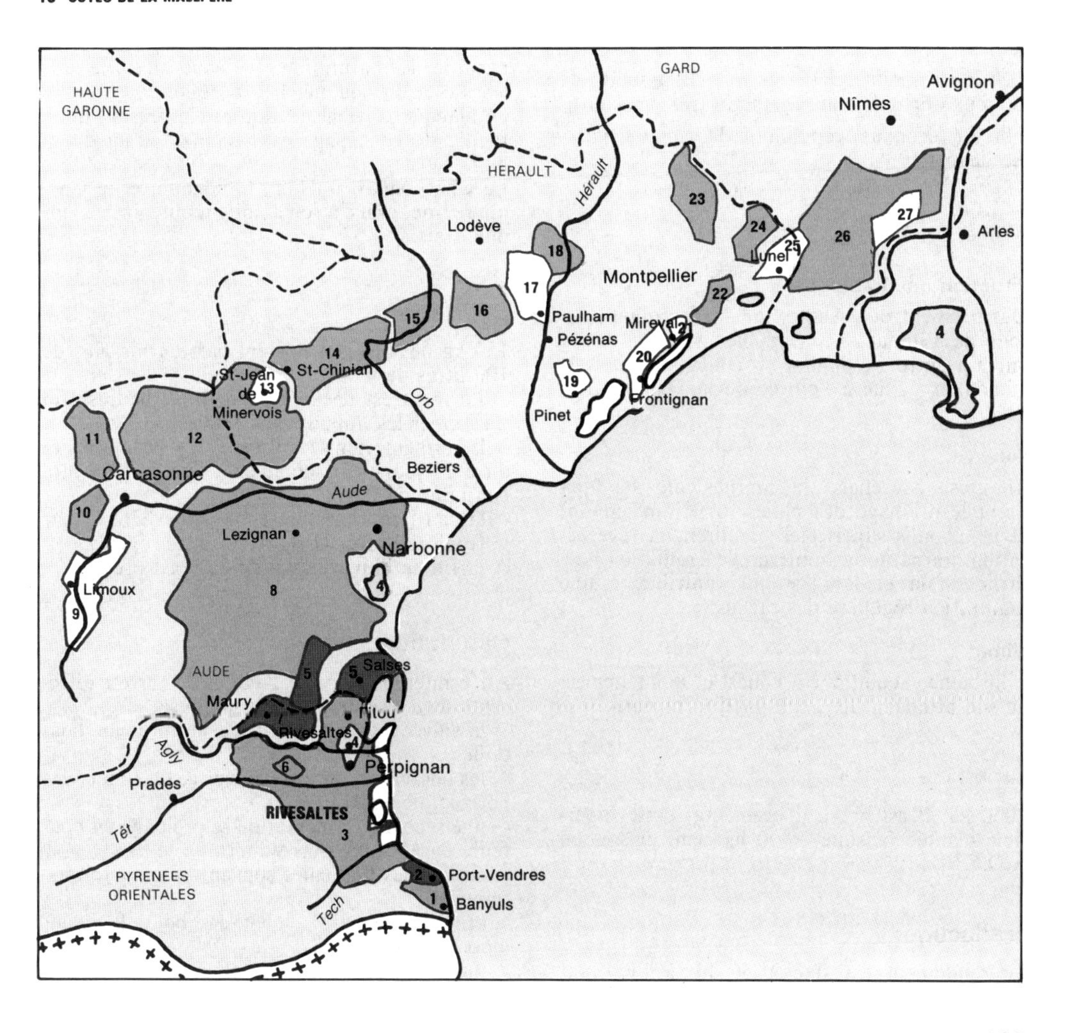

la Blanquette de Limoux

historique

C'est un vin blanc effervescent, création des moines bénédictins de Saint-Hilaire. Son origine est encore inconnue mais c'est probablement par hasard que le caractère pétillant du vin mis en bouteilles après une fermentation incomplète a été remarqué. Cet effet a été ensuite volontairement recherché et s'est transmis par la coutume.

Dès le début du XVIe siècle, la Blanquette de Limoux apparaît comme un vin très renommé.

Elle est reconnue Appellation d'Origine Contrôlée depuis 1938.

milieu

situation géographique

Département de l'Aude. Sur 41 communes autour de Limoux. Le vignoble est situé à mi-chemin entre Perpignan et Toulouse - dans le Limouxin - situé à l'entrée de la Haute vallée de l'Aude.

sol

Maigres - peu épais - les marnes calcaires facilitent le drainage des pluies (630 mm par an) et les éboulis superficiels facilitent la réverbération diurne de la lumière et la radiation nocturne de la chaleur ce qui contribue à une mâturation régulière des raisins.

climat

L'influence acquitaine à l'ouest et montagnarde au sud atténuent les excès méditerranéens.

superficie

2000 ha. Il est prévu d'augmenter cette superficie plantée puisque 7.500 ha. sont classés en A.O.C.

production

Le rendement est fixé à 50 hl. à l'ha. soit 7.500 kg par ha. ainsi la moyenne sur 10 ans est de 35 hl. à l'ha.

plus ou moins 80.000 hl.

cépages

Le Mauzac, le Chardonnay et le Chenin.
Le Mauzac est le cépage de base - 70 % -. Il se caractérise par la précocité, la vigueur et la rapidité de maturation. Il donne aux vins une finesse et un bouquet très particuliers. Le nom de blanquette vient du fait que le dessous de la feuille de ce cépage est recouvert d'un duvet blanc.
Le Chardonnay améliore le bouquet et le Chenin permet grâce à son acidité d'obtenir des vins plus frais.

vinification

150 kg de raisin ne doivent pas fournir plus de 100 litres de moût.
– Le moût est décanté pendant 12 heures afin d'éliminer les impuretés végétales.
– la fermentation se fait en cuves ou foudres et dure 15 jours à 3 semaines à une température constante de 20°.
– la clarification est obtenue naturellement par le froid de l'hiver et des soutirages répétés.
A la fin de l'hiver le vin de base est prêt.

élaboration

Au printemps les vins d'âge et de terroir différents sont assemblés. C'est la cuvée.
– la cuvée est aussitôt tirée et mise en bouteilles,
– les bouteilles sont placées sur lattes (entassées horizontalement),
– une seconde fermentation se prolonge en bouteille durant au moins 9 mois,
– ensuite les bouteilles sont mises sur pupitres, remuées,
– afin d'éliminer le dépôt, les bouteilles sont alors dégorgées,
– puis pour remplacer le volume disparu de la

bouteille, une liqueur d'expédition est rajoutée, qui donnera, grâce à son dosage, les goûts : Brut, demi-sec, demi-doux,
– après la pose du bouchon en liège définitif et de son muselet, la bouteille sera habillée puis expédiée.

appellations

■ Catégorie A.O.C.

Blanquette de Limoux Vin effervescent élaboré exclusivement selon le procédé de la 2e fermentation en bouteille.

Limoux, blanc tranquille

Vin de Blanquette, blanc mousseux, élaboré en méthode traditionnelle sans dégorgeage.
Blanquette méthode ancestrale (31.1.1986).

caractères des vins

Blanquette de Limoux : Ce vin effervescent est un vin de fête qui peut se boire à n'importe quelle occasion; recommandé à l'apéritif et conseillé pour tout un repas, il peut également en demi-sec se marier aux meilleurs desserts.

Sa moustille agréable et son goût particulier en font un vin très apprécié.

commercialisation

– les coopératives produisent 75 % de la production totale.

– les élaborateurs indépendants, au nombre de 7, produisent 17 %. Ils élaborent leur production avec des raisins achetés.

– les viticulteurs manipulants au nombre de 6 n'élaborent que leur production, 8 %.

les Côtes de la Malepère

Dans le Département de l'Aude, à l'ouest de Carcassonne, s'étend un grand vignoble qui produit des vins faibles en alcool, légers frais et agréables issus des cépages : Carignan, Aramon et Mauzac.

appellation

■ catégorie V.D.Q.S.

Côtes de la Malepère.

la région des Corbières

historique

Pays du vent, de la rocaille, de la mer et du soleil, cette région est une terre de prédilection pour ce vignoble millénaire (traces de 125 avant Jésus-Christ).

milieu

situation géographique

Département de l'Aude - Ce vignoble est limité au nord par l'axe routier Carcassonne Narbonne, à l'ouest par l'Aude, au sud par le Roussillon et à l'est par 47 km de rivages méditerranéens.

sol

Il est calcaire avec un sous-sol riche en rivières souterraines qui permet à la vigne de résister aux vents séchants « le Cers » (233 jours par an) et à celui d'est chaud et humide (108 jours par an).

climat

Méditerranéen : sec et chaud, tempéré en automne, parfois des gelées dangereuses au printemps.

altitude

Moyenne - mais la mécanisation est souvent difficile du fait d'un relief tourmenté.

superficie

3.000 ha. (presque la moitié du département).

production (1986)

Corbières R : 635 577 hl
Corbières B : 26 035 hl

cépages

Rouges : Le Carignan cépage de base
Le Grenache noir qui apporte plus de moëlleux
Le Cinsaut qui apporte finesse et bouquet
La Syrah, le Mouvèdre et le Lladoner améliorent la qualité.
Tous ces cépages entrent à 95 % de l'encépagement.

Blancs : Le Grenache blanc,
La Malvoisie
Le Maccabeu
Le Muscat et
Le Picpoul représentent 1 % de l'encépagement.

Rosés : Les mêmes pré-cités en rouges et blancs représentant 4 %.

appellations

■ Catégorie A.O.C.

Corbières : en rouge, rosé et blanc titrant au minimum 11°.

Ce vin est vendu dans une bouteille spéciale « L'Occitane ». Une assise large et solide, un aspect pansu donnent à cette bouteille un caractère sérieux.

caractères des vins

Les rouges sont corsés et colorés,
les rosés sont fins et fruités,
les blancs sont fins et secs.

le Fitou

historique

Des documents remontant à Philippe-Auguste donnent à ce vin une réputation très ancienne.

milieu

situation géographique

Département de l'Aude entre Narbonne et Perpignan à côté de l'étang de Leucate ou de Salses. Sur les communes de Cascastel, Lapalme, Paziois, Tuchan et Villeneuve.

sol

Terrain d'élection pour le Carignan, cépage caractéristique des côteaux méditerranéen.

climat

Chaud et sec.

altitude

Cette région pittoresque dominée par le mont Tauch a un relief tourmenté.

superficie

environ 500 ha.

production (1986)

Plus ou moins 80 307 hl

cépages

Le Carignan, auquel on associe du Grenache et du Cinsaut.

appellations

■ Catégorie A.O.C.

Fitou en rouge.

caractères des vins

Les vins sont rudes au lendemain des vendanges mais s'épanouissent d'année en année. On obtient alors des vins corsés, charnus, complets ayant de la mache et du bouquet.

Côtes de Cabardes et de l'Orbiel

Dans le département de l'Aude au nord de Carcassonne, on trouve de bons vins colorés et charpentés titrant de 9 à 10°5 issus des cépages suivants :

Carignan,
Aramon,
Morrastel
et Grand Noir.

le Minervois

milieu

situation géographique

Le Minervois s'adosse à la Montagne Noire et descend vers la rive gauche de l'Aude jusqu'à Carcassonne et Narbonne.

climat

Le vent d'Ouest le « Cers » prédomine sur la région et apporte à l'Ouest de cette région une humidité régulière. Les vents marins de l'Est apportent l'humidité souvent par gros orages alors que la partie comprise entre ces deux zones est sèche.

sol

La teneur importante en manganèse confère un bouquet très spécifique à ces vins.

superficie

18.000 ha mais 5 à 6.000 ha comportent un encépagement conforme à l'Appellation.

production (1986)

40 à 60 hl à l'ha comme rendement.
R : 252 594 hl
B : 6 228 hl

cépages

Rouges et rosés : le Cinsault, le Carignan, les Grenaches, Syrah et Mourvèdre.

Blancs : La Malvoisie (ou Bourboulenc) et le Maccabeu.

Pour le Muscat de Saint-Jean de Minervois : le Muscat à petits grains.

appellations

■ Catégorie A.O.C.

Production : 1.125 hl.

Muscat de Saint-Jean de Minervois :

Les raisins doivent présenter une richesse alcoolique supérieure à 14°. Il convient parfaitement à l'Apéritif.

■ Catégorie A.O.C. (19.02.1985)

Minervois : en rouge, rosé et blanc titrant 11°.

caractères des vins

Le Muscat est un vin doux à la saveur particulière.

Les rouges sont chaleureux et racés.

Les rosés ont de très bons arômes.

Les blancs sont frais et ont un arôme floral.

les côteaux du Languedoc

historique

L'aire de production des Côteaux du Languedoc recouvre l'Antique Septimaire zone qui s'étend de Narbonne aux portes de Nîmes.

Cet amphithéâtre qui regarde la mer possède un des plus anciens vignoble de France (présent dès l'époque grecque et celte Ibère – Enserune).

En 125 avant J.C. les romains développent ce vignoble et le dotent d'infrastructures pour en écouler les produits.

La voie Domitienne en est un exemple.

Ce développement avait connu un tel essor que Domitien fit procéder, en 92 avant J.C., à l'arrachage d'une moitié du vignoble languedocien.

Ce n'est que beaucoup plus tard, en 270, une fois que le véto de Domitien fut annulé par Probus, que le vignoble languedocien put prendre un nouveau départ – et dès lors le vignoble s'agrandit.

Du IXe au XIVe siècle, les crus languedociens étaient réputés. Vers la fin du XIXe siècle, cette période favorable allait s'achever car cette région devait fournir des vins communs en grande quantité.

Aujourd'hui, les vignerons ont repris les antiques coutumes de production de vins nobles, et aidés par une oenologie de pointe, ils produisent, avec la seule aide de la nature, des crus réputés.

Ils s'imposent les disciplines de production très strictes des grands vins.

milieu

situation géographique

Département de l'Aude, entre la Méditerranée et Narbonne.

Département de l'Hérault principalement entre les fleuves Orb et Hérault mais s'étendant jusqu'à Montpellier puis Lunel pour atteindre le département du Gard.

sol

Les hauteurs sont pauvres et sèches.

Les schistes primaires font des vins généreux, corsés à faible rendement mais de haute qualité et qui savent vieillir.

C'est le cas des vins de Faugères, et de certains Saint Chinian sur les cailloutis calcaires, les cépages nobles fournissent des vins fruités plus ronds et plus moëlleux.

climat

Chaud et sec.

altitude

Les côteaux atteignent parfois 250 mètres.

superficie

162.000 ha dont 8.000 ha donnant des V.D.Q.S.

production

Le rendement est de 50 hl à l'ha pour 3300 souches à l'ha.

Côteaux du Languedoc R : 319 622 hl

Côteaux du Languedoc B : 17 476 hl

cépages

Pour les vins rouges :

Le Carignan qui apporte charpente, degré et couleur.
Le grenache noir (20 % obligatoirement minimum) ou Alicante du Pays qui apportent corps et finesse.
La Syrah ou le Mouvèdre (10 % obligatoirement minimum) sont arômatiques.
Le Cinsaut apporte souplesse et parfum.

Pour les vins rosés :

Obtenus exclusivement par saignée, ils proviennent des mêmes cépages avec parfois des cépages blancs tels que : le Bourboulenc, le Carignan blanc, la Clairette blonde.
L'utilisation de ces cépages blancs est limitée à 20 %.

appellations

La règlementation a fixé un degré minimum de 11° vol. mais souvent ils ont 12°.

■ Catégorie A.O.C.

Depuis le 5 mai 1982.

Faugères

Saint-Chinian.

■ Catégorie A.O.C.

Côteaux du Languedoc : en rouges et rosés. Les blancs ne portent pas ce nom mais celui du terroir.

Cette appellation régionale recouvre actuellement 84 communes et 13 appellations de terroir.

Dans l'Aude : ***Côteaux du Languedoc*** suivis de ***la Clape et Quatourze.***

Dans l'Hérault :
— ***Côteaux du Languedoc*** suivis de :
— ***Cabrières***
— ***Montpeyroux***
— ***St. Saturnin***
— ***Pic St. Loup***
— ***St. Georges d'Orques***
— ***Les Côteaux de la Méjanelle***
— ***St. Drezery***
— ***St. Christol***
— ***Les Côteaux de Verargues***
— ***Picpoul de Pinet***

Aux appellations terroirs (l'équivalent des appellations villages dans d'autre régions), il convient d'ajouter les vignobles de la vallée de Ceressou, d'Aspiran, du Lodevois et de St. Félis de Lodez dans l'Hérault ainsi que Langlade dans le Gard qui produisent aussi cette appellation.

caractères des vins

Cabrières : vin souple, jeune et bouqueté.

La Clape : les rouges sont corsés et taniques issus du Carignan. Ils doivent vieillir afin d'être souples et bouquetés.

Les rosés sont fruités.

Le blanc issu du Bourboulenc est élégant, harmonieux et surprenant dans son contexte méridionnal.

Faugères : vin étoffé, racé à robe rouge, sent la pierraille.

Méjanelle : moëlleux et parfum.

Montpeyroux : rouges ou rosés ces vins sont corsés et ont de la 'mâche'.

Pic St-Loup : assez alcoolisé avec une belle robe.

Quatourze : vins robustes, charpentés, colorés.

St-Chinian : vieillissent bien, sont complets, tendres et moëlleux.

St-Christol : de très vieille réputation. Saint-Louis en avait sur sa table.

St-Drezery : vins charnus corsé et capiteux.

St-Georges d'Orques : c'est l'un des premiers vins d'appellation d'origine du département. Il est coloré, souple, assez corsé mais de haute qualité.

St-Saturnin : rouge, rosé, gris ou blanc ils ont des bouquets très particuliers.

Verargues : les rouges sont tendres, fins riches en bouquet, faciles à boire.

PRODUIT DE FRANCE 75 cl
FAUGERES
VIN DÉLIMITÉ DE QUALITÉ SUPÉRIEURE
Sur les côteaux dominant le Languedoc, nous produisons l'appellation "Faugères" Nous l'avons élevé et mis en bouteille afin de lui conserver corps et fruité.
Mise en bouteilles à la propriété par :
Platelle
34480 lentheric
(67) 90-25-72

la Clairette du Languedoc

historique

Ce vin blanc de très grande classe par ses qualités propres et ses remarquables facilités de conservation fut de tous les temps et de toutes les fêtes depuis le VIIe siècle av. J.C. jusqu'à nos jours.

milieu

situation géographique

Département de l'Hérault entre Béziers et Montpellier (côté intérieur), au nord-ouest de Pézenas.

Sur les communes d'Adissan, Aspiran, Cabrières, Ceyras, Fontes, Paulhan, Peret et Saint-André de Sangonis.

sol

Favorable au cépage Clairette.

climat

Toujours méditerranéen c'est-à-dire sec et chaud.

superficie

Environ 210 ha.

production (1986)

8 966 hl

cépages

La Clairette cépage blanc.

appellations

■ Catégorie A.O.C.

Clairette du Languedoc : amber dry
dry
sec
blanc sur lies
demi-doux.

caractères des vins

Les dry sont recommandés à l'apéritif.

Les secs sont pour les débuts de repas pour des mets fins.

Le demi-doux pourra terminer un repas.

Le blanc de blancs est de réputation internationale par sa couleur légère, son fruité et sa grande finesse de goût.

Cette région produit églament un vin de Pays des Côtes de Ceressou : gris de gris, rouge, blanc moëlleux et un blanc de blancs dry.

Un vin mousseux blanc brut ou 1/2 sec.

Un vin mousseux rosé issu de Muscat.

Un vin mousseux à la méthode champenoise Brut.

Un vin de liqueur.

le Picpoul de Pinet

historique

Ce V.D.Q.S. tire son nom d'un cépage le Picpoul, qui de tout temps a été cultivé dans le Midi pour la qualité de son blanc.

milieu

situation géographique

Département de l'Hérault entre Béziers et Montpellier. Sur 6 communes autour de Pinet.

sol

Argiles rouges et grès tendres.

climat

Toujours méditerranéen.

altitude

Elle est basse.

superficie

Environ 800 ha.

production

9.302 hl.

cépages

Picpoul.

appellation

■ Catégorie A.O.C.

Côteaux du Languedoc, Picpoul de Pinet.

caractères des vins

Ce blanc sec, frais et léger accompagne bien les fruits de mer de l'étang de Thau.

le Muscat de Frontignan

historique

Le Muscat de Frontignan était appelé par les romains de Gaule Narbonnaise : « APIANE » c'est-à-dire qui attire les abeilles.

milieu

situation géographique

Département Hérault principalement sur les pentes des collines de la Gardiole autour de la RN 108 entre Agde et Montpellier.

sol

Terrains calcaires. La zone des étangs est exlue ainsi que les terres d'alluvions.

climat

Méditerranéen. Sec et chaud.

superficie

750 ha environ.

production (1986)

3.500 kg de raisin à l'ha soit 28 hl à l'ha.

Plus ou moins 22.138 hl.

cépages

Muscat blanc, romain à petits grains ronds.

appellations

■ Catégorie A.O.C.

Muscat de Frontignan : en vin de liqueur ou vin doux naturel.

Le V.D.L. doit titrer 13° d'alcool en puissance soit 235 g de sucre naturel par litre et recevoir au mutage 15 % en volume d'acool pur.

Il doit y avoir à la fin du mutage au minimum 185 g de sucre naturel par litre.

Le V.D.N. doit titrer 14° d'alcool en puissance soit 252 g de sucre naturel par litre et doit recevoir 5 à 10 % d'alcool pur au mutage donnant au vin fait un degré de 15° d'alcool avec en moyenne 125 g de sucre par litre.

élaboration

Le raisin après avoir été transporté sans être « pressuré » va être foulé et pressé.

Le moût ainsi obtenu va être recueilli dans des cuves de fermentation.

La fermentation et le mutage sont surveillés par l'administration des Contributions Indirectes.

Après le mutage les vins restent dans leurs bourbes pendant 3 mois environ et sont par la suite soutirés, à froid (à environ − 9°) ce qui provoque un dépouillement. Le vin est ensuite mis à vieillir en foudres de chêne.

Après ce séjour les vins sont soumis à deux filtrations sur filtres à plaques et ils terminent leur vieillissement dans de nouveaux foudres à partir desquels s'effectuera par la suite la mise en bouteilles pour la consommation.

présentation

Le Muscat a une bouteille de 75 cl, avec des canelures torsadées après le goulot.

« La légende dit qu'Hercule voulant extraire la dernière goutte de ce nectar si apprécié, prit une bouteille de Muscat de Frontignan dans ses mains, la tordit, ce qui lui donna cette présentation torsadée ».

caractères des vins :

Ce nectar bu à l'apéritif ou au dessert ne déçoit jamais. Sa belle couleur or et son incomparable goût de muscat l'élèvent aux plus hauts sommets.

le Muscat de Mireval

Il se situe dans le prolongement du Muscat de Frontignan. Plus près de Montepllier que de Sète.

Il ressemble à son voisin mais est de présentation différente.

La production est de 7 551 hl environ.

le Muscat de Lunel

Situé à l'Est de Montpellier au Nord d'Aigues-Mortes ce muscat est excellent. Certainement le meilleur de la région.
La production est de 8 688 hl environ.

la Clairette de Bellegarde

■ Catégorie A.O.C.
La ***Clairette de Bellegarde,*** vin blanc de même type que la Clairette du Languedoc. Le cépage Clairette donne un très beau vin mais qui s'oxyde facilement et prend le goût de « rancio ». La production est d'environ 2 359 hl.

les Costières de Nîmes

■ Catégorie A.O.C.

Les ***Costières de Nîmes*** sont des vins de type méditerranéen. Les rouges et les rosés ont une production de 182 038 hl et les blancs de 5 580 hl. Ces vins se trouvent sur deux départements : l'Hérault et le Gard.

ONRADA CORTZ DOS SENHORS D'EN CORBIERE – en langue d'Oc, signifie en français : Illustre Cour des Seigneurs de la Corbière, c'est une confrérie vineuse dont le siège se trouve à Lézignan-Corbières. Son but est de développer la réputation des vins de l'appellation Corbières et de contribuer à faire connaître l'histoire, le folklore, les arts et lettres de cette région.

les vignobles de Provence

historique

Il semble que ce soient les Phocéens (VIIe et VIe siècles avant J.C.), fondateurs de Marseille, qui aient appris aux habitants de la Gaule l'art de tailler la vigne et celui de faire le vin.

Les vins produits dans la région provençale firent rapidement l'objet d'un commerce intense entretenu par les romains, IIe siècle avant J.C.

Cités par César et Pline, particulièrement prisés par les Papes, servis sur les tables des Rois de France, la production des vins de Provence fut réglée et leur commerce protégé dès 1292 par un acte du Roi Charles II.

Aux XVIIe et XVIIIe siècles leur réputation est consacrée à la cour et Madame de Sévigné devient leur meilleure ambassadrice.

En 1936 les vins de la région de Cassis sont les premiers à être classés en AOC.

En 1941 suivent les vins de Bandol et de Bellet.

En 1948 les vins de Palette sont classés en AOC.

Et c'est en 1977 que la majorité des « Côtes de Provence » sont classés sous cette appellation.

milieu

situation géographique

L'aire des Côtes de Provence se trouve à proximité d'une région de tourisme par excellence : la Côte d'Azur.

Les vignobles s'étendent dans les départements :

des Bouches du Rhône
du Var
des Alpes Maritimes puis ceux limitrophes au nord :
les Alpes de Haute Provence
Le Vaucluse.

Le vignoble est compris entre :

1) Nord d'une ligne Tarascon, Cavaillon, Apt, Manosque, Moustiers, Villars-sur-Var
2) à l'Est Villars-sur-Var, Nice
3) au Sud la zone côtière de Nice à Marseille
4) à l'Ouest de Marseille à Tarascon.

sol

Le sol est varié, mais généralement il est sec et pierreux, parfois silico-calcaire rarement riche en argile.

Il est rare de trouver réunis un tel terroir et un climat aussi favorable à la culture de la vigne, et c'est souvent un plaisir de contempler sur les côteaux descendant en escaliers vers la mer, les ceps plantés dans ce terroir privilégié desréstanques ou bancaous (murs de pierres sèches qui retiennent la terre).

climat

Idéal, par un ensoleillement prolongé en été et en automne, des pluies bienfaisantes au printemps et en fin d'automne, des hivers doux.
Les zones abritées des vents donnent des produits plus fins.

altitude

Variée : basse par endroits et allant jusqu'à 300 mètres.

superficie

des A.O.C.
Côtes de Provence : 18.500 ha
Palette : 15 ha
Cassis : 200 ha
Bandol : 650 ha
Bellet : 40 ha

des V.D.Q.S.
50.000 ha

production (1986)

des A.O.C.
Côtes de Provence : R 643 182 hl
B 43 874 hl

Palette : R 187 hl
B 487 hl

Cassis : R 1 887 hl
B 4 512 hl

Bandol : R 32 925 hl
B 1 506 hl

Bellet : R 7 119 hl
B 378 hl

Côteaux d'Aix : R 129 666 hl
B 8 930 hl

Côteaux des Baux : R 12 786 hl
B 179 hl

V.D.Q.S.
Côteaux de Pierrevert : R 9 237 hl
B 942 hl

Côtes du Luberon : R 105 037 hl
B 20 970 hl

Le rendement est d'environ 42 hl à l'ha.
Plus de la moitié est vinifié en rosé.

cépages

Rouges et rosés :

Le Mourvèdre : cépage de base pour les vins rouges il doit entrer pour 50 % au moins dans l'AOC Bandol certains propriétaires vont jusqu'à 80 %.
Le Grenache : alcoolique
Le Cinsaut : apporte de l'acidité
Le Tibouren : cépage méditerranéen fruité
Le Carignan : en forte régression
Le Barbaroux : cépage local
La Folle Noire : cépage des Alpes Maritimes
On trouve aussi parfois
du Cabernet Sauvignon et de la Syrah.

Blancs :

La Clairette : cépage toujours très sensible à l'oxydation
L'Ugni blanc peu acide
Le Sémillon,
Le Chardonnay et
le Rollé cépage des Alpes Maritimes.

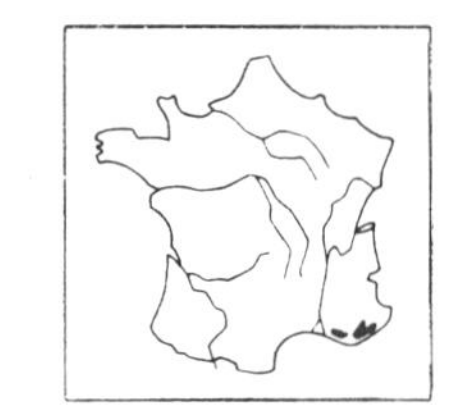

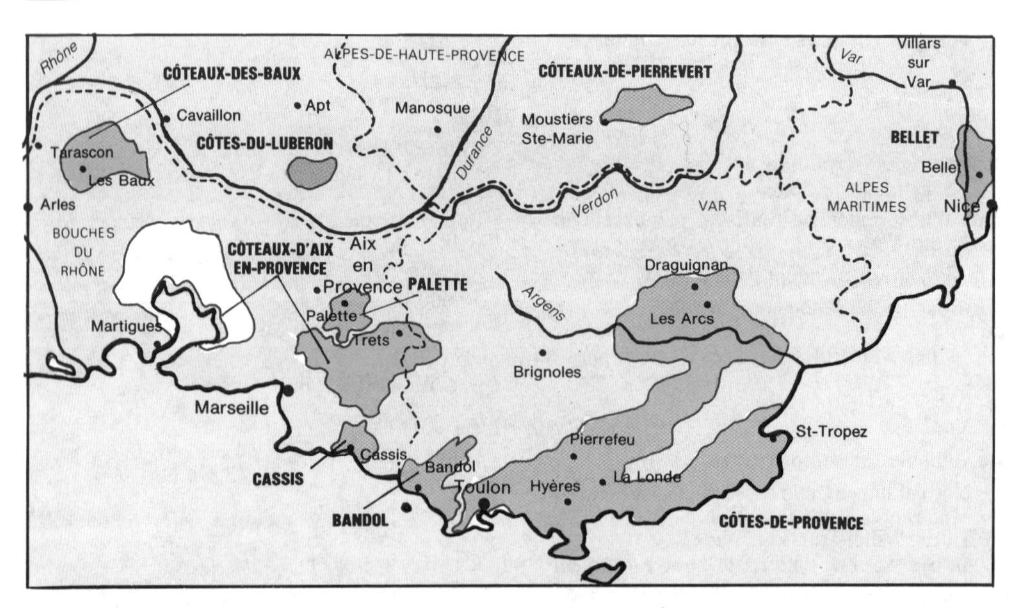

appellations

■ Catégorie A.O.C.

— ***Palette***
— ***Cassis***
— ***Bandol ou vin de Bandol***
— ***Bellet ou vin de Bellet***
— ***Côtes de provence***
— ***Côteaux d'Aix-en-Provence ou Côteaux d'Aix-en-Provence-les-Baux***
— ***Côteaux de Pierrevert V.D.Q.S.***
— ***Côteaux du Luberon V.D.Q.S.***
— ***Côteaux Varois V.D.Q.S.***

histoire du Tibouren

Le Clos Cibonne, entre Carqueiranne et le Pradet à l'Est de Toulon, a une appellation qui perpétue le patronyme, féminisé à la mode provençale, de Jean-Baptiste de Cibon, lieutenant de vaisseau, tué à la bataille navale des Saintes (Antilles 1782) sur la « Ville de Paris » vaisseau portant la marque du fameux amiral de Grasse.

Ce grand marin provençal, principal artisan de l'indépendance américaine par sa victoire de la Cheesapeake sur les Anglais, devait épouser en 1787, Christine de Cibon, héritière du Domaine de la Cibonne. Ce n'est pas sans raison que la dernière des prestigieuses cuvées spéciales du fameux clos a reçu le nom de « Cuvée de Grasse ».

A la Révolution, bien d'émigré, échut aux ancêtres d'André Roux. L'un des premiers, il a pressenti la vogue du Rosé de Provence et tout a commencé, il y a quelque trente ans, par l'arrachage impitoyable de cinq hectares de vieilles vignes, sauf les cinq très vieux pieds de l'antique cépage « TIBOUREN » jalousement conservés, et dont de précieux greffons permirent de replanter, petit à petit, tout le domaine.

De ce cépage, l'origine est si ancienne que, pardelà les côteaux de Tibur, où les sénateurs romains le cultivaient dans les Castelli Romani, il proviendrait des jardins de Chaldée. Les négociants phéniciens l'importèrent en Grèce d'où il vint à Rome, et de là, sur la côte ligure et la côte provençale.

Le Tibouren est un cépage noble dont la grappe ne vient à maturité que sur les bords méditerranéens.

Le vin est extrêmement bouqueté, capiteux, d'une richesse alcoolique élevée, parfois exceptionnelle, le titre moyen approche ou dépasse 13°. La cuvée Tibouren 1960 « Petit Prince des Baux » titre 14,6° et la cuvée Tibouren 1961 « De Grasse » 15,4°.

caractères des vins

Les vins de Palette titrent R10°5
r11°
B11°5
autour d'Aix-en-Provence.
Quelle que soit leur couleur ils sont très fins.

Les vins de Cassis titrent tous 11° ce sont des vins corsés. Les blancs sont parmi les meilleurs de la région, entre Marseille et la Ciotat.

Les vins de Bandol titrent 11° ils sont corsés. Ces vins racés, solides, charpentés se bonifient en vieillissant. On les récolte entre La Ciotat et Toulon.

Les vins de Bellet ont un goût de terroir prononcé. Ils sont légers et quelle que soit leur couleur ils trouvent une place sur une bonne table.

On les trouve dans la vallée du Var au-dessus de Nice.

Les Côtes de Provence titrent 11°.

Ces vins ne sont pas de longue conservation. Souvent alcooliques et corsés.

Les rouges sont très savoureux et bien charpentés.

Les blancs secs se marient très bien avec la cuisine provençale.

Les rosés secs, racés et fruités donnent une note d'élégance pour tout un repas.

Ils se boivent facilement mais...

La Côte des Maures dans le Var est une zone riche en crus de qualité.

Mais que les vins soient de la zone côtière, des pentes nord des Maures ou de la Vallée de l'Argens chacun trouvera un réel plaisir à les déguster.

l'Ordre Illustre des Chevaliers de la Méduse

En 1697, un groupe d'amateurs des Joies de l'esprit, et de bon vin, fondait, sur l'initiative du sire de VAUVRE, Intendant de la Marine Royale à Toulon, l'Ordre Illustre des Chevaliers de la Méduse.

Leur but était de glorifier toutes choses de Provence et avant tout ses vins généreux.

L'ordre illustre des Chevaliers de la Méduse eût une existence féconde et prospère jusqu'au moment où il fut emporté par la tourmente révolutionnaire. Il possédait des Prieurés jusque dans le Comtat Venaissin et aux confins du Comté de Nice.

En 1948, un groupe de Toulonnais et Varois amoureux du passé de Provence, songèrent à reconstituer l'ordre disparu. Ils entendaient remonter aux sources et renouer avec le culte millénaire de Méduse qui date de la plus haute Antiquité.

La Commanderie a son siège au Château Sainte-Roseline aux Arcs-sur-Argens.

Le Grand chapitre solennel s'ouvre au moment du ban des vendanges au siège, sous la présidence du Grand Maître de l'Ordre.

Des chapîtres extra-muros se tiennent éventuellement dans d'autres villes de la région.

Une des bases essentielles du Culte de Méduse est de cultiver l'espirt d'amitié et de fraternité.

La devise de l'Ordre est :

« LAMPADE MEDUSA GAUDET »

Cet Ordre a pour objet :
– la sélection des vins de Provence susceptibles de servir la renommée des Vins de Provence.
– de boire, les faire boire et les faire connaître mieux en doulce France et beaux Pays Etrangers.

la Corse

historique

La vigne a été introduite en Corse, au VIe siècle avant J.C. par les Grecs, en même temps qu'ils plantaient l'olivier sur toute la côte orientale. Plus précisément, c'est sans doute en 565 avant J.C. que les phocéens s'installèrent sur cette côte où ils fondèrent le vignoble d'Alalia (Aléria) faisant entrer la Corse dans la civilisation de la vigne et du vin.

Sous l'influence de Gênes, dont le territoire municipal était fort exigu la vigne se développa en Corse.

En 1873, avant le phylloxéra, la Corse avait de 28.000 à 30.000 ha de vignes. Après seul subsista un vignoble de 5.000 ha environ.

Après la guerre de 1939-1945, la vigne reprit sa progression au rythme d'environ 200 ha par an.

C'est à partir de 1962 que l'arrivée des « Pieds-Noirs » se fit plus importante et que les plantations commencèrent à s'accroître.

En même temps, de grosses sociétés continentales s'installèrent sur la longue et étroite côte orientale de l'Ile tout autour d'Aléria où les Grecs avaient introduit la vigne.

milieu

situation géographique

Le vignoble de cette Ile de la Méditerranée est divisé.

- la région du Cap Corse au nord d'une ligne St-Florent Bastia,
- au cœur du Nebbio face au golfe de St-Florent, le vignoble du Patrimonio
- les vignobles de la Balagne, autour de Calvi sur la Côte Ouest,
- au centre nord, le vignoble de Corte et centre sud, celui de Bastelica,
- à l'Ouest la région d'Ajaccio,
- au sud, les régions de Sartène et Bonifacio,
- au centre Est, la longue région d'Aléria,
- pour revenir à Bastia avec les vignobles situés entre Cervione et Vescovato.

sol

Schisteux et sablo-argileux au nord, Granits et granulites au sud et sur l'ensemble de l'île. Beaucoup de graves et graviers et alluvions grossières.

climat

Méditerranéen mais avec des traits de celui de l'Afrique du nord, variant suivant l'altitude.

altitude

Elle est variée. Les vignobles peuvent être très bas, sur des flancs de montages.
l'A.O.C. patrimonio ne dépasse pas 200 mètres.

superficie

Le potentiel maximum permettant d'avoir une viticulture équilibrée se situe aux alentours de 30.000 ha.

production (1986)

en A.O.C. Rouges et rosés 74 104 hl

Blancs 7 007 hl

cépages

a) Idigènes : Vermentino (Malvoisie) B
Rossola
Bianca
Sciaccarello r
Carcaghiolu
Alcatico
Nielluccio R entre à 60 % pour les rouges et rosés à 40 %.

b) Continentaux : Alicante
Grenache
Carignan
Cinsault
Muscat
Ugni blanc

appellations

■ Catégorie A.O.C.

Le plus réputé est le - ***Patrimonio,*** qui était la seule appellation contrôlée depuis longtemps. On le trouve en R, r et B, puis ***l'-Ajaccio*** R, r et B.

Depuis 1976 les vins suivants sont classés.
— ***Vin de Corse.***

Sartène en R, r, et B
Calvi en R, r, et B
Côteaux du Cap Corse en R, r, et B. Les vins blancs peuvent être des vins d'apérifi et de dessert.

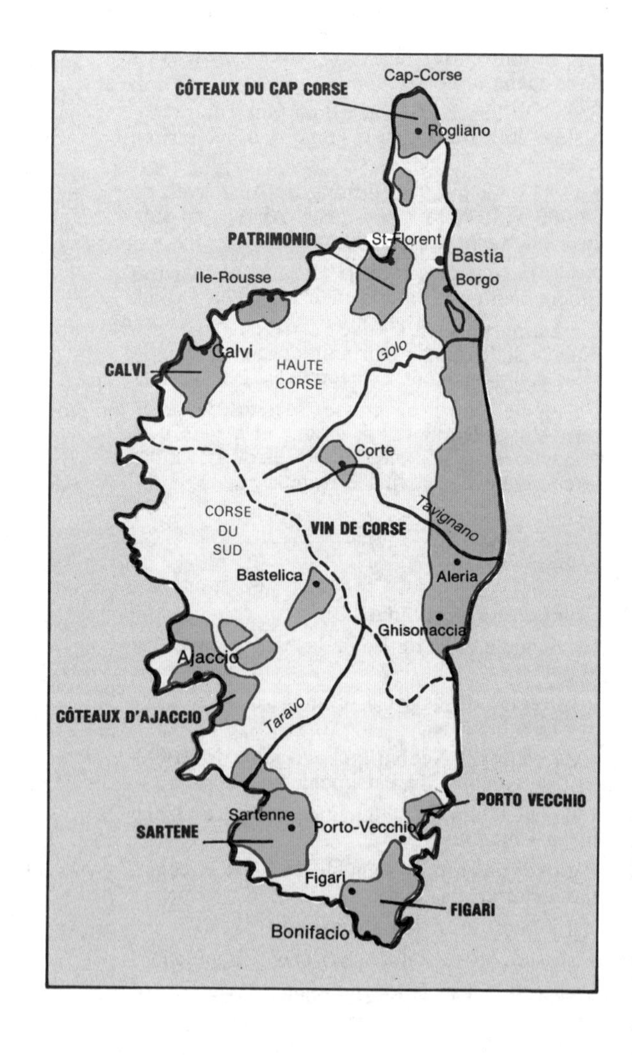

☐ vin rouge et blanc

Figari en R, r, et B.

Porto-Vecchio en R, r, et B.

D'autres vins sont excellents même s'il n'ont pas l'appellation, près de Corte et Bastelica et de la région d'Aléria.

Le Rappu du Cap Corse issu de Malvoisie ou de Muscats dépasse peut être les muscats du Languedoc. Il est bu localement.

caractères des vins

Ils ressemblent aux vins de Provence

Les blancs sont secs et parfumés

Les rosés, très prisés, sont corsés et alcoolisés

Les rouges sont colorés et charpentés.

les côtes du Rhône

historique

Dès l'an 600 avant notre ère, les Grecs créèrent un village qui deviendra Ampuis. Ils apportèrent avec eux un cépage blanc le Viognier et un cépage rouge la Syrah.

En descendant le Rhône, fleuve majestueux, l'histoire se mêle aux légendes, Tain, Tournon... Si le vignoble remonte à la conquête romaine, d'autres sources proposent le passage de Saint Patrick ou celle du Chevalier Henri de Gaspard de Stérimberg, qui de retour de croisade contre les Albigeois fit vœu de se consacrer à la vie contemplative dans une chapelle de Saint Christophe dominant le vignoble.

Au XVIe siècle des ermites s'y installèrent et le coteau prit le nom d'Hermitage et Tain devint Tain l'Hermitage.

A l'ombre des ruines du Château de Crussol, en face de Valence, poussent deux vignobles : celui de Cornas, cité dans un document de Charles V et qui a fait les délices de Charlemagne, et celui de Saint Péray. Si ce vin a été consigné élogieusement par Plutarque et s'il a été aimé de Wagner, la révolution de 1 789 lui enleva pour un temps son auréole enremplaçant le nom de Saint Péray par la dénomination « Perret ».

De Valence à Avignon, en glissant au fil, du Rhône, dans des couloirs étroits ou élargis, le regard est accroché tantôt par les vignobles tantôt par les châteaux et monuments témoins de notre si vieille histoire.

Sur la rive droite, Tavel consacré par Philippe le Bel et Louis XIV, mais de ce côté, le roi Soleil appréciait aussi les rosés charnus de Chusclan. Sur la rive gauche, Gigondas dont Pline parlait dans son Histoire Naurelle; au XVIe siècle les évêques d'Orange développèrent ce vignoble.

Puis voilà Chateauneuf du Pape, où les Papes au XIVe siècle avaient établi leur résidence d'été. Depuis lors, les armes pontificales figurent sur les bouteilles.

Plus de 25 siècles d'Histoire ne peuvent se raconter en quelques lignes. Ce vignoble s'étend sur 200 kilomètres et si vous ne faites pas partie de ces privilégiés qui connaissent bien cette région, gouttez-en les produits, à défaut d'y venir, et vous découvrirez les charmes exceptionnels d'une région merveilleuse où le pittoresque est à chaque pas ou gorgée !

milieu

situation géographique

A quelques kilomètres du Sud de Vienne jusqu'à Valence s'étendent les *Côtes du Rhône septentrionales* sur les départements du Rhône, de la Loire, de l'Ardèche (rive droite) et de la Drôme (rive gauche).

Au sud de Donzère vers Avignon, s'étendent les *Côtes du Rhône Méridionales* sur les départements de l'Ardèche et du Gard (rive droite) et de la Drôme et du Vaucluse (rive gauche).

160 communes sont concernées.

sol

Les Côtes du Rhône septentrionales sont toutes situées sur des terrains granitiques décomposés, friables et peu humides.

Mais la zone méridionale n'offre pas cette unité, des débris (quartzites) charriés par le Rhône sont devenus des caillous roulés à Chateauneuf du Pape et jouent le même rôle que dans les Graves.

Les flancs des côteaux corrodés par des siècles et des siècles de pluies torrentielles offrent à la vigne des sols sableux, marneux et gréseux.

Les sols des Côtes du Rhône sont parmi les plus variés qui soient.

climat

Il est continental au nord, fait de froids brutaux et de pluies régulières mais aussi de chaleur d'été intense, alors que dans le sud, les influences méditerranéennes sont fortement ressenties mais le vent (200 jours par an) fait alterner un climat continental froid et humide et un climat d'Afrique du Nord chaud et sec.

Certains vignobles sont bien exposés et protégés

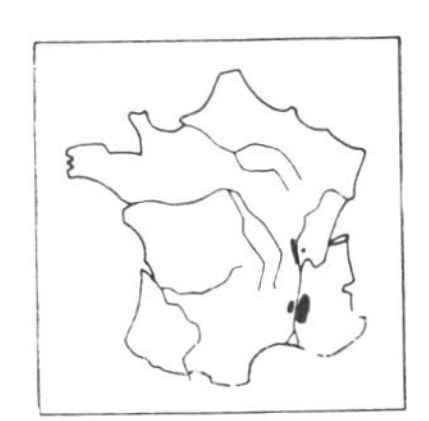

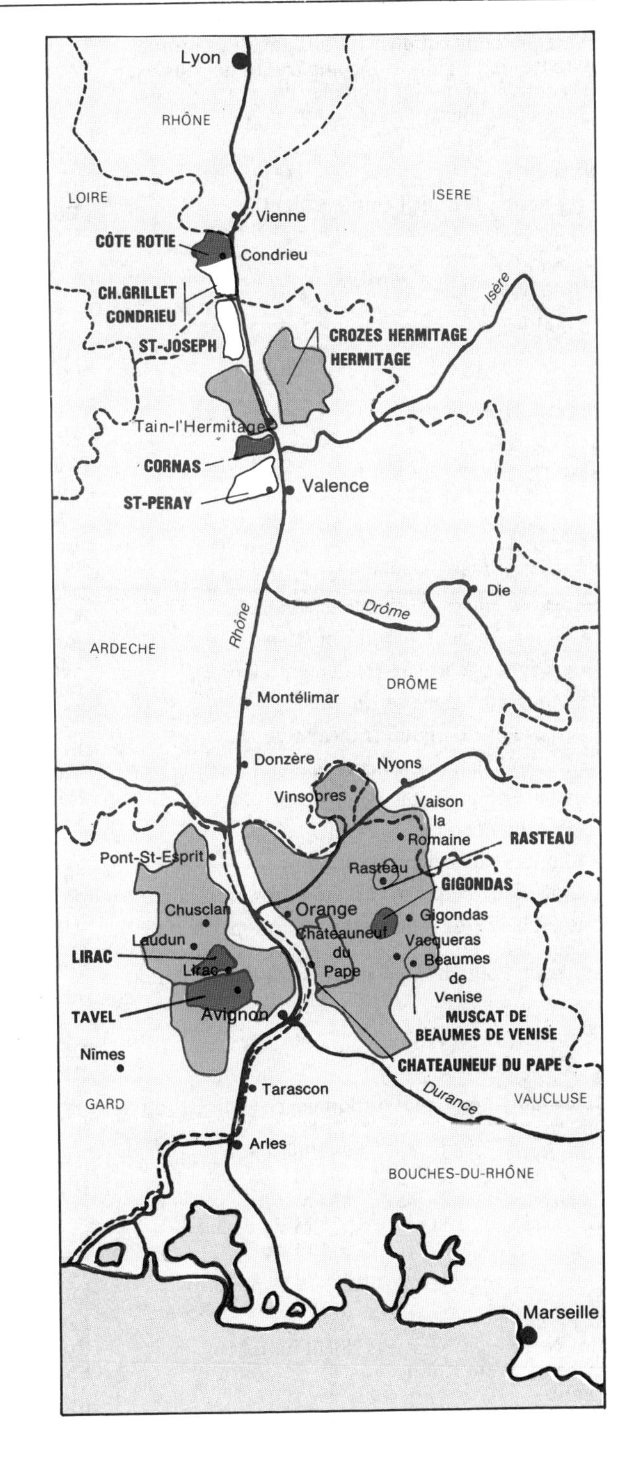

vin rouge

vin blanc et rouge

vin blanc

des vents aussi des micro-régions aux micro-climats produisent des vins aux tonalités propres et toute cette palette incomparable de vins est le caractéristique principale du vignoble des Côtes du Rhône.

altitude

Très variée suivant l'emplacement.

superficie

40.000 ha.

production (1986)

R, r 440 573 hl
B 64 211 hl

cépages

Au nord le blanc Viognier et la Rouge Syrah

puis des cépages d'origine espagnole :

Le Grenache pour son alcool R.

Le Carignan pour son rendement élevé R.

Le Mourvèdre pour sa qualité R.

d'autres sont d'origine française :

Le Cinsault pour sa finesse R.

La Clairette pour son élégance B.

Le Bourboulenc pour sa fraîcheur B.

et d'autres viennent d'Italie :

L'Ugni blanc pour son caractère très particulier.

L'assemblage de plusieurs cépages permet de cacher les défauts de l'un par la qualité de l'autre et d'obtenir ainsi une qualité dans l'unité.

appellations (1986)

■ Catégorie A.O.C.

Côtes du Rhône septentrionale rive droite du Rhône

Côte Rotie	60 ha	3 787 hl
Ch. Grillet	3,5 ha	91 hl
Condrieu	7 ha	894 hl
St. Joseph	120 ha	15 928 hl de R et r
		1 551 hl de B
Cornas	40 ha	2 882 hl
St Peray et ***St Peray*** mousseux	36 ha	2 789 hl maj. Mo.

rive gauche du Rhône

Crozes-Hermitage	500 ha	42 507 hl de R et r
		3 704 hl de B
Hermitage	85 ha	4 019 ha de R
		10 405 ha de B

Côtes du Rhône meridionales : rive gauche du Rhône.

Châteauneuf-du-Pape département du Vaucluse : R et B.

13 cépages sont autorisés

Grenache, clairette, syrah, mourvèdre, picpoul, terret noir, counoise, picardan, muscardin, vaccarese, cinsault roussanne et marsanne.

106 578 hl de rouge

4 698 hl de blanc

Girondas R et r Grenache Vaucluse 990 ha 37 622 ha.

Le département du Vaucluse produit également deux V.D.N.

Muscat de Beaumes de Venise issu de muscat est blanc et le

Rasteau vinifié en rouge et blanc et Rancio.

Côtes du Rhône villages sont sur 7 000 ha et ont une production de 216 861 hl en rouge et rosé, 4 139 hl en Blanc.

Les villages qui ont droit à l'appellation dans le Vaucluse sont : Beaumes de Venise, Cairanne, Rasteau, Roaix, Sablet, Séguret, Vacquéras, Valréas et Visan et produisent des vins rouges.

Les villages ayant droit à l'appellation dans la Drôme sont : Saint-Maurice sur Aygues, Rousset les Vignes, Rochegude, St Pantaléon les Vignes et Vinsobres qui produisent des rouges et rosés.

Côtes du Rhône méridionales : rive droite du Rhône

Tavel rosé, dans le Gard, 720 ha	38 343 hl
Lirac Rouge et rosé	19 522 hl
Blanc	831 hl

Côtes du Rhône villages : le village de Chusclan produit principalement des rosés et quelques rouges

Laudun et St. Gervais produisent des B, r et R.

Côtes du Rhône : dans le Gard seulement : entre Roquemaure et Tavel sont en Rouges, rosés et Blancs.

Rouges et rosé :	1 954 554 hl
Blancs :	44 109 hl

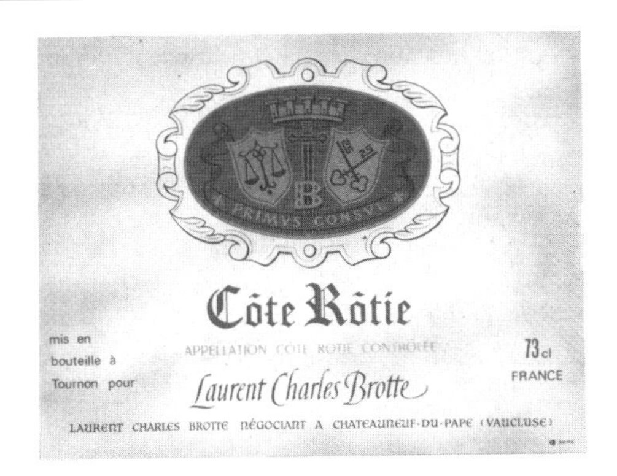
PRIMVS CONSVL
Côte Rôtie
mis en
bouteille à
Tournon pour
APPELLATION CÔTE RÔTIE CONTROLÉE
73 cl
FRANCE
Laurent Charles Brotte
LAURENT CHARLES BROTTE NÉGOCIANT A CHATEAUNEUF-DU-PAPE (VAUCLUSE)

MISE EN BOUTEILLE DANS NOS CHAIS
PRODUCE
OF FRANCE
CROZES HERMITAGE
APPELLATION CROZES HERMITAGE CONTRÔLÉE
Mule Blanche®
PAUL JABOULET AÎNÉ
TAIN (DRÔME) FRANCE

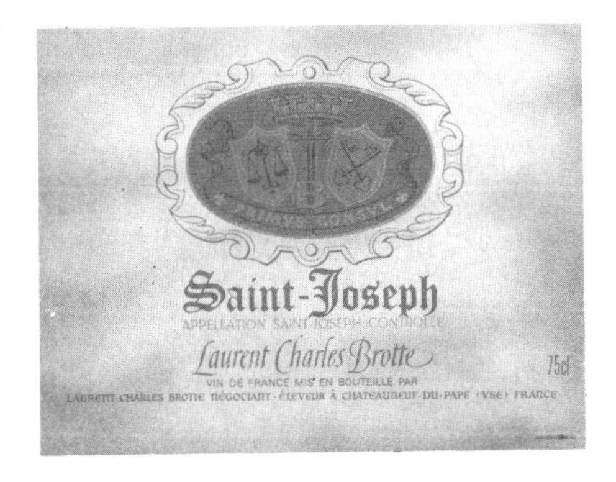
PRIMVS CONSVL
Saint-Joseph
APPELLATION SAINT-JOSEPH CONTROLÉE
Laurent Charles Brotte
75cl
VIN DE FRANCE MIS EN BOUTEILLE PAR
LAURENT CHARLES BROTTE NÉGOCIANT-ÉLEVEUR A CHATEAUNEUF-DU-PAPE (VSE) FRANCE

1967
1967
TRADE
MARK
HERMITAGE
APPELLATION HERMITAGE CONTRÔLÉE
La Chapelle®
PAUL JABOULET AÎNÉ
TAIN (DROME) FRANCE

PRIMVS CONSVL
CORNAS
APPELLATION CORNAS CONTROLEE
Laurent Charles Brotte
75 cl
VIN DE FRANCE MIS EN BOUTEILLE PAR
LAURENT CHARLES BROTTE NÉGOCIANT-ÉLEVEUR A CHATEAUNEUF-DU-PAPE (VSE) FRANCE

1967
1967
Chateauneuf-du-Pape
APPELLATION CHATEAUNEUF DU PAPE CONTRÔLÉE
CLOS SAINT-MICHEL
75 cl
MIS EN BOUTEILLE A LA PROPRIÉTÉ

caractères des vins

Le Côte Rôtie a un bouquet complexe où dominent la violette et l'épice; ce grand vin charmeur vieillit bien.

Le Château Grillet a un bouquet très fin à dominante de violette et de musc sec et moëlleux doré et flamboyant c'est un des plus beaux vins de France. Il ne se trouve pas dans le commerce. Il est l'exclusivité du restaurant la Pyramide (Point) à Vienne.

Le Condrieu, il ressemble au précédent mais doit être bu jeune.

Le Saint-Joseph en rouge offre un bouquet à dominante de fruités avec parfois le subtil parfum de framboise. En blanc il ressemble à l'Hermitage. Il est frais et fruité. Ils sont vite murs.

Le Cornas : ce rouge ferme, viril mais distingué atteint sa mâturité au bout de 2 à 3 ans.

Le Saint Péray mousseux : Blanc de Blancs, sec nerveux et fin est un vin de classe. Mousseux à la méthode champenoise, il est parmi les meilleurs mousseux français.

les Hermitage : les blancs sont secs mais peu acides, moëlleux mais sans douceur.

Les rouges sont élégants et leur finesse atteint celle des Bourgognes de la Côte de Nuits avec leur bouquet complexe de fruits et de fleurs et leur structure solide, ample, ils atteignent leur optimum après deux ans.

Les Crozes-Hermitage : les rouges sont typés, avec un goût de terroir.

Ils sont légers et sans alcool.

Les blancs sont légers frais et ressemblent à des vins de primeur.

Les Châteauneuf du Pape : Ces vins rouge de garde sont capiteux, amples au bouquet puissant, presque violent à dominante de fruits : prune, framboise cassis, anis mais aussi de truffe. Ceux qui sont issus de longues cuvaisons acquièrent rapidement un parfum de réglisse noir.

Les blancs sont frais, équilibrés à dominante florale.

Les Gigondas : les rosés sont capiteux presque onctueux, les rouges sont amples, puissants, corsés, au bouquet marqué des parfums de fruits à noyaux, de réglisse noir et parfois de madère. Ils conservent leurs qualités jusqu'à 18 ans.

Le Rasteau : rouge il est très arômatique, blanc il ressemble aux vins des Pyrénées Orientales.

Le Muscat de Beaumes de Venise, de couleur or, aux parfums floraux est parmi les meilleurs V.D.N. français.

Le Tavel : ce grand rosé fin et élégant est sec à dominante florale. Ses tons rubis irisés de topaze et sa grâce poivrée en font le plus célèbre rosé sec de France.

Le Lirac rosé est un peu plus corsé que le Tavel mais en rouge il est le meilleur de la région.

L'appellation du Village permet de donner un air de famille à des vins dont les nuances sont alors celles du terroir.

Les Côtes du Rhône Villages du Gard, de la Basse Drôme et de Bollène sont légers en rosé, mais sont des rosés corsés à Rasteau, Gigondas, Cairanne, Vacquéras...

Les vins de Café : de Sainte Cécile dans le Vaucluse et de Tulette dans la Drôme sont des spécialités de la région. Cette curieuse expression, « Vin de Café » presque regrettable car elle est péjorative pour le vin, s'adresse à un vin rouge dont la légèreté est due à une très courte macération.

Les vins de carafes : du Vaucluse et du Gard sont légers et doivent être bus jeunes. Ils sont obtenus sans foulage et avec une cuvaison courte et ont une valeur olfacto-gustative certaine.

les autres vins de la Vallée du Rhône

les Côtes du Ventoux

historique

Le vignoble remonte à l'époque gallo-romaine. Le Pape Jean XXII au XIIe siècle (1320) commandait de ce vin.

milieu

situation géographique

Département du Vaucluse, sur les pentes du Mont Ventoux et à l'Est de Carpentras.

sol

Caillouteux, assez aride. On trouve des sols bruns calcaires, des sols d'érosion, tous aptes à porter un vignoble de cru.

climat

Méditerranéen. La partie septentrionale du vignoble est abritée des vents froids par la chaîne des Dentelles de Montmirail et par les contreforts du Mont Ventoux. La partie méridionale est abritée par les monts du Vaucluse.

altitude

Les paysages sont doux et moyennement vallonés.

superficie

10 000 ha sur 51 communes.

production

R et r 254 182 hl

B 2 841 hl

cépages

Rouges et rosés : grenache noir, Syrah, Cinsaut, Mourvèdre et à moins de 30 % du Carignan.

Plus des cépages secondaires qui ne doivent pas dépasser 20 % : Picpoul noir Counoise, Clairette, Bourboulenc, Grenache blanc, Roussanne, Ugni blanc, Picpoul blanc et Pascal blanc.

Blancs : Clairette et Bourboulenc.

Plus des cépages secondaires à moins de 30 % :

Grenache blanc, Roussanne, Ugni blanc, Picpoul blanc et Pascal Blanc.

appellations

■ Catégorie A.O.C. (depuis) 1973)

Côtes du Ventoux en Rouge, rosé et blanc.

caractères des vins

Ces vins doivent titrer 11° minimum.

Les blancs sont vifs, frais, secs et fruités

Les rosés sont élégants, fruités et très fins.

Les rouges sont fort variés, ils vont des nouveaux gouleyants et fruités aux vins de garde, puissants, généreux et complets ayant un bouquet prononcé.

Ils peuvent vieillir de 2 à 6 ans généralement.

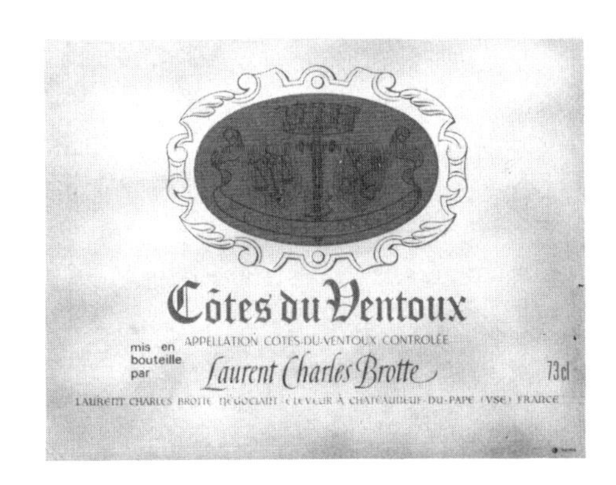

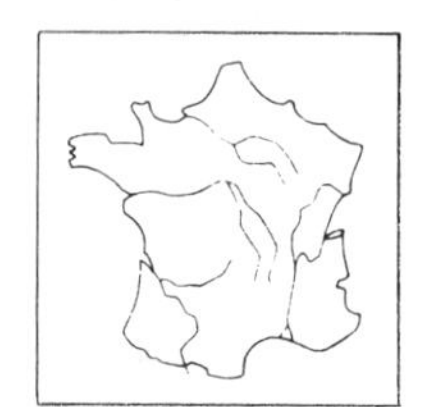

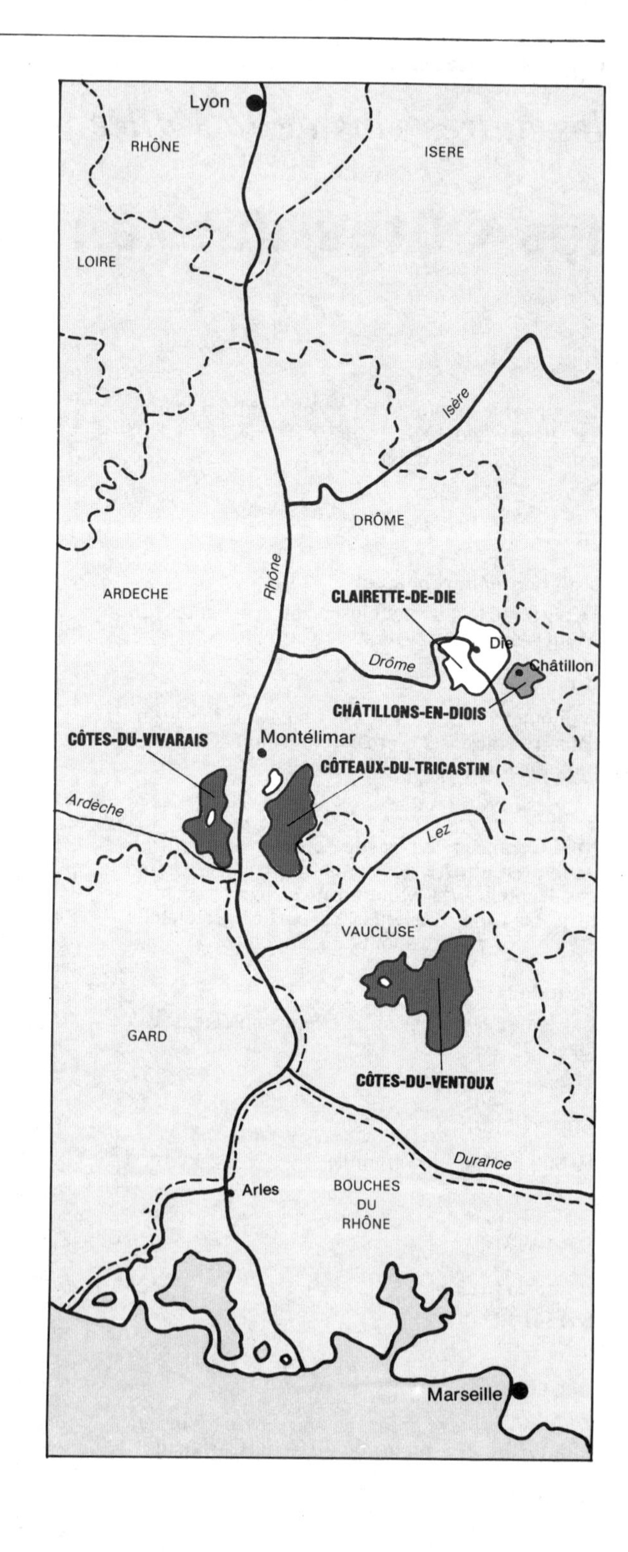

vin rouge

vin blanc et rouge

vin blanc

Châtillon en Diois - Côteaux du Tricastin - Clairette de Die

Ces vins d'appellation sont produits dans le département de la Drôme.

Châtillon en Diois produit 1 779 hl d'excellents vins rouges et rosés et 870 hl de vins blancs.

Les Côteaux du Tricastin produisent environ 84 998 hl de vins rouges et rosés et seulement 1 165 hl de vins blancs.

La Clairette de Die est produite sur 32 communes autour de Die. L'appellation concerne aussi bien le blanc de blancs, non effervescent, issu de clairette au goût fruité, parfumé, mais sec, que le vin effervescent.

Production : 56 845 hl.

La clairette de Die effervescente est produite :

a — selon la méthode champenoise (voir cours d'œnologie)

b – selon la méthode dite rurale : le vin prend sa mousse en chambre froide à 8 ou 10° pendant 9 à 12 mois quelquefois plus. Après filtration stérilisante, le vin sera remis en bouteilles.

On trouve également dans la Vallée du Rhône des vins qui n'entrent pas dans les Côtes du Rhône, mais sont classés en *V.D.Q.S.* tels que : (1986)

Les Côteaux du Lyonnais, à l'ouest de Lyon :	R et r :	13 544 hl
	B :	464 hl
Les Côtes du Forez	R et r :	7 484 hl
Les Côtes Roannaises	R et r :	4 905 hl
Les Côtes du Vivarais, dans l'Ardèche	R et r :	35 215 hl
	B :	1 227 hl

parfois le nom du cru est mentionné en plus sur l'étiquette.

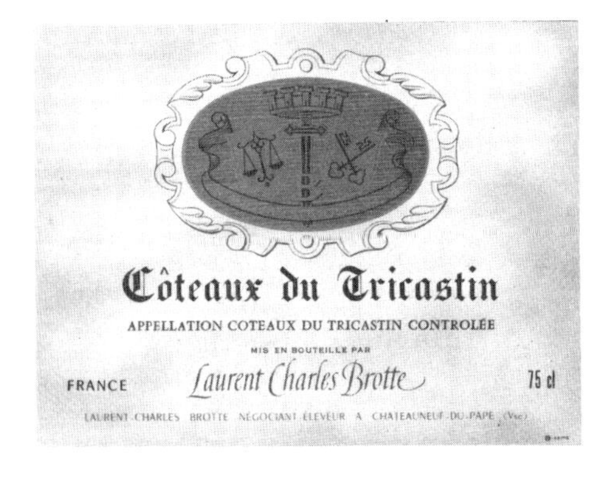

IN VINO VERITAS

Quand octobre vient d'appraître,
Tout dépouillé, le cep s'endort,
Mais le suc vermeil va paraître
Dans les foudres d'azur et d'or !

Le jour, qui lentement s'achève
Dans la blonde vapeur du soir,
Entend la chanson qui s'élève
De l'ombre verte du pressoir.

Puis les flots jaillissent, sublimes
Porteurs de vie et de beauté.
Vin, sois béni, toi qui ranimes
Le cœur et donne la gaîté.

Buvons le vin de l'espérance !
La miraculeuse liqueur,
Gloire au bon vin de notre France,
Gloire à Dionysos vainqueur !

Dispense aux humains ta sagesse,
O pur aliment du cerveau.
Aux vieillards donne la jeunesse
Et l'éclat d'un soleil nouveau.

Répands sur nos fronts ta caresse,
Nectar divin, toi qui descends
Des plaines de France et de Grèce
Et des monts d'or éblouissants !

Velours qui circule en nos veines,
O médecin prestigieux,
Tu viendras délier nos chaînes
Lorsque, plus tard nous serons vieux !

O sang d'un Dieu, liqueur du monde !
O vin béni, breuvage sain,
Sorti de la terre féconde
Pour réjouir le cœur humain !

Dictame royal des poètes,
D'un incommensurable attrait,
Dans nos poitrines toujours prêtes
Verse la chaleur et la paix.

Sois la flamme qui nous inspire,
Vin de gloire et de vérité,
Donne à jamais à notre lyre
Le verbe et la sérénité.

Pierre Richard
Poème tiré des
ORS DU RHONE
1892-1961

L'Échansonnerie des Papes

(héritière de la tradition pontificale)

La grande confrérie vineuse des rivages du Rhône est, en quelque sorte, l'héritière de ce corps des échansons des Papes qui tenait au XIVe siècle l'un des quatre Offices de la livrée pontificale.

L'Ordre de la Boisson

Au début du XVIIIe siècle, époque où il faisait si bon vivre – du moins, le croyons-nous, une société bachique s'était fondée à Arles. Son initiateur en avait été Louis Girardin de Vauvray. Sous la triste vieillesse de Louis XIV, aux approches de la Régence, il réunit autour de lui une société d'amis et de bon vivants, sous la dénomination de *l'Ordre de la Méduse*,, en souvenir certainement de ses voyages dans les mers lointaines.

Une société bachique complémentaire ne tarda pas à se former dans la même ville d'Arles. Elle prit le nom de *l'Ordre de la Grappe.* Son fondateur était le sieur Ignace d'Amat de Graveson.

Peu après, ce fut un troisième ordre « *l'Ordre de la Boisson* » plus « sobre » que le précédent qui fut fondé dans la région avignonnaise. Il devait connaître un vif succès, plus flatteur et plus mérité.

les vins de Savoie

historique

La culture de la vigne et le culte du bon vin existent depuis les temps les plus reculés dans la province Savoie. Columelle, auteur latin parle des vignes de l'Allobrogie et d'un cépage originaire de Savoie vraisemblablement le « Mondeuse rouge ».

Au XIe siècle (1050) une charte mentionne le vignoble de Monterminod (Mont Ermenaldi).

C'est au XIIe siècle (1145) que pour la première fois, il est fait mention officielle de la vigne et des vins de Seyssel.

Dans son ouvrage Les Alpes Historiques, Menabre rappelle que l'Abbé d'Hautecombe Gantfried en 1180 parle de Montmélian (Mont Amelioratus) (Mont Amélioré) pour rendre hommage à la qualité de ce vignoble probablement planté sous la domination romaine.

C'est au début du XIIIe siècle que les cartulaires de l'abbaye de Notre Dame de Filly font état des vignobles sur les coteaux de Crépy.

Dès 1628, apparaît la notion de cru pour les vins de Montmélian, Chignin et de Cruet.

milieu

situation géographique

Départements : Haute-Savoie et Savoie.

Puis un peu des département limitrophes : Ain et Isère.

Sur la rive gauche du Rhône et la rive droite de l'Isère avec au nord le lac Léman et au sud l'Isère.

Quelques villes : Thonon-les-Bains, Anemasse, Bonneville, Seyssel, Aix-les-Bains, Chambéry.

sol

En Haute-Savoie, les sols sont d'origine glaciaire composés de marnes plus ou moins grisâtres fortement drainées, de molasses sableuses de toute façon composés d'éboulis plus ou moins caillouteux.

En Savoie, ce sont des éboulis calcaires parfois argilo-calcaires mais toujours pierreux.

climat

En hiver tempéré dans les vallées avec des micro-climats doux à proximité du Lac du Bourget, chaud en été.

altitude

Les pentes de 200 mètres à 500 mètres sont parfois rapides.

superficie

Vin de Savoie : 1 200 ha
Seyssel : 80 ha
Crépy : 100 ha. C'est une succession de petits vignobles.

production (1986)

Moyenne	
Vin de Savoie blanc :	67 090 hl
Roussette de Savoie :	4 323 hl
Vin de Savoie rouge :	30 315 hl
Crépy :	3 426 hl
Seyssel tranquille :	2 325 hl
Seyssel mousseux :	767 hl

cépages

Blancs :

– Le Jacquère, cépage original, est le plus commun en Savoie. Il donne les vins de Savoie suivants : Abymes, Apremont, Chautagne, Chignin, Cruet, Montmélian et Saint Jeoire.

– Le Chasselas donne les vins de Marignan, Ripaille et Crépy.

– L'Altesse, importée de l'île de Chypre par le duc de Savoie à la fin du XVe siècle donne des vins de grande classe, racés et harmonieux, finement bouquetés. Il donne la Roussette de Savoie, le Marestel, le Monthoux, le Monterminod, le Frangy et le vin de Seyssel.

– Le Roussanne donne l'un des meilleurs vins de Savoie : le Chignin-Bergeron au bouquet délicieux et délicat.

– Le Chardonnay, le Malvoisie et l'Aligoté sont des cépages qui donnent des blancs de Savoie.

Il existe d'autres cépages : le Gringet donne un vin de Savoie mousseux l'Ayze et la Molette entre dans la composition du Seyssel mousseux.

Rouges et rosés :

– Le Gamay donne des vins corsés vineux agréables. Pour les rouges, la robe est purpurine, l'arôme floral et la saveur fruitée.

– La Mondeuse cépage typiquement savoyard donne un vin de Savoie rouge coloré d'un beau pourpre au bouquet particulier où se mêlent discrètement des arômes de « fraise » et de « violette », et qui se développe avec le vieillissement, devenant plus agréable. Les crus appréciés sont Arbin et Chignin.

– Le Pinot cépage racé bien que ce ne soit pas sa région de prédilection donne des vins pleins de finesse mais doit vieillir.

appellations

■ Catégorie A.O.C.

CRÉPY B — Haute-Savoie
SEYSSEL B et mousseux — Haute-Savoie

VIN DE SAVOIE

Ayze R, r, cl, B, M ou Pét. — Hte Sav.
Ripaille B.
Marignan B.
Chautagne B, R, r, cl. — Savoie
Apremont B, R, r, cl.
Abymes B, R, r, cl.
St Jean de la Porte B, R, r, cl.
Charpignat
Cruet B, R, r, cl.
Arbin B, R, r, cl.
Montmelian B, R, r, cl.
St Jeoire Prieuré B, R, r, cl.
Ste Marie-d'Alloix
Chignin, B, r, R, cl.
Chignin-Bergeron B
Bergeron B
Roussette de Savoie ou Vin de Savoie Roussette
ROUSSETTEE DE SAVOIE (nom de cru)
Frangy B — Hte Savoie et Savoie
Marestel B — Hte Savoie
Monthoux B — Savoie
Monterminod B — Savoie
Pétillant de Savoie ou Vin de Savoie pétillant. — Savoie et Ain.

caractères des vins

Les vins blancs sont secs, légers et fruités. La couleur est claire parfois transparente.

Certains ont un goût de pierre à fusil comme l'Apremont et l'Abymes; d'autres ont un fruité discret à nuance de noisette comme le Chignin.

La conservation sur « Fines lies » parfois recherchée jusqu'à l'embouteillage les rend légèrement « perlant » et d'une grande valeur apéritive.

Il est préférable de les consommer au cours de l'année qui suit la récolte.

La Roussette de Savoie de couleur jaune paille clair, se dore en vieillissant. Son arôme remarquable où se mêlent suivant les régions des nuances de noisette, violette, miel et d'amande.

C'est un vin de classe, racé, fin et délicat.

Le vin d'Ayze pétillant ou mousseux doit être vinifié conformément aux usages locaux, il peut être obtenu par seconde fermentation alcoolique en bouteille ou par la méthode locale de fermentation spontanée en bouteille.

Ces vins bruts sont agréables et coulants. Ils changent de couleur en vieillissant.

Les vins rouges ont généralement une belle robe rouge pourpre, au bouquet particulier où se mêlent discrètement des arômes de fleurs et de fruits.

Ceux issus de Gamay sont plus charpentés et charnus.

Le Crépy est un vin qui conserve une légère « perle » qui fait dire dans la région qu'il moustille.

Cela provient du fait que la fermentation est arrêtée par les froids de l'hiver. Lors du réchauffement de température au printemps, les levures finissent leur travail avec les sucres non fermentés et le gaz carbonique en suspension va être emprisonné en bouteilles.

Ce vin est vendu en flûte, il a un parfum de fleur et de fruit.

Le Seyssel blanc est sec, et parfois laisse percevoir l'odeur de violette. Il se boit généralement jeune.

Le Seyssel mousseux est élaboré à la méthode champenoise et se classe parmi les bons vins mousseux français.

Autour d'Evian-les-Bains, où il n'y a pas que de l'eau, on trouve un vin le Marin qui est appelé

« vin de crosse » car il pousse sur des potences ou des châtaigniers. L'humidité du sol, le soleil vite caché empêchent le raisin de mûrir. Aussi, les savoyards ont eu l'idée de faire monter les vignes. C'est un des rares départements où pour faire les vendanges on est obligé de grimper aux arbres. De plus le châtaignier perd son feuillage très tôt ce qui permet au raisin de profiter des derniers rayons de soleil d'automne.

A Thonon-les-Bains, le château de Ripaille a un vignoble et a donné son nom, non seulement au vin qui est récolté, mais aussi à une expression française « faire ripaille » c'est-à-dire bien manger car les habitants du château avaient l'habirude de bien festoyer.

Les vins de Savoie accompagnent naturellement toutes les spécialités régionales telles que : fondue, poissons de lacs, charcuterie et bien sûr les fromages de pays : reblochon, tome, gruyère, Beaufort...

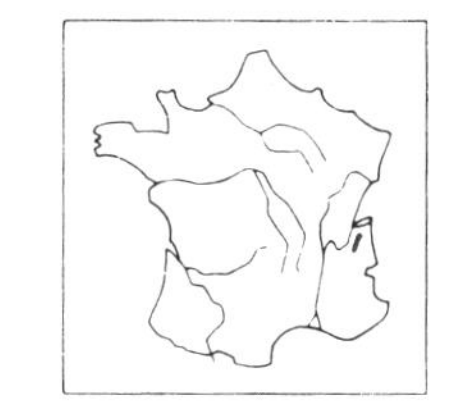

vin rouge, rosé, clairet, blanc

vin blanc

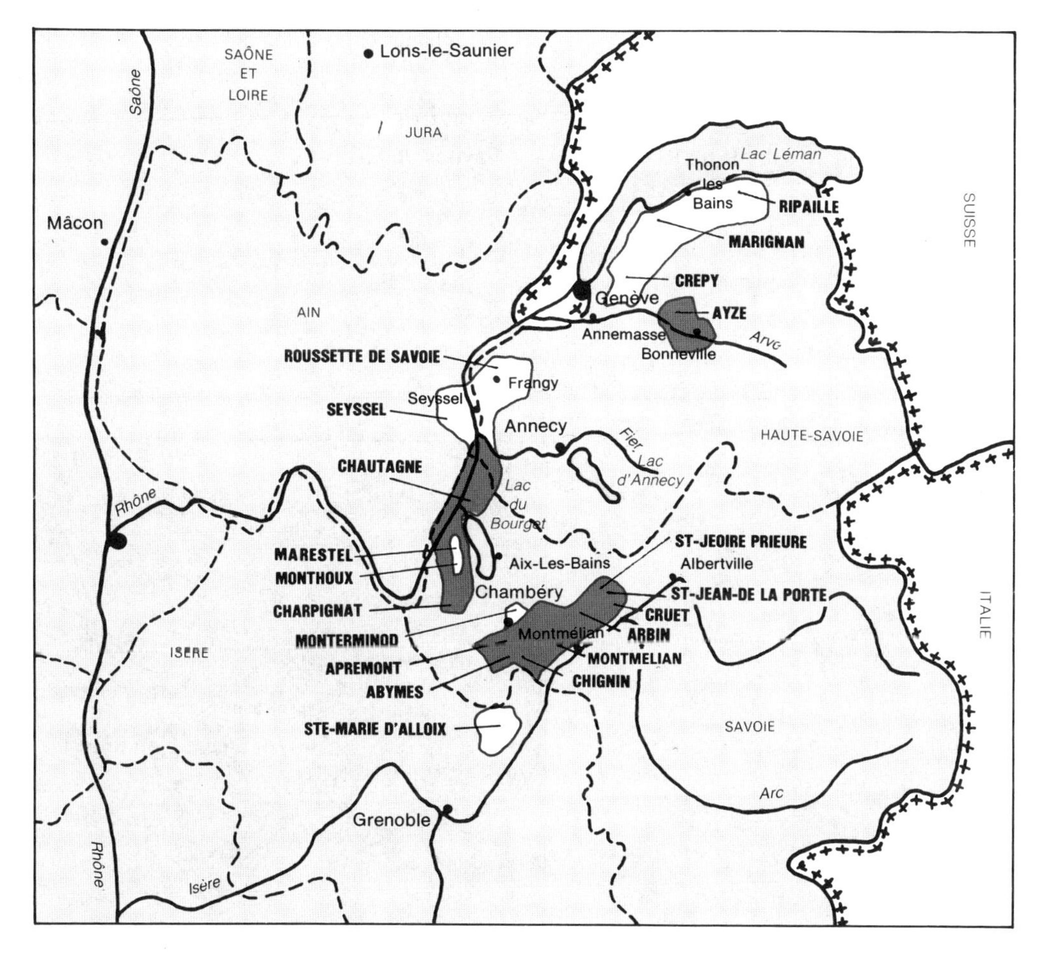

les vins du Bugey

historique

La vigne fut cultivée de tous temps en Bugey, depuis l'époque romaine au moins. Au Moyen Age, elle fut étendue par les moines qui plantèrent de magnifiques vignobles sur les côteaux pierreux ou les buttes morainiques.

Aujourd'hui, le vignoble bugiste produit des vins d'appellation V.D.Q.S. dont la variété satisfait tous les goûts.

milieu

situation géographique

Département : Ain, rive droite du Rhône. Villes principales : Seyssel Culoz, Belley au sud-est, Ambérieu à l'ouest, Pont d'Ain et Bourg-en-Bresse au nord-ouest.

sol

Il ressemble aux terrains savoyards : éboulis et moraines glaciaires.

climat

L'air est vif et les hivers froids, mais les étés sont chauds et les automnes ensoleillés.

superficie

Environ 300 ha.

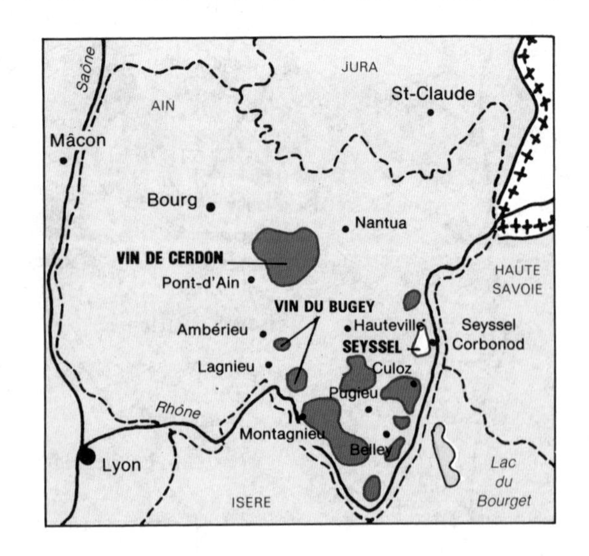

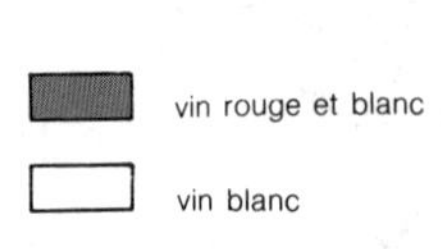

production

R 6 246 hl, B 10 220 hl. Elle se répartit approximativement par 1/3 entre rouges, blancs et mousseux.

cépages

L'encépagement est très varié. C'est en partie celui de la Bourgogne avec le Gamay, le Pinot noir et le Chardonnay; mais on y rencontre des cépages régionaux : Jacquère, Molette, Mondeuse, Poulsard et Altesse.

appellations

■ Catégorie V.D.Q.S.

Vin du Bugey

On trouve souvent le nom du cépage qui accompagne le nom ; ou le nom de cru.

— en blancs : Vin du Bugey chardonnay
Vin du Bugey Aligoté
Roussette du Bugey
Vin du Bugey Jacquière

— en rosé : Vin du Bugey Gamay

— en rouges : Vin du Bugey Gamay
Vin du Puget Pinot
Vin du Bugey Pinot
Vin du Bugey Mondeuse

— Il existe deux crus principaux ***Montagnieu*** et ***Cerdon,*** le mot figure alors sur l'étiquette. Expl. : Vin du Bugey Montagnieu. La plupart des volumes de ces crus sont champagnisés; mais le Cerdon existe aussi en pétillant naturel. Il est alors rosé, doux et léger.
Elaboré par la méthode dite de Die ou méthode rurale, l'étiquette porte alors la mention mousseux ou pétillant naturel.

Mousseux du Bugey ou ***vin du Bugey Mousseux, Pétillant du Bugey*** ou ***vin du Bugey Pétillant.***
Vin du Bugey Cerdon Pétillant
Vin du Bugey Cerdon Mousseux.

■ Catégorie A.O.C.

Seyssel : Cet A.O.C. représente 72 ha de vignes produisant de 3.000 à 5.000 hl de vin. Les communes de Corbonod et Seyssel produisent cette appellation en blanc et mousseux.

caractères des vins

Les rouges et rosés sont légers et fruités assez colorés. Ceux issus de Pinot sont de meilleure conservation.

Les blancs issus de Chardonnay sont frais et nerveux.
La Roussette mélange des cépages Chardonnay et Altesse est un vin légèrement moëlleux et très parfumé.

Les Mousseux et Pétillants représentant une production ancienne dans la région (plus de 100 ans) production en pleine expansion grâce à la vocation du terroir pour la production des vins mousseux de qualité.

la Bourgogne

généralités

historique

Le vignoble bourguignon date de l'époque gallo-romaine. Ce sont les moines qui contribuèrent à son essor, sa protection et sa renommée.

milieu

situation géographique

L'ensemble du vignoble de la Bourgogne viticole s'étend sur quatre départements.

■ Du sud au nord

– le vignoble du Beaujolais dans le département du Rhône.

– les vignobles de la Côte Chalonnaise et du Mâconnais dans le département de la Saône-et-Loire.

– les vignobles de la Côte de Beaune, de la Côte de Nuits et de la région dijonnaise dans le département de la Côte d'Or.

– les vignobles du Chablisien et de l'Auxerrois dans le département de l'Yonne.

sol

Du fait de la longueur du vignoble, il est très varié. A l'étude de chaque région, nous insisterons sur les caractères essentiels propres à cette région.
Principalement au nord il est calcaire et au sud argilo-siliceux.

climat

Continental. Les hivers sont froids et rigoureux, les gelées sont parfois tardives mais les étés et automnes sont chauds.

altitude

Elle varie de 100 à 600 mètres.

superficie

Rhône :	21.800 ha.
Saône-et-Loire :	9.209 ha.
Côte d'Or :	7.405 ha.
Yonne :	2.258 ha.

production (1986)

2 513 295 hl
Rouges : 1 996 380 hl
Blancs : 516 915 hl

cépages

Pour les vins rouges les principaux sont :

– le Pinot noirien, pour tous les grands vins rouges et rosés de la Côte d'Or. Ce cépage roi a une feuille au dos duveteux, il débourre de bonne heure et est donc sensible aux gelées de printemps. Il est coulard lorsque la floraison se fait par temps froid.

le Gamay noir à jus blanc pour le Bourgogne grand Ordinaire et le Bourgogne Passe-tout-Grains, dans ce dernier le mélange est de 2/3 de Gamay pour 1/3 de Pinot à la vinification.

C'est le cépage principal du Beaujolais.

– Pour les vins blancs : le Chardonnay, pour tous les grands vins blancs de l'Yonne et de la Côte d'Or. Ses rameaux sont bruns-rouges, anguleux, ses vrilles sont fines et les grappes sont petites et dorées. (13 % de la superficie totale).

– l'Aligoté : (pour le Bourgogne Aligoté seulement) est un cépage mi-fin. Il se reconnaît par ses rameaux rougeâtres ou violacés. Il est vigoureux au rendement supérieur au Chardonnay (12 % de la superficie totale).

A part ces quatre grands cépages on trouve aussi
le Sauvignon,
le Pinot Blanc,
le Pinot Gris,
le Gamay blanc ou Melon de Bourgogne.

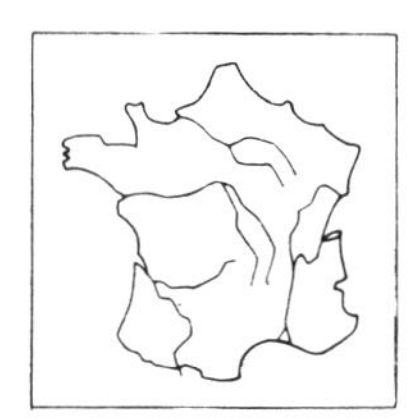

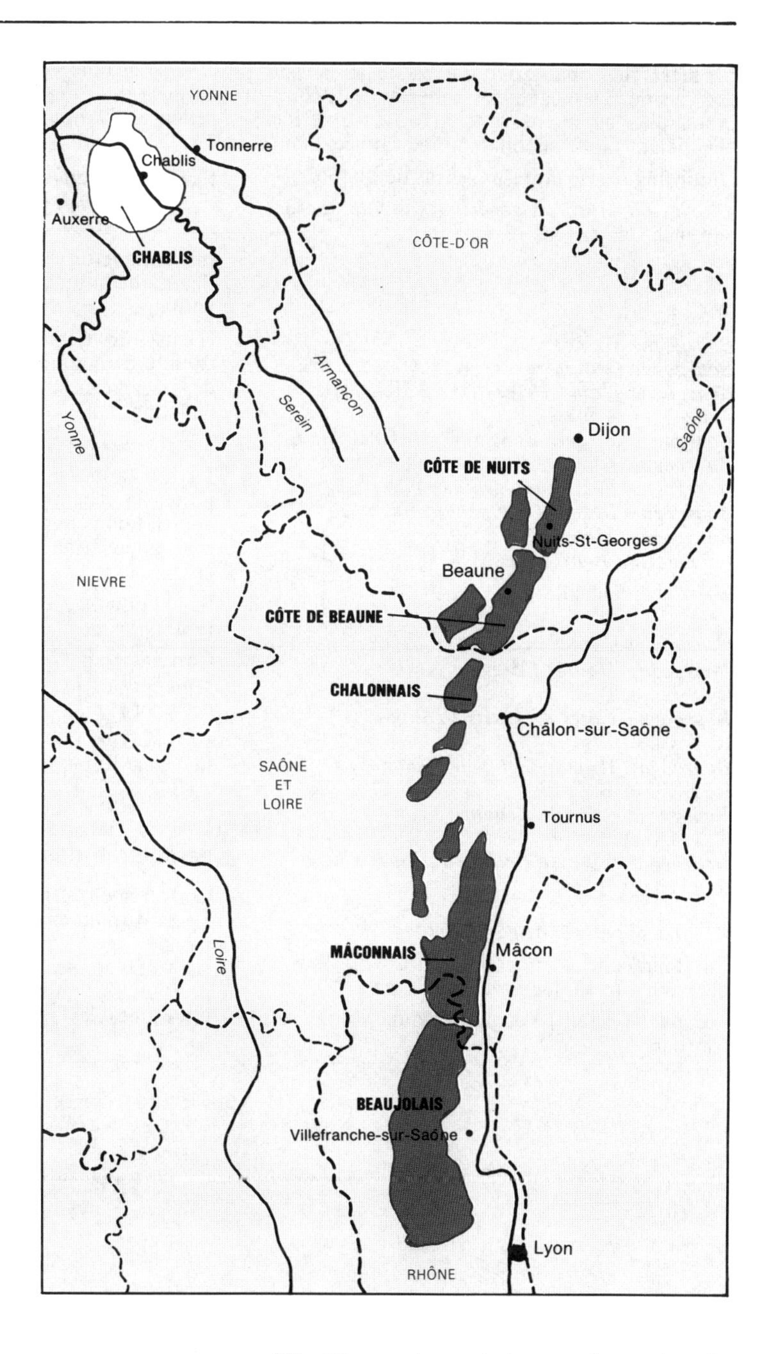

appellations

Comme tous les vins à Appellation d'Origine Contrôlée, les vins de Bourgogne doivent provenir d'une aire géographique soigneusement délimitée au niveau de la parcelle et répondre à des conditions restrictives en matière d'encépagement, de rendement à l'hectare, de degré alcoolique minimal, de pratiques culturales et de méthodes de vinification.

La hiérarchie qualitative qui existe au niveau des vins de Bourgogne est fondée sur la délimitation plus ou moins restrictive de superficie bénéficiant d'une appellation déterminée.

On distingue par ordre croissant de qualité :

1 – les appellations génériques qui se divisent en régionales et sous régionales :

a – régionales

■ Catégorie A.O.C.

Bourgogne B, R, r, Cl.
Bourgogne Ordinaire : B, R, r, Cl.
Bourgogne Grand Ordinaire : B, R, r, Cl.
Bourgogne Aligoté : B
Bourgogne Aligoté Bouzeron : B, Chalonnais
Bourgogne Irancy : R, Auxerrois
Bourgogne Passe-tout-grains : R
Bourgogne Rosé de Marsannay : r
Bourgogne Mousseux : B, R, r
Crémant de Bourgogne :M.

b – sous régionales

■ Catégorie A.O.C.

Bourgogne Hautes Côtes de Nuits :
R, r, Cl. et B.
Bourgogne Côtes de Nuits Villages :
R, r, Cl. et B.
Bourgogne Hautes-Côtes de Beaune :
R, r, Cl. et B.
Bourgogne Côte de Beaune :
R, r, Cl. et B.
Bourgogne Côte de Beaune Villages :
R, r, Cl. et B.

2 – les appellations communales

La Bourgogne commercialise ses vins sous la dénomination de leur propre *village.*

exemple : Chablis, Vougeot, Beaune, Mercurey, Chiroubles...

et dans chaque village, le vignoble est subdivisé en lieux-dits. Ces subdivisions cadastrales s'appellent des *climats.*

Exemple : ***Chablis Vaudesir***
Vougeot Les Cras
Beaune Le Clos des Mouches.

sur l'étiquette, les climats peuvent être mentionnés de la même façon que l'est l'appellation « Village ».

Il existe des climats simples. Ils sont signalés en caractères dont les dimensions ne doivent pas dépasser la moitié de ceux employés pour l'appellation.

3 – les premiers crus et les grands crus

La législation autorise les meilleurs produits à porter la dénomination de premier cru, soit : appellation communale + premier cru.
soit : appellation commune + climat + premier cru.

Sur l'étiquette, les caractères devront être identiques.

Certains climats mondialement connus sont des *grands crus.* Le nom seul du climat suffit à les désigner :

Clos de Tart (à Morey Saint-Denis) – ***La Tache*** (à Vosne-Romanée).

caractères des vins

Cette région offre un très grand choix de vins allant du plus ordinaire au plus prestigieux du monde.
La Côte de Beaune donne les blancs les plus prestigieux, tandis que La Côte de Nuits fournit les rouges les plus nobles. Ces crus sont de garde.

le Beaujolais

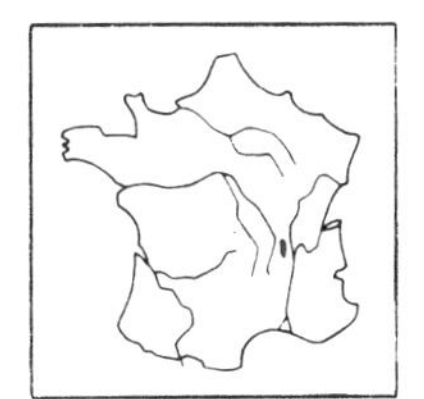

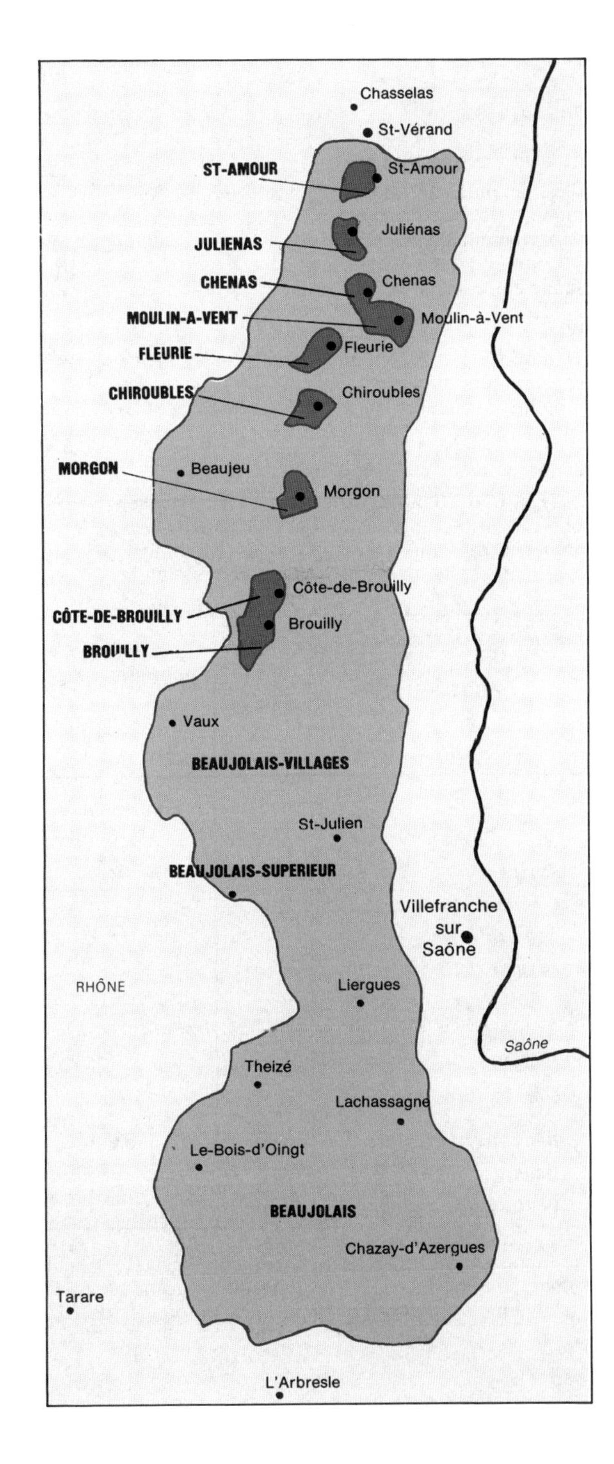

vin rouge

vin rouge et blanc

historique

Il tire son nom de la ville de Beaujeu.
Le vignoble de Juliénas serait le plus ancien.
On dit à Lyon que c'est le troisième fleuve qui y coule.

milieu

situation géographique

C'est le plus méridional vignoble de la Bourgogne.
Département du Rhône et un peu de la Saône-et-Loire. Le vignoble s'étend rive droite de la Saône entre le sud de Macon et le nord de Lyon.

sol

Au nord il est essentiellement granitique et donne les meilleurs produits. Au sud, on trouve des parcelles argileuses ou argilo-siliceuses ou calcaires.

climat

Les écarts de température entre l'été et l'hiver sont très importants. de -20 à + 38°. Si la pluviométrie est moyenne et les vents irréguliers, le climat est tempéré et l'ensoleillement et la luminosité sont très favorables à la culture de la vigne.

altitude

de 200 à 400 mètres.

superficie

22.000 hectares.

production (1986)

Rouges : 1 346 407 hl
Blancs : 8 957 hl
qui représentent plus ou moins 1 355 364 de bouteilles par an.

cépages

Le Gamay noir à jus blanc : il couvre à 98 % les côteaux de Beaujolais : le reste est planté en Pinot et Chardonnay.

– les vignes à taille courte, sont cultivées dans les zones nord (Les crus et Beaujolais villages)

– Les vignes à taille longue, sont cultivées dans la partie plus au sud (Beaujolais Supérieurs et Beaujolais).

Appellations A.O.C.	couleur	Degré minimum exigé pour l'Appellation (Vins rouges)	Rendement de base ayant droit à l'Appellation (Vins rouges)	Production
		au moût		
St Amour	R	10°	48 hl à l'ha	14 057 hl
Julienas	R	–	–	30 252
Chenas	R	–	–	12 630
Moulin à vent	R	–	–	34 083
Fleurie	R	–	–	40 285
Chiroubles	R	–	–	16 385
Morgon	R	–	–	54 953
Brouilly	R	–	–	66 729
Côte de brouilly	R	10°5	–	15 363
Beaujolais Villages	RrB	10°	50 hl à l'ha	335 458
Beaujolais Supérieur	RrB	–	55 hl à l'ha	14 075
Beaujolais	RrB	9°	–	474 271

Les appellations de crus peuvent être déclassées en beaujolais-Villages, Beaujolais Supérieur ou Beaujolais ; mais aussi, sous certaines conditions, en Bourgogne grand ordinaire ou Bourgogne.
Un dixième cru devrait sortir dès les vendanges de 1988 la ***Durette Régnié.***

caractères des vins

Leur robe est légèrement violacée.

Ils sont légers, fruités, gouleyants et se servent à la température de la cave (c'est-à-dire frais mais non glacés).

Les crus sont un peu plus résistants et peuvent atteindre 5 à 7 ans.

Le Saint Amour est un vin à la robe rubis, il a un bouquet délicat et est léger.

Le Juliénas est un vin frais et fruité, avec une robe plus foncée et plus de corps que son voisin le St Amour.

Le Chénas est bouqueté, fruité et généreux. (Les vignobles situés à l'est et au sud de Chénas ont droit à l'appellation Moulin à Vent.)

Le Moulin à Vent avec une belle robe foncée est assez corsé. Il est considéré comme le porte-drapeau des Appellations du Beaujolais.

Le Fleurie est plus léger et parfumé. Il évoque le printemps il faut le boire jeune pour en apprécier le goût de raisin frais et l'arôme très fruité.

Le Chiroubles est tendre et fruité. Il faut le boire jeune et frais.

Le Morgon à la robe foncée couleur grenat a un parfum de groseille et de kirsch, il est charnu, robuste, généreux, apte à vieillir.

Le Brouilly est typiquement Beaujolais, léger fruité et tendre.

Le Côte de Brouilly a la robe pourpre foncé, est alcoolisé et charnu; il est soit fruité, soit bouqueté suivant son âge.

vinification

La méthode dite de « fermentation carbonique » est la plus utilisée. (Voir Œnologie).

fleurie
APPELLATION CONTROLÉE
UNION INTERPROFESSIONNELLE DES VINS DU BEAUJOLAIS
VILLEFRANCHE (RHÔNE) FRANCE

chiroubles
APPELLATION CONTROLÉE
UNION INTERPROFESSIONNELLE DES VINS DU BEAUJOLAIS
VILLEFRANCHE (RHÔNE) FRANCE

morgon
APPELLATION CONTROLÉE
UNION INTERPROFESSIONNELLE DES VINS DU BEAUJOLAIS
VILLEFRANCHE (RHÔNE) FRANCE

brouilly
APPELLATION CONTROLÉE
UNION INTERPROFESSIONNELLE DES VINS DU BEAUJOLAIS
VILLEFRANCHE (RHÔNE) FRANCE

côte-de-brouilly
APPELLATION CONTROLÉE
UNION INTERPROFESSIONNELLE DES VINS DU BEAUJOLAIS
VILLEFRANCHE (RHÔNE) FRANCE

beaujolais
APPELLATION CONTROLÉE
UNION INTERPROFESSIONNELLE DES VINS DU BEAUJOLAIS
VILLEFRANCHE (RHÔNE) FRANCE

beaujolais-villages
APPELLATION CONTROLÉE
UNION INTERPROFESSIONNELLE DES VINS DU BEAUJOLAIS
VILLEFRANCHE (RHÔNE) FRANCE

le Maconnais

historique

Si cette région a eu une grande réputation jusqu'au XVIIe siècle, elle perdit ses lettres de noblesse.

Lamartine, né à Macon en 1790 a contribué à faire redécouvrir cette région. Extrait de « La vigne et la Maison » :

... « A l'heure où la rosée au soleil s'évapore,
Tous ces volets fermés s'ouvraient à sa chaleur,
Pour y laisser entrer, avec la tiède aurore,
les nocturnes parfums de nos vignes en fleur. »...

Cette région est le trait d'union géographique entre la noble Côte d'Or et le démocratique Beaujolais.

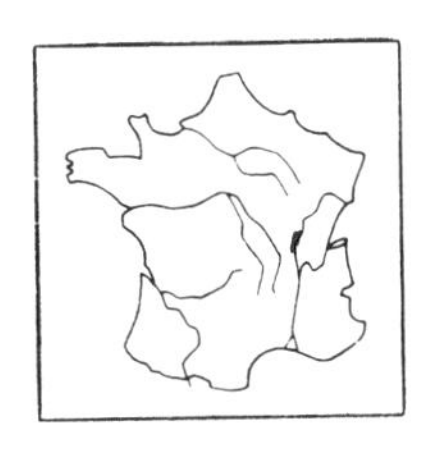

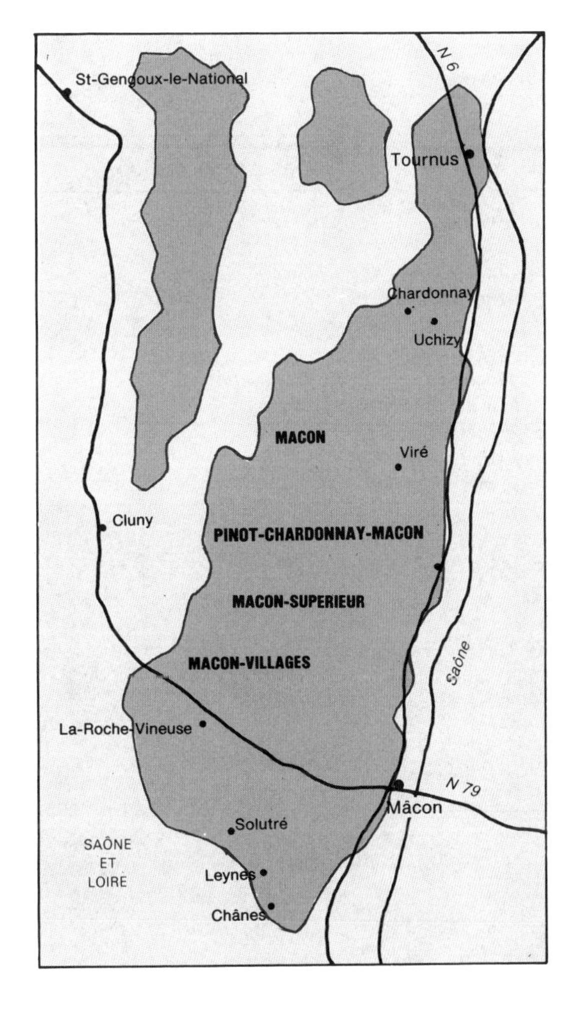

vin rouge et blanc

milieu

situation géographique

Département Saône-et-Loire, de Tournus à Macon rive droite de la Saône. Le vignoble a une longueur de 35 km et une largeur variant de 10 à 15 km.

sol

Il est généralement calcaire au nord et granitique au sud. C'est au sud que l'on trouve les meilleurs vins blancs, dans les zones calcaires.

climat

Continental tempéré.

altitude

Plus ou moins 350 mètres.

superficie

environ 5 500 ha.

production

284 250 hl répartis comme suit :
Rouges : 67 389 hl
Blancs : 216 861 hl

cépages

Rouge et rosé : Gamay noir à jus blanc
Pinot noir
Pinot Gris

Blanc : Pinot Blanc
Chardonnay
Pinot-Chardonnay
Aligoté
Gamay Blanc ou Melon de Bourgogne.

Appellations A.O.C.	Couleur	Production
Macon	B	707 hl
	R r	1 848
Pinot-Chardonnay-Macon	B	–
Macon Supérieur	B	6 757
	R r	52 641
Macon-Villages	B	97 869
Macon + nom de la Commune	B r R	
Vin de Bourgogne St Veran	B	14 250
Pouilly-Loche	B	1 195
Pouilly-Vinzelles	B	1 790
Pouilly-Fuisse	B	32 748

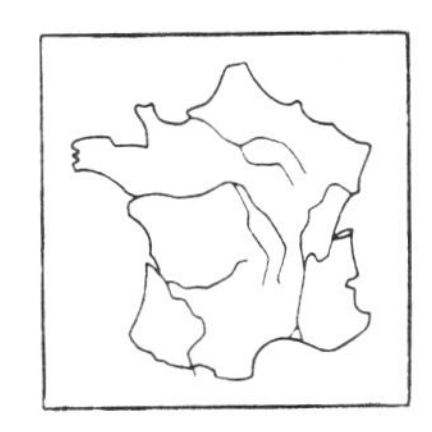

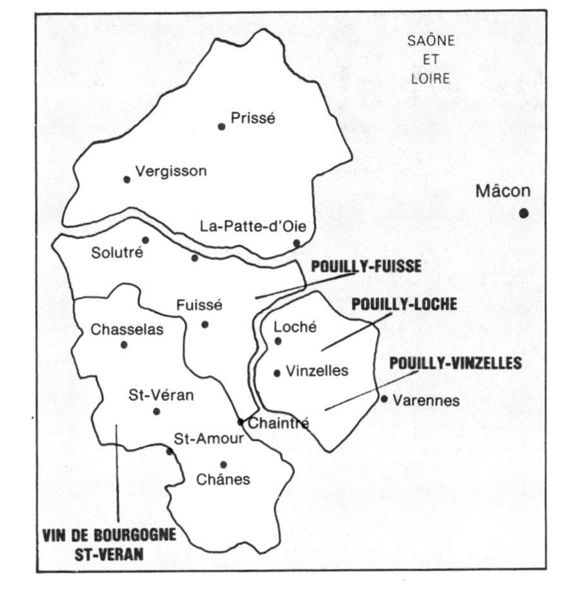

vin blanc

caractères des vins

Le Macon blanc est sec, très glissant et fruité.

Le Macon rouge est charnu, il s'assouplit en vieillissant.

Le Macon rosé est un vin de primeur, frais, gouleyant et fruité.

Le Pouilly-Fuissé est sec et fin, de couleur or pâle aux reflets verts.

le Chalonnais

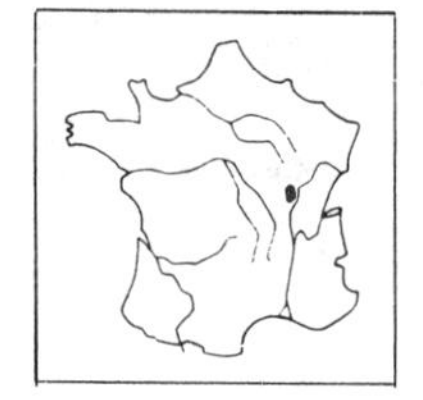

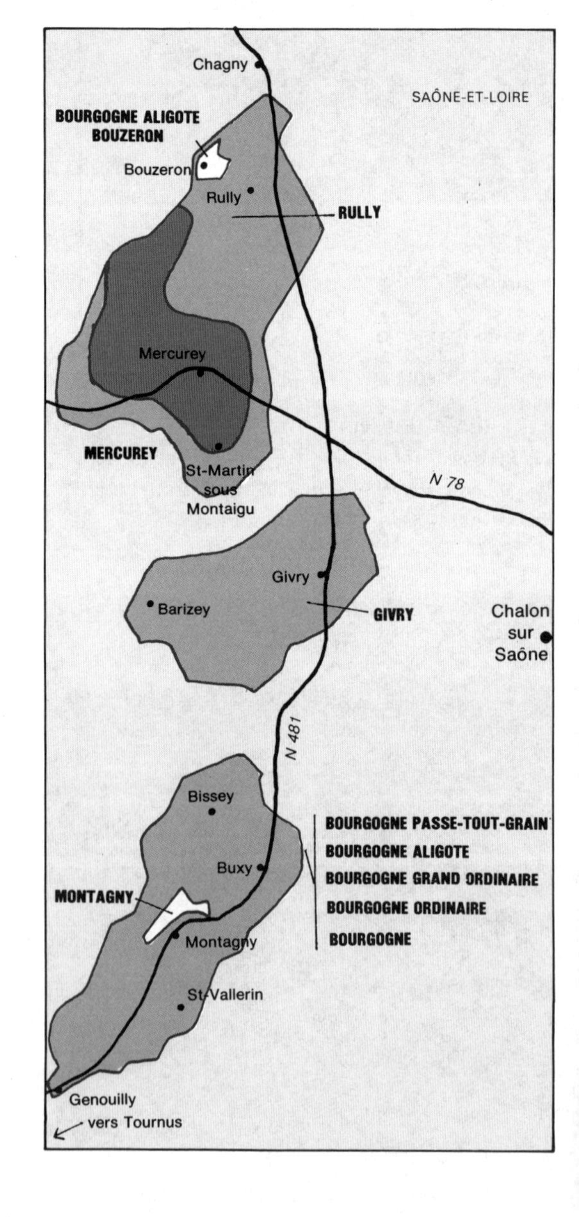

vin rouge

vin rouge et blanc

vin blanc

historique

Ce sont sans doute les Romains qui donnèrent de l'importance aux vignobles; stèles, sarcophages, bas-reliefs, pièces de monnaie témoignent de leur établissement dans cette région.

Dès le VIe siècle Grégoire de Tours parle en termes élogieux des vins de Chalon.

Au Moyen Age les vins du Chalonnais ont dépassé les limites provinciales Henri IV appréciait les vertus de ces vins.

Tous les clos ont une origine très ancienne : par exemple, le Cellier aux Moines déjà constitué au milieu du XIIIe siècle, était l'orgueil des Abbés de la Ferté.

Après le Phylloxéra, la vigne a été reconstituée avec soin et conserve ses qualités et sa réputation.

milieu

situation géographique

Le nord du département de Saône-et-Loire au sud de Chagny et au nord de Tournus, rive droite de la Saône.

sol

Prolongation de la Côte de Beaune, c'est-à-dire principalement mélange de marnes et de calcaire.

climat

Continental tempéré.

altitude

Plus ou moins 350 mètres.

superficie

environ 1 500 ha.

production (1986)

60 659 hl répartis comme suit :
Rouge et rosé : 44 832 hl
Blanc : 15 827 hl

cépages

Rouge : Pinot noir
Blanc : Chardonnay, Aligoté.

Appellations A.O.C.	Couleur	Production
Rully	R r	3 225
	B	2 981
Mercurey	R	22 097
	B	1 061
Montagny	B	3 002
Givry	R r	4 631
	B	516
Bourgogne-Aligote-Bouzeron	B	3 500
Bourgogne Passe-tout-Grain	R r	
Bourgogne Aligoté	B	
Bourgogne Grand Ordinaire	R r	
Bourgogne Ordinaire	R r	
Bourgogne	R r B cl M	

caractères des vins

Rully : les blancs sont secs et légers, les mousseux le sont à la méthode champenoise, les rouges sont légers.

Mercurey en rouge, la robe est pourpre. Ils sont fins, au parfum puissant, ils ont un goût de cassis.

Les blancs secs, fruités à l'arôme subtil.

Montagny en blanc uniquement. Ils sont secs, fins. Les moines de Cluny en avaient fait leur préférence. Parfois ils ont un goût de noisette.

Comme à Rully ils sont parfois champagnisés.

Givry : Les rouges ont la robe pourpre et sont charnus, les blancs sont secs et agréables.

Bourgogne-Aligoté-Bouzeron, c'est un Aligoté de grande classe. Il est délicieux jeune grâce à sa finesse. Il a suffisamment de corps pour être conservé quelques années tout en gardant son fruité.

Bourgogne Aligoté, c'est un vin nerveux vif et bouqueté.

Bourgogne Passe-tout-Grain comme le Bourgogne Grand Ordinaire est le résultat d'un heureux mélange : 2/3 de Gamay pour 1/3 de Pinot. Il allie le fruité du Gamay de Beaujolais au corps généreux du Pinot Bourguignon.

la Côte de Beaune

historique

Le vignoble est également très ancien.

Parmi les propriétaires célèbres on citerait Charlemagne et Louis XIV d'ailleurs des vignes portent encore leurs noms : Corton Charlemagne, Clos du Roi...

Au Moyen âge, les moines fondaient de nombreuses abbayes et amélioraient au cours des ans les vignobles et les méthodes culturales. (Clos de Vougeot, Citeaux...)

En 1443, Nicolas Rollin précepteur de Louis XI et sa femme Guigonne de Salins, créèrent les Hospices de Beaune. Pour vivre cette fondation avait besoin de dons provenant des communes les plus célèbres de la région. Afin de remplir leurs caisses, les Hospices procédaient à une vente aux enchères des vins, et soignaient ainsi, les vieillards, les orphelins et entretenaient leurs édifices.

De nos jours les ventes aux enchères le 3e dimanche de novembre, ont permis non seulement l'entretien de l'édifice mais de construire des cliniques, une école d'infirmières et différents services médicaux...

Le nom de la cuvée porte en général le nom d'un donateur ou d'un bienfaiteur.

Cette journée mémorable s'inscrit dans le cadre des « 3 glorieuses » puisqu'elle est précédée la veille par un solennel chapître de la Confrérie des Chevaliers du Taste-Vin au Château du Clos de Vougeot.

Le lendemain midi, la traditionnelle Paulée de Meursault met un point final à ces journées riches en couleur.

Au cours des siècles, les propriétaires ont su sauvegarder, malgré les aléas, les qualités incomparables de ces vins.

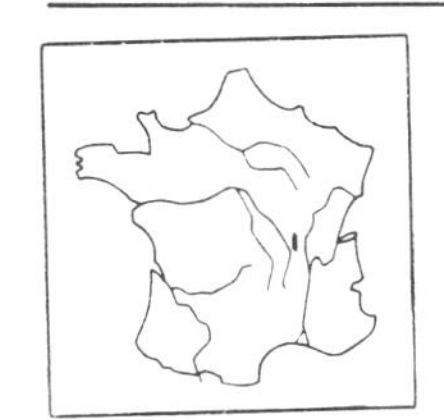

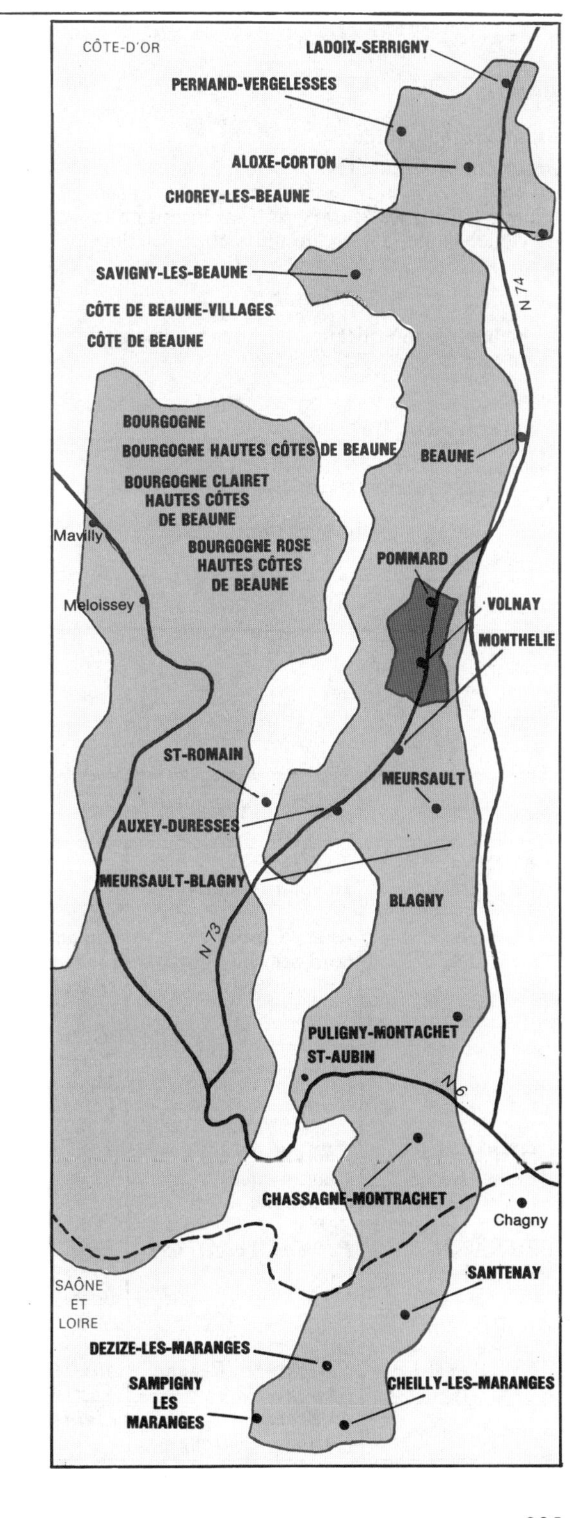
CÔTE-D'OR
LADOIX-SERRIGNY
PERNAND-VERGELESSES
ALOXE-CORTON
CHOREY-LES-BEAUNE
SAVIGNY-LES-BEAUNE
CÔTE DE BEAUNE-VILLAGES
CÔTE DE BEAUNE
N 74
BOURGOGNE
BOURGOGNE HAUTES CÔTES DE BEAUNE
BEAUNE
BOURGOGNE CLAIRET
HAUTES CÔTES
DE BEAUNE
Mavilly
BOURGOGNE ROSE
HAUTES CÔTES
DE BEAUNE
POMMARD
Meloissey
VOLNAY
MONTHELIE
ST-ROMAIN
MEURSAULT
AUXEY-DURESSES
MEURSAULT-BLAGNY
BLAGNY
N 73
PULIGNY-MONTACHET
ST-AUBIN
N 6
CHASSAGNE-MONTRACHET
Chagny
SANTENAY
SAÔNE
ET
LOIRE
DEZIZE-LES-MARANGES
SAMPIGNY
LES
MARANGES
CHEILLY-LES-MARANGES

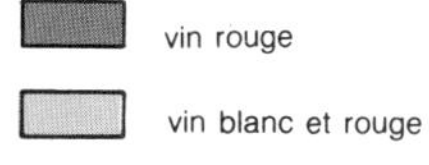
vin rouge
vin blanc et rouge

milieu

situation géographique

Département Côte d'Or.
Au nord le village de Ladoix-Serrigny et au sud celui de Cheilly-les-Maranges. Il est inscrit entre les vignobles de la Côte de nuits et du Chalonnais.

sol

caillouteux, argilo-calcaire, calcaire, marneux ou de marnes légères.

climat

Continental tempéré.

altitude

moyenne.

superficie

environ 4 000 ha.

production (1986)

Rouges : 61 751 hl
Blancs : 9 925 hl

cépages

Rouges et rosés : Pinot Noirien
Blancs : Chardonnay.

appellations

■ Catégorie A.O.C.
dans un ordre croissant de qualité :
appellations régionales
Bourgogne ***R., r, B.***
appellations sous-régionales
Bourgogne Hautes Côtes de Beaunes R, r et B.
Bourgogne Clairet Hautes Côtes de Beaune
Bourgogne Rose Hautes Côtes de Beaune
Côte de Beaune R et B
Côte de Beaune-Villages R et B

appellations communales, appellations premiers crus et grands crus.
Côte de Beaune

(Voir tableau ci-dessous)

Communes	A.O.C. Communales	Liste des climats classés en « premier cru »	Grands Crus
LADOIX-SERRIGNY	***Ladoix*** (surtout vins rouges)		
ALOXE-CORTON	***Aloxe-Corton*** (surtout vins rouges)	***Basses-Mourettes, En Pauland, La Coutière, La Maréchaude, La Toppe-au-Vert, Les Chaillots, Les Grandes-Lolières, Les Guérets, Les Fournières, Les Maréchaudes, Les Meix, Les Petites-Lolières, Les Valozières, Les Vercots***	***Corton (R et B) Corton-Charlemagne (B)***
CHOREY-LES-BEAUNE	***Chorey*** ou ***Chorey Côte de Beaune***		
PERNAND-VERGELESSES	***Pernand-Vergelesses*** (R et B)	***En Caradeux, Creux-de-la-Net, Ile-des-Vergelesses, Les Basses-Vergelesses, Les Fichots***	
SAVIGNY-LES-BEAUNE	***Savigny-les-Beaune Savigny-Côte de Beaune*** (surtout vins rouges)	***Aux Cloux, Aux Fourneaux, Aux Gravains, Aux Grands Liards, Aux Guettes,***	

Communes	A.O.C. Communales	Liste des climats classés en « premier cru »	Grands Crus
SAVIGNY-LES-BEAUNE	(surtout vins rouges)	***Aux Petits-Liards, Aux Serpentières, Aux Vergelesses, Aux Vergelesses dit Bataillère, Basses-Vergelesses, La Dominode, Les Charnières, Les Jarrons, Les Hauts-Jarrons, Les Hauts-Marconnets, Les Lavières, Les Marconnets, Les Narbantons, Les Peuillets, Les Rouvrettes, Les Talmetttes, Petits-Godeaux, Redrescuts***	
BEAUNE	***Beaune*** (surtout vins rouges)	***A l'Ecu, Aux Coucherias, Aux Cras, Champs-Pimont, Clos-du-Roi, En Genêt, En l'Orme, La Mignotte, Le Bas-des-Theurons, Le Clos-de-la-Mousse, Le Clos-des-Mouches, Les Aigrots, Les Avaux, Les Blanches-Fleurs, Les Boucherottes, Les Bressandes, Les Cent-Vignes, Les Chouacheux, Les Epenottes, Les Fèves, Les Grèves, Les Marconnets, Les Montrevenots, Les Perrières, Les Reversées, Les Sisies, Les Teirons, Les Toussaints, Les Vignes-Franches, Montée-Rouge, Per-Tuisots, Sur-les-Grèves, Tiélandry ou Clos Landry***	
POMMARD	***Pommard*** (R)	***Clos-Blanc, Clos-de-la-Commaraine, Clos du Verger, Es-Charmots, Derrière-Saint-Jean, La Chanière, La Platière, La Refène, Le Clos-Micot, Les Argillières, Les Argelets, Les Bertins, Les Boucherottes, Les Chaponnières, Les Chanlins-Bas, Les Combes-Dessus, Les Croix-Noires, Les Epenots, Les Fremiers, Les Garollières, Les Petits-Epenots, Les Pézerolles, Les Poutures, Les Rugiens-Bas, Les Rugiens-Hauts, Les Sausilles***	
VOLNAY	***Volnay*** (R)	***Bousse-d'Or, Caillerets-Dessus, Carelles-Dessous, Carelles-sous-la-Chapelle, Chanlin, En Caillerets, En Champans, En Chevret, En l'Ormeau, En Verseuil,***	

Communes	A.O.C. Communales	Liste des climats classés en « premier cru »	Grands Crus
VOLNAY		*Fremiets, La Barre ou Clos-de-la-Barre, Le Clos-des-Chênes, Le Clos-des-Ducs, Les Angles, Les Aussy, Les Brouillards, Les Lurets, Les Milans, Les Petures, Les Pitures-Dessus, Les Santenots, Pointe-d'Angles, Ronceret, Taille-Pieds, Robardelle, Village-de-Volnay*	
MONTHELIE	*Monthélie* (R)	*Duresses, La Taupine, Le Cas-Rougeot, Le Château-Gaillard, Le Clos-Gauthey, Le Meix-Bataille, Les Champs-Fulliot, Les Riottes, Les Vignes-Rondes, Sur Lavelle*	
AUXEY-DURESSES	*Auxey-Duresses* (R et B)	*Climat-du-Val dit Clos du Val, Les Bas-des-Duresses, Les Bretterins, Les Bretterins dits la Chapelle, Les Duresses, Les Ecusseaux, Les Grands-Champs, Reugne, Reugne dit La Chapelle*	
ST ROMAIN	*St Romain* (B et R)		
ST AUBIN	*St Aubin* (B et R)	*Champlot, En Remilly, La Chatenière, Les Castets, Les Combes, Les Créots, Les Frionnes, Les Murgers-des-Dents-de-Chein, Sur Gamay, Sur-le-Sentier-du-Clou*	
MEURSAULT	***Meursault*** vins blancs, un peu de vins rouges ***Blagny*** (rouges)	*Aux Perrières, La Goutte-d'Or, Le Poruzot, Les Poruzot-Dessus, Les Bouchères, Les Caillerets, Les Charmes-Dessous, Les Charmes-Dessus, Les Cras-Dessus, Les Genevrières-Dessous, Les Genevrières-Dessus, Les Perrières-Dessous, Les Perrières-Dessus, Les Petures, Les Santenots Blancs, Les Santenots-du-Milieu*	
PULIGNY-MONTRACHET	*Puligny-Montrachet Côte de Beaune*	*Clavoillons, Hameau-de-Blagny, La Garenne, Le Cailleret, Le Champ-Canet, Les Chalumeaux, Les Combettes, Les Folatières, Les Pucelles, Les Referts, Sous-le-Puits*	*Chevalier-Montrachet Batard-Montrachet Bienvenues-Batard-Montrachet Montrachet*
CHASSAGNE-MONTRACHET	*Chassagne-Montrachet*	*Clos-Saint-Jean, Chassagne ou Cailleret, En Caillerets,*	*Montrachet Batard-Montrachet*

Communes	A.O.C. Communales	Liste des climats classés en « premier cru »	Grands Crus
CHASSAGNE-MONTRACHET	***Côtes de Beaune*** vins blancs et rouges	***Grandes-Ruchottes, La Boudriotte, La Maltroie, La Romanée, Les Brussolles, Les Champs-Gain, Les Chevenottes, Les Macherelles, Les Vergers, Morgeot, Morgeot dit Abbaye-de-Morgeot***	***Montrachet Batard-Montrachet Criots-Batard-Montrachet***
SANTENAY	***Santenay Santenay Côte de Beaune*** (rouges et quelques blancs)	***Beauregard, Beaurepaire, Clos de Tavannes, La Comme, La Maladière, Le Passe-Temps, Les Gravières***	
CHEILLY-LES-MARANGES SAMPIGNY-LES-MARANGES		***La Boutière, Le Clos-des-Rois, Les Maranges, Les Plantes-de-Maranges***	
DEZIZE-LES-MARANGES	vins rouges et blancs	*Maranges*	

caractères des vins

Les grands crus sont bien entendu les plus racés, les blancs de la Côte de Beaune sont parmi les meilleurs vins du monde.

Ils ont un charme incomparable où la finesse et la délicatesse se confondent dans un bouquet exquis.

Ladoix-Serrigny, Pernand-Vergelesses, Aloxe-Corton, Savigny-les-Beaune, ces villages fournissent des blancs très fins et racés, avec chacun des caractères typiques.

Chorey-les-Beaune : les vins issus de cette commune sont moins racés et plus légers, ils conviennent à des repas plus ordinaires.

Beaune : en majorité des vins rouges, fins, au bouquet remarquable.

Pommard : Ces vins rouges sont virils, ils se conservent bien et voyagent très bien. Ils ont parfois un goût de truffe. S'ils ont du corps, ils restent tout de même fins.

Volnay : Ces vins rouges sont parmi les plus fins de la Côte de Beaune. Ils ont parfois un arôme de violette, ils sont légers et souples.

Monthélie : Ces vins moins racés mais tout de même excellents conviennent à des amateurs qui recherchent loin des sentiers battus des charmes différents.

Saint-Romain : Les vins blancs sont fins, les rouges font partie de cette gamme de vins qui méritent d'être mieux connus.

Auxey-Duresses : Rouges ou blancs les vins sont fins.

Meursault : Ces vins sont à la fois secs et moelleux, ils ont une couleur or pâle et leur bouquet rappelle la fougère, l'amande grillée ou la noisette. Ils accompagnent les poissons meunière.

Si les blancs sont réputés, cette commune produit d'excellents vins rouges puissants et fins.

Blagny : cette commune produit des vins rouges alors que ses voisines produisent presque exclusivement des vins blancs. Ces vins sont également très fins et réjouissent les initiés.

Meursault-Blagny : c'est une appellation pour les vins blancs récoltés principalement à Blagny et qui rappelle les Meursault.

Puligny-Montrachet et Chassagne-Montrachet : Le Montrachet est le climat le plus réputé du monde pour ses vins blancs secs. C'est un vin sec, somptueux, au bouquet suave, il est puissant et tendre à la fois dans une couleur or pâle. Ces villages produisent aussi un peu de vin rouge.

Saint Aubin/Saint Romain, Dezize-les-Maranges, Sampigny-les-Maranges, Cheilly-les-Maranges, Santenay : Ces communes produisent des vins blancs assez typiques, plus ou moins légers suivant leur emplacement. Les rouges sont parfois des bouteilles respectables mais moins connues par le grand public.

Elles sont toutes regroupées en appellation Maranges classées premier cru.

CIB
ALOXE-CORTON
APPELLATION CONTROLÉE
Sélectionné par le
COMITÉ INTERPROFESSIONNEL DES VINS DE BOURGOGNE
BEAUNE (COTE-D'OR) FRANCE

CIB
CORTON
LES LANGUETTES
APPELLATION CORTON CONTROLÉE
Sélectionné par le
COMITÉ INTERPROFESSIONNEL DE LA COTE D'OR ET DE L'YONNE POUR
LES VINS D'APPELLATION D'ORIGINE CONTROLÉE DE BOURGOGNE

CIB
BOURGOGNE
HAUTES-COTES DE BEAUNE
APPELLATION CONTROLÉE
Sélectionné par le
COMITÉ INTERPROFESSIONNEL DE LA COTE-D'OR ET DE L'YONNE POUR
LES VINS D'APPELLATION D'ORIGINE CONTROLÉE DE BOURGOGNE

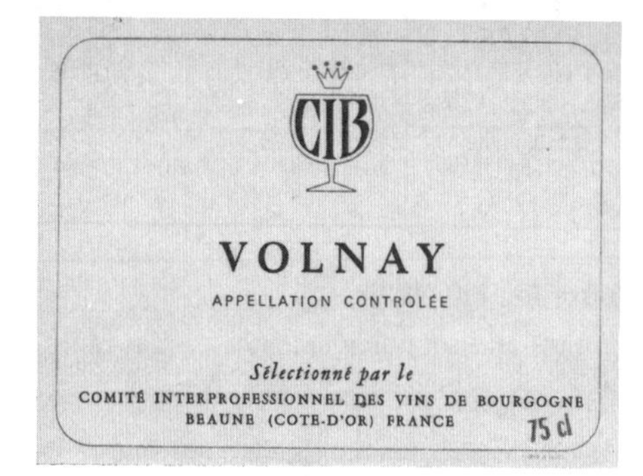
CIB
VOLNAY
APPELLATION CONTROLÉE
Sélectionné par le
COMITÉ INTERPROFESSIONNEL DES VINS DE BOURGOGNE
BEAUNE (COTE-D'OR) FRANCE
75 cl

CIB
MEURSAULT
APPELLATION CONTROLÉE
Sélectionné par le
73 cl
COMITÉ INTERPROFESSIONNEL DES VINS DE BOURGOGNE
BEAUNE (COTE-D'OR) FRANCE

CIB
SAINT-ROMAIN
APPELLATION CONTROLÉE
Sélectionné par le
73 cl
COMITÉ INTERPROFESSIONNEL DES VINS DE BOURGOGNE
BEAUNE (COTE-D'OR) FRANCE

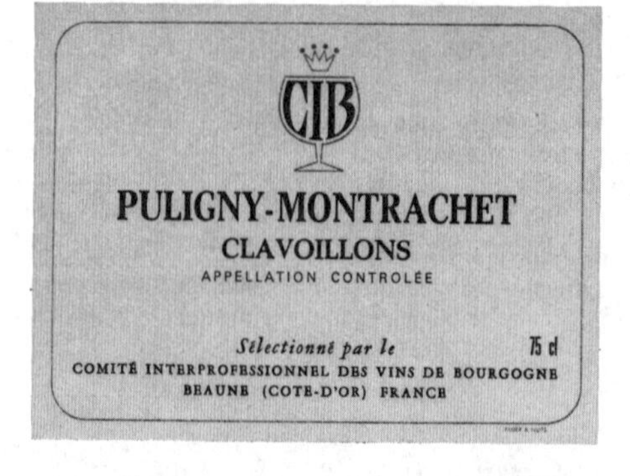
CIB
PULIGNY-MONTRACHET
CLAVOILLONS
APPELLATION CONTROLÉE
Sélectionné par le
75 cl
COMITÉ INTERPROFESSIONNEL DES VINS DE BOURGOGNE
BEAUNE (COTE-D'OR) FRANCE

Marcel Amance
CHASSAGNE-MONTRACHET
Appellation Chassagne-Montrachet Controlee
BOTTLED IN FRANCE
Marcel Amance & Cie
NEGOCIANTS A SANTENAY (COTE-D'OR)
PRODUCE OF FRANCE

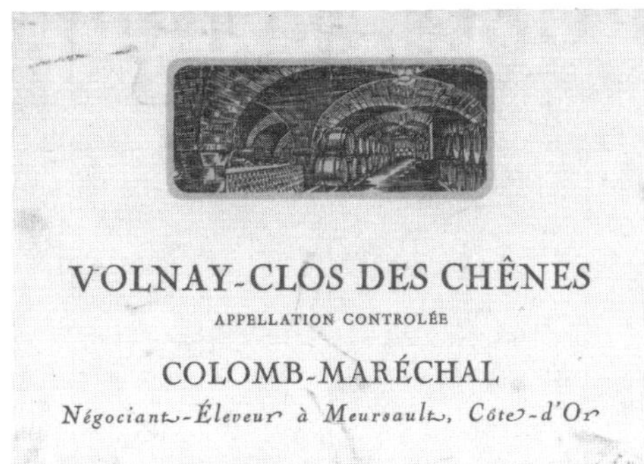
VOLNAY-CLOS DES CHÊNES
APPELLATION CONTROLÉE
COLOMB-MARÉCHAL
Négociant-Éleveur à Meursault, Côte-d'Or

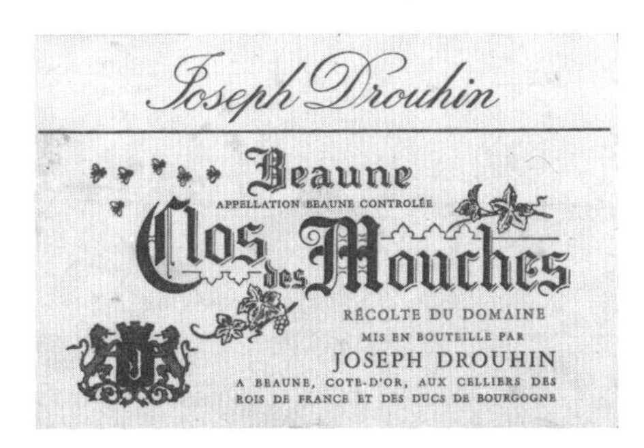
Joseph Drouhin
Beaune
APPELLATION BEAUNE CONTROLÉE
Clos des Mouches
RÉCOLTE DU DOMAINE
MIS EN BOUTEILLE PAR
JOSEPH DROUHIN
A BEAUNE, COTE-D'OR, AUX CELLIERS DES
ROIS DE FRANCE ET DES DUCS DE BOURGOGNE

PRODUCE OF FRANCE
MARQUE
DÉPOSÉE
FONDÉE EN 1849
Pommard "Les Epenots"
APPELLATION BOURGOGNE CONTROLÉE
MAISON M. DOUDET-NAUDIN
NEGOCIANT A SAVIGNY-LES-BEAUNE (COTE-D'OR)
Bottled in France

8692
TASTEVINAGE
BEAUNE 1966
APPELLATION BEAUNE CONTROLÉE
Ce vin, sélectionné en 1968 par les Jurés-Gourmets de la
CONFRÉRIE DES CHEVALIERS DU TASTEVIN
a été élevé dans les caves de
Joseph Drouhin
JOSEPH DROUHIN, NÉGOCIANT A BEAUNE, COTE-D'OR

la Côte de Nuits

historique

Des fouilles ont permis de trouver des constructions romaines.
Au VIIe siècle, le duc Amalgaire, donna à l'abbaye de Bèze un clos de la Côte Bourguignonne qui fut dénommé Clos de Bèze. Le vigneron Bertin cultiva les vignes à la façon des moines et ce lieu devint le champs de Bertin, puis le champs Bertin et enfin Chambertin.
Le Musigny est un des plus anciens crus de Bourgogne. Dès le XIe siècle, des documents attestent son existence, un document daté de 1110 certifie que Pierre Gros, chanoine de Saint-Denis de Vergy a fait don de son Champs de Musigné aux moines de Citeaux.
Chaque cru a son histoire qu'il serait trop long de raconter ici, mais rien n'empêche les intéressés de se documenter. Par ce merveilleux moyen, non seulement ils apprendront l'histoire de notre Pays mais aussi les transformations de notre langue. Les modifications apportées au cours des siècles, enfin tout un héritage qui fait la richesse de notre Patrie.

milieu

situation géographique

Département : Côte d'Or.
Le vignoble se situe entre le sud de Dijon et le nord de Beaune, entre les communes de Fixin et Corgoloin. La longueur du vignoble est d'environ 20 km pour une largeur approximative de 200 mètres.

sol

divers, calcaire, marne, schiste contribuant à donner une très grande diversité de produits.

climat

Continental tempéré : mais toujours le risque de gelées printannières tardives.

altitude

Plus ou moins 300 m.

superficie

2.500 ha.

production

Rouges Grands Crus et peu de Blancs : 10 794 hl.

cépages

Rouges et rosés : Pinots noirs fins.
Blancs : Chardonnay.

appellations

■ Catégorie A.O.C.

appellation générale :
Bourgogne R, r, et B.

appellations sous-régionales :
Bourgogne Hautes-Côtes-de-Nuits : R, r, etB.
Bourgogne Clairet Hautes-Côtes-de-Nuits : r.
Bourgogne Rosé Hautes-Côtes-de-Nuits : r.
Côtes-de-Nuits Villages.

(Appellations communales et appellations premiers crus et grands crus, voir tableau page 244.)

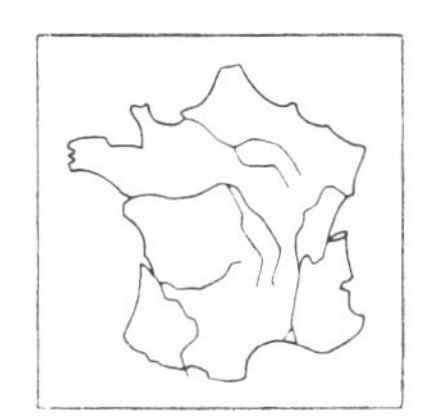

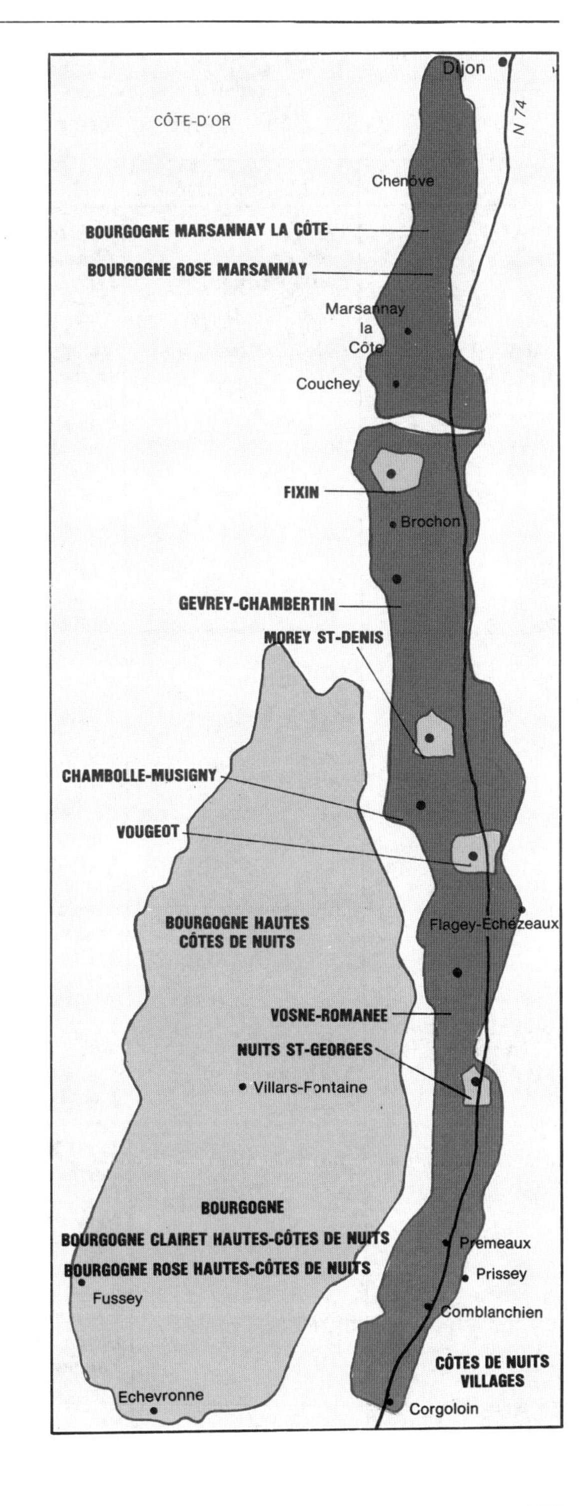

vin rouge

vin rouge et blanc

APPELATIONS COMMUNALES,
appellations premiers crus et grands crus

COTE DE NUITS (Vins rouges)

Communes	A.O.C. Communales	Liste des climats classés	Grands Crus
FIXIN	*Fixin* *Côte de Nuits-Villages*	*Aux Cheusots, La Perrière, Le Clos-du-Chapitre, Les Arvelets, Les Hervelets, Les Meix-Bas.*	
GEVREY-CHAMBERTIN	*Gevrey-Chambertin*	*Au Closeau, Aux Combottes, Bel-Air, Cazetiers, Champeaux, Champitonnois dite « Petite Chapelle », Champonnets, Cherbaudes, Clos Prieur, Clos-du-Chapitre, Combe-aux-Moines, Craipillot, Ergots, Estournelles, Issarts, La Perrière, Lavaut, Le Fonteny, Le Clos-Saint-Jacques, Les Corbeaux, Les Goulots, Les Gemeaux, Les Varoilles, Poissenot.*	*Chambertin* *Chambertin-Clos de Bèze* *Latricières-Chambertin* *Mazoyères-Chambertin* *Charmes-Chambertin* *Mazis-Chambertin* *Griottes-Chambertin* *Ruchottes-Chambertin* *Chapelle-Chambertin*
MOREY-ST-DENIS	*Morey-St-Denis*	*Aux Charmes, Calouères, Chabiots, Clos-Bussières, Côte-Rôtie, La Riotte, Le Clos-Baulet, Le Clos-des-Ormes, Le Clos-Sorbès, Les Bouchots, Les Chaffots, Les Charrières, Les Chénevery, Les Façonnières, Les Fremières, Les Froichots, Les Geneviéves, Les Gruenchers, Les Mauchamps, Les Millandes, Les Ruchots, Les Sorbès, Maison-Brûlée, Meix-Rentiers, Monts-Luisants.*	*Clos de Tart* *Clos St-Denis* *Clos de la Roche* *Bonnes Mares (une partie)* *Clos des Lambrays*
CHAMBOLLE-MUSIGNY	*Chambolle-Musigny*	*Aux Beaux-Bruns, Aux Combottes, Derrière-la-Grange, Les Amoureuses, Les Baudes, Les Borniques, Les Chatelots, Les Charmes, Les Combottes, Les Fuées, Les Fousselottes, Les Gras, Les Groseilles, Les Gruenchers, Les Hauts-Doix, Les Lavrottes, Les Noirots, Les Plantes, Les Sentiers.*	*Musigny* *Les Bonnes-Mares*
VOUGEOT	*Vougeot*	*Clos-de-la-Perrière, Le Clos-Blanc, Les Gras, Les Petits-Vougeot.*	*Clos de Vougeot*
FLAGEY-ECHEZEAUX			*Grands Echezeaux* *Echezeaux*

Communes	A.O.C. Communales	Liste des climats classés	Grands Crus
VOSNE-ROMANEE	*Vosne-Romanée*	*Aux Brûlées, Aux Malconsorts, La Grand'Rue, Le Clos-de-la-Perrière, Le Clos-des-Réas, Les Beaux-Monts, Les Chaumes, Les Gaudichots, Les Petits-Monts, Les Suchots, Les Reignots.*	*Romanée St-Vivant* *Richebourg* *La Romanée* *La Tache* *La Romanée-Conti*
NUITS-SAINT-GEORGES	*Nuits-St-Georges*	*Aux Argillats, Aux Boudots, Aux Bousselots, Aux Chaignots, Aux Champs-Perdrix, Aux Cras, Aux Crots, Aux Damodes, Aux Murgers, Aux Thorey, Aux Vignes-Rondes, En La Chaîne-Carteau, La Perrière, La Richemone, La Roncière, Les Argillats, Les Cailles, Les Chabœufs, Les Hauts-Pruliers, Les Poulettes, Les Porets, Les Procès, Les Pruliers, Les Saint-Georges, Les Vallerots, Les Vaucrains, Rue-de-Chaux, Perrière-Noblet.*	
PREMEAUX	*Nuits-St-Georges*	*Aux Perdrix, Clos-Arlots, Clos-de-la-Maréchale, Clos Des Argillières, Clos-des-Corvées, Clos-des-Forêts, Le Clos-Saint-Marcs, Les Corvées-Paget, Les Didiers.*	
COMBLANCHIEN BROCHON CORGOLOIN PRISSEY	*Côte de Nuits-Villages*		

Il faut noter dans cette liste d'appellations que Fixin peut porter l'appellation communale pour une partie de sa production, et celle de Côte de Nuits Villages, pour l'autre partie.

Flagey-Echezeaux n'a pas d'A.O.C. Communales sous son nom.

Prémeaux également, cette commune produit des Nuits St-Georges.

Comblanchien, Brochon, Corgoloin et Prissey portent l'Appellation Côte de Nuits-Villages.

Le climat Bonnes Mares se partage deux communes celles de Morey-Saint-Denis et Chambolle Musigny.

Tout ce vignoble est extrêmement morcellé. Par exemple le Chambertin c'est 28 hectares pour 25 propriétaires.

Le Clos de Vougeot 50 hectares pour 80 propriétaires.

■ les Hospices de Nuits-Saint-Georges

Comme à Beaune en dessous de cette appellation il y a souvent celle d'un donateur ou celle d'un bienfaiteur.

Cette appellation concerve la qualité d'A.O.C. Nuits-Saint-Georges 1er cru.

Ces Hospices ont été construits au XVIIe siècle. Et comme à Beaune, pour pouvoir subvenir à leurs frais, un vignoble a été acheté et sa production mise en vente aux enchères.

Cette vente ne se fait pas comme à Beaune, en novembre, mais au printemps.

caractères des vins

Cette région produit des vins rouges principalement.
Tous les Grands crus sont rouges excepté le Musigny que l'on trouve également en blanc. Mais si peu.

Si ce vin blanc est très fin et se classe au plus haut rang, les rouges de cette région atteignent des sommets et les grands crus sont considérés comme les meilleurs du monde.

Le Chambertin est un vin puissant, de très bonne conservation, au goût parfois de réglisse, fin et racé dans une belle robe typiquement bourguignonne.

Le Chambolle Musigny, contrairement au Chambertin qui a du gilet, a lui, du corsage. Il est fin et velouté son bouquet et sa délicatesse en font un des vins les plus féminins de la région.

Vougeot célèbre par l'abbaye des moines de Citeaux. Ce monument, propriété de la confrérie des chevaliers du Tastevin voit se dérouler les « chapitres ». Le clos de Vougeot est un vin bien charpenté, puissant et fin, ce qui le met au rang des premiers de la région.

Un vin blanc existe ici aussi : le Clos Blanc de Vougeot.

La commune de Flagey-Echezeaux donne des vins légers mais très fins.

Vosne-Romanée : les grands crus de cette commune sont les rois des vins. La finesse est incomparable, le bouquet remarquable, parfois on décèle la framboise. Leur robe est éclatante. Equilibre, élégant, racé, que de qualificatifs pourrait-on donner à ces seigneurs.

Les vins rouges de Nuits-Saint-Georges sont bien équilibrés, ils sont l'intermédiaire entre les puissants Chambertin et les délicats Chambolle Musigny.

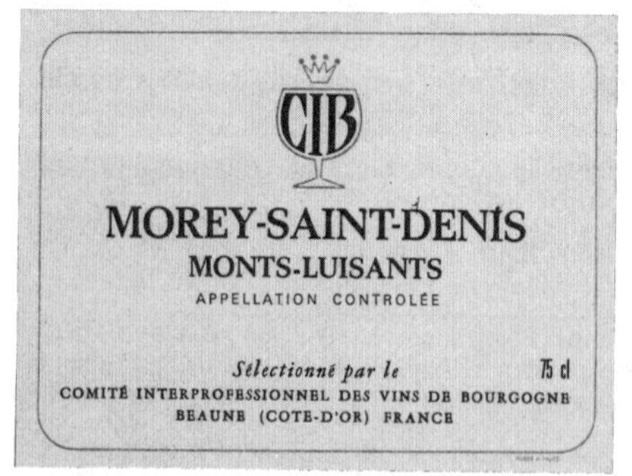

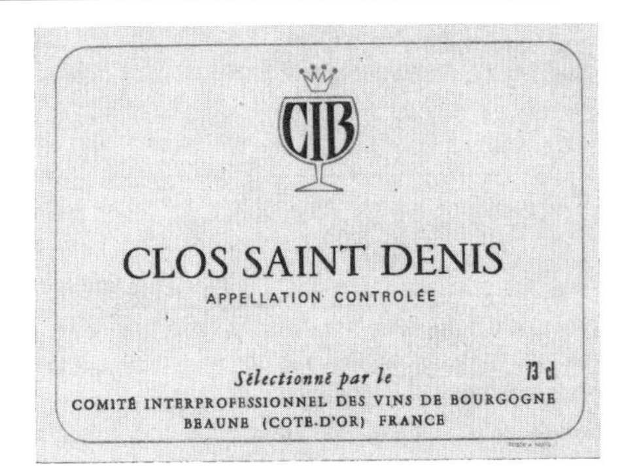
CIB
CLOS SAINT DENIS
APPELLATION CONTROLÉE
Sélectionné par le
73 cl
COMITÉ INTERPROFESSIONNEL DES VINS DE BOURGOGNE
BEAUNE (COTE-D'OR) FRANCE

VIEILLES VIGNES
DES HAUTS-DOIX
TÊTE DE CUVÉE
CHAMBOLLE-MUSIGNY
LES AMOUREUSES
APPELLATION CHAMBOLLE-MUSIGNY CONTROLÉE
Domaine GRIVELET
PROPRIÉTAIRE AU CHATEAU A CHAMBOLLE-MUSIGNY (COTE D'OR)
1969
Mis en bouteilles
au château
№ 45305
Produit Français
SOLUM PERFECTUM ME ATTRAHIT

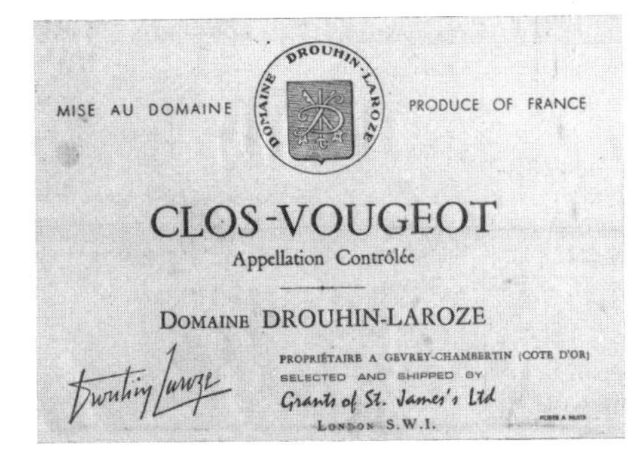
DOMAINE DROUHIN-LAROZE
MISE AU DOMAINE
PRODUCE OF FRANCE
CLOS-VOUGEOT
Appellation Contrôlée
DOMAINE DROUHIN-LAROZE
PROPRIÉTAIRE A GEVREY-CHAMBERTIN (COTE D'OR)
SELECTED AND SHIPPED BY
Grants of St. James's Ltd
LONDON S.W.1.

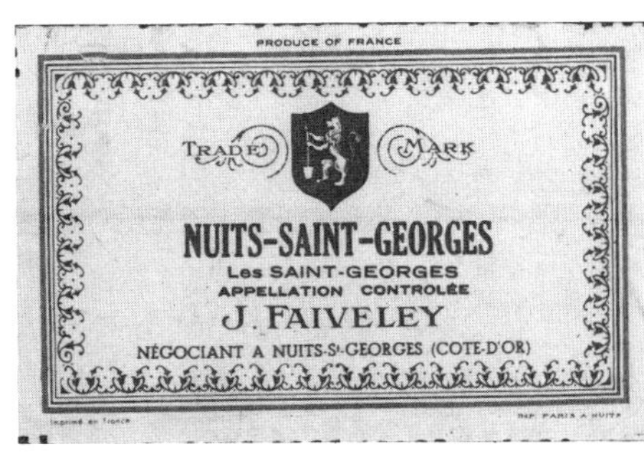
PRODUCE OF FRANCE
TRADE MARK
NUITS-SAINT-GEORGES
Les SAINT-GEORGES
APPELLATION CONTROLÉE
J. FAIVELEY
NÉGOCIANT A NUITS-St-GEORGES (COTE-D'OR)

SOCIÉTÉ CIVILE DU DOMAINE DE LA ROMANÉE-CONTI
PROPRIETAIRE A VOSNE-ROMANÉE (COTE-D'OR)
PRODUCE OF FRANCE
RICHEBOURG
APPELLATION . RICHEBOURG . CONTROLÉE
16.416 Bouteilles Récoltées
№ 01806
L'ASSOCIÉ-GÉRANT
ANNÉE 1962
H. de Villaine
Mise en bouteille au domaine

MUSIGNY BLANC
APPELLATION CONTROLÉE
Domaine Comte Georges de VOGÜÉ
CHAMBOLLE-MUSIGNY (CÔTE-D'OR)
Réserve numérotée
№ 005677
1969
Mis en bouteilles
au domaine
PRODUCE OF FRANCE

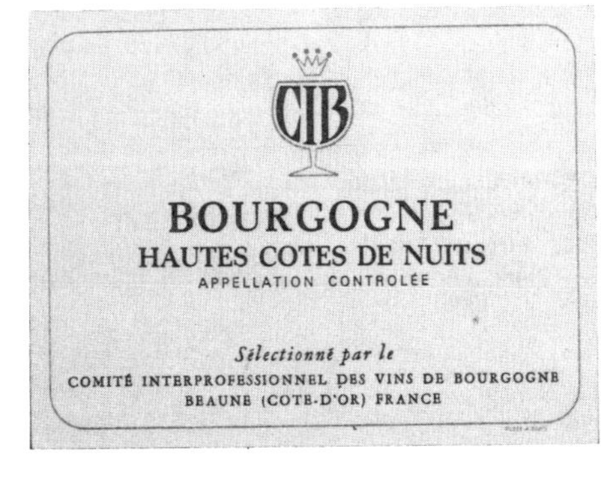
CIB
BOURGOGNE
HAUTES COTES DE NUITS
APPELLATION CONTROLÉE
Sélectionné par le
COMITÉ INTERPROFESSIONNEL DES VINS DE BOURGOGNE
BEAUNE (COTE-D'OR) FRANCE

la Côte Dijonnaise

Cette région est le prolongement nord de la Côte de Nuits, comprise entre Dijon et Fixin.

Quatre Communes sont regroupées : Dijon, Chenove, Marsannay-la-Côte et Couchey.

Si la vigne pousse sur des côteaux de 150 à 300 mètres, certains d'entre eux vers Couchey sont un peu raides. Les vendangeurs mettaient les vendangeuses dans les parties hautes du vignoble et ainsi en levant les yeux pouvaient voir sous les cotillons. Un vin a vite trouvé son nom.

Non seulement cette région produit des vins rouges mais aussi des rosés.

l'Appellation d'origine contrôlée Bourgogne n'est pas la seule existante, mais aussi :

A.O.C. ***Bourgogne Marsannay-le-Côte*** rosé ou Clairet

A.O.C. ***Bourgogne Rose Marsannay.***

la Basse Bourgogne

les vignobles de Chablis et de l'Auxerrois

historique

On se demande parfois pourquoi le vignoble de Chablis se trouve séparé de la Bourgogne viticole par une distance d'environ 100 km. Ce détachement fut causé par les ravages du phylloxéra qui à la fin du XIXe siècle détruisit l'ensemble d'un vaste vignoble couvrant tous les côteaux jusqu'à la Côte d'Or.

Seules les surfaces aptes à produire des vins de qualité ont été regreffées.

milieu

situation géographique

Département de l'Yonne, surtout au Sud d'Auxerre.
Entre Auxerre et Tonnerre, autour de la commune de Chablis.

sol

Calcaire à plus de 50 %.

climat

Continental tempéré : les gels tardifs sont toujours à craindre.

altitude

Entre 150 et 250 mètres.

superficie

2.258 ha.

production

82.930 hl.

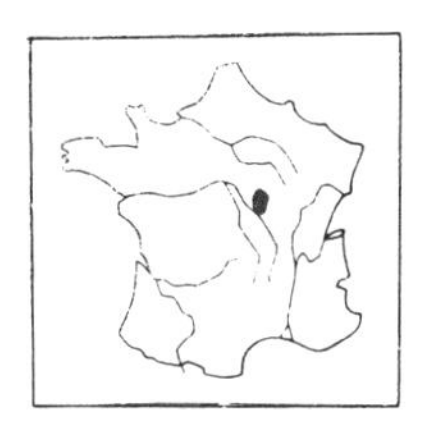

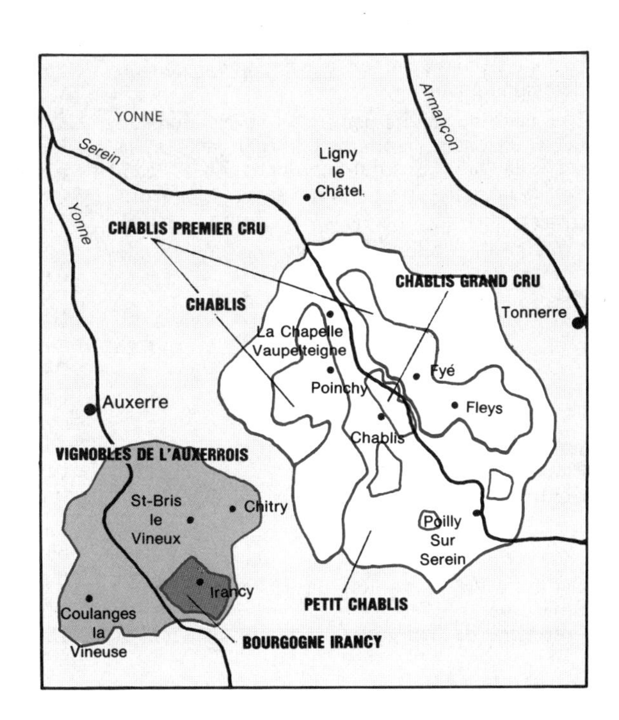

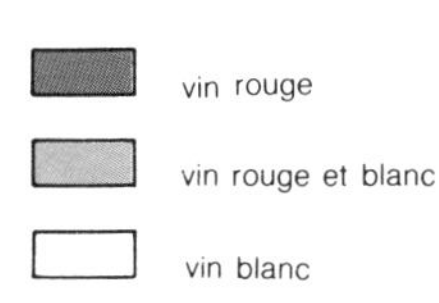

cépages

Pour les vins rouges et rosés : le pinot noirien, le César, le Tressot.
Pour les vins blancs majoritaires : Chardonnay, Aligoté et Sauvignon.

appellations

■ Catégorie A.O.C.

Bourgogne	B, R, r
Bourgogne ordinaire	B, R, r
Bourgogne grand ordinaire	B, R, r
Bourgogne irancy	R
Bourgogne aligoté	B
Bourgogne mousseux	B
Petit Chablis	B
Chablis	B
Chablis premier cru (+ nom du climat)	B
Chablis grand cru (+ nom du climat)	B

Les Climats de Chablis Premier Cru sont :
Les monts de Milieu, Vaillons, Montmains, Mélinots, Fourchaume, Côte de Léchet, Beauroy, Vosgros, Montée de Tonnerre, Vaucoupin, Les Fourneaux.

Les climats de Chablis Grand Cru sont :
Vaudésir, Les Clos, Grenouilles, Valmur, Blanchots, Les Preuses, Bougros.

■ Catégorie V.D.Q.S.

Le ***Sauvignon de Saint Bris Blanc*** est excellent.

caractères des vins

Ces vins blancs sont secs, de couleur pale légèrement verdâtre ont un parfum faible, parfois de champignon.

Une certaine acidité peut, tout en leur donnant de la fraîcheur, produire un léger picotement sur la langue. Issus du Chardonnay, il est courant d'entendre dire que ces vins chardonnent.

Les Grands Crus de cette région seront plus « ronds » que les autres et ont une plus grande finesse.

Ces vins vieillissent bien.

les Confréries de Bourgogne

YONNE :
Piliers Chablisiens à Chablis.
Confrérie des Tris Ceps à St-Bris-le-Vineux.

COTE D'OR :
Confrérie des Chevaliers du Tastevin à Nuits-St-Georges.
Cousinerie de Bourgogne à Savigny-les-Beaune.

SAONE-ET-LOIRE :
Confrérie des Vignerons de Saint-Vincent de Bourgogne et de Mâcon, à Mâcon.
Confrérie de Chanteflute à Mercurey.

RHONE :
Confrérie des Grapilleurs des Pierres Dorées à Lozanne.
Confrérie des gosiers secs de Clochemerle à Vaux.
Confrérie des Boyaux Rouges du Beaujolais à Salles.
Compagnons de Beaujolais à Villefranche-sur-Saône.

Cette dernière confrérie fondée en 1947 s'inspira des anciennes corporations des Compagnons du Tour de France, dont l'idéal était l'amour du travail bien fait et puis aussi la fraternité et le respect des traditions.

Les Compagnons du Beaujolais prennent leur bâton de pélerin et vont de par le monde en répétant leur célèbre prière :

« Frère enrôle-toi sous la bannière des Compagnons du Beaujolais ».

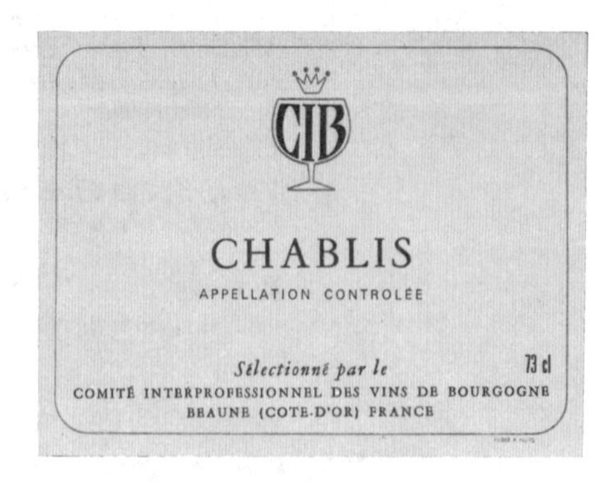

le Jura

historique

La culture de la vigne dans le Jura remonte à des temps très reculés. Pline, le Naturaliste faisait déjà allusion au vin du Pays de Séquanes (1er siècle).

Au village de Pupillin, à 3 km d'Arbois, les archéologues témoignent de la présence de la vigne et du commerce du vin à l'époque gallo-romaine.

Les archives communales de Franche-Comté sont riches en documents de toutes sortes attestant la haute réputation dont jouissaient les vins d'Arbois.

La vigne de Pasteur

Enfant du Jura, le grand savant Louis Pasteur, vécut à Arbois dans la maison de son père qui exerçait le métier de tanneur, Pasteur resta profondément attaché à cette petite ville.

Sur une vigne acquise en trois parcelles en 1874, 1879 et 1892, il procéda à des travaux qui lui permirent d'étudier les mystères de la fermentation alcoolique. Les résultats de ses expériences apportèrent certes, à la médecine un remède efficace aux maladies infectieuses, mais ils sont aussi à l'origine de la science du vin ou oenologie.

La vigne de Pasteur, également baptisée vigne de Rosières, car elle dépendait autrefois d'une abbaye bénédictine, appartient aujourd'hui à la Société des Amis de la Maison Natale de Pasteur. Monsieur Henri Maire en est le vigneron et assure la vinification des raisins. Le cru hors commerce, qui en est issu, est réservé aux cérémonies et réceptions données en l'honneur du souvenir pastorien.

La maison de Pasteur, au bord de la rivière Cuisance est ouverte aux visiteurs.

milieu

situation géographique

Département Jura.

Le vignoble est situé entre l'Ain et le Doubs sur une bande de terrain allant de Salins à Saint-Amour, sur près de 90 km de longueur et 12 km dans sa plus grande largeur.

sol

Il appartient au Savagnin : (ou type jurassique, constitué de graviers calcaires, d'argiles et de marnes.

climat

Les hivers sont rigoureux. Par les massifs et monts du Jura, les côteaux sont protégés des froids vents d'est.

altitude

Moyenne : 300 mètres.

superficie

Environ 3.000 hectares.

Le rendement à l'hectare est de 40 hl mais à Château Chalon il n'est que de 20 hl.

production (1986)

Arbois Rouge	23 021 hl
Arbois Blanc	15 584 hl
Château-Chalon Jaune	1 580 hl
Étoile Blanc	2 713 hl
Côtes du Jura Rouge	7 596 hl
Côtes du Jura Blanc	26 294 hl

La production moyenne est généralement plus importante.

cépages

Cépages nobles.

Rouges, rosés et gris :

Le Poulsard (ou Ploussard) cépage rouge typiquement jurassien à peau mince et à pulpe rose. Il engendre un vin d'une grande finesse, mais de peu de couleur.

Le Trousseau, par sa peau épaisse d'un beau bleu pruiné, et sa pulpe abondante et sucrée, donne aux vins une belle robe plus colorée et une meilleure charpente.

Le Pinot noir ce cépage très équilibré apporte aux vins une charpente qui leur assure un bon vieillissement.

Blancs, jaunes, pailles et mousseux :

Le Savagnin ou naturé.
Il est semblable au Traminer de la vallée du Rhin. Le raisin a une peau épaisse, se conserve bien, il est d'une mâturité plus tardive que les autres cépages nobles du Jura.
Il résiste bien aux premières gelées et à la pourriture noble.
Il donne le célèbre vin ***JAUNE.***

Le Chardonnay qui existe dans d'autres vignobles français, porte ici deux noms : celui de Melon dans la partie nord du département et celui de Gamay blanc dans la partie sud. Il est la base des vins blancs du Jura.

appellations

Le décret-loi créant l'A.O.C. ne vit pas le jour avant le 30 juillet 1935. Arbois en demande immédiatement l'application et devient ainsi une des premières appellations de France.

Quatre zones d'appellations ont été reconnues par décret-lois, à savoir :

■ Catégorie A.O.C.

Arbois B, R, r, g, J, P, M.

Côtes du Jura B, R, r, g, J, P, M.

Château-Chalon J.

L'Étoile B, J, P, M.

caractères des vins

La particularité de cette région est d'offrir une gamme complète de vins.
Comme dans beaucoup de régions on y trouve des vins blancs, rouges, rosés et mousseux mais en plus des vins de paille et l'unique vin Jaune.

Les vins rouges et rosés sont des vins très francs qui demandent à être mis en bouteilles assez tôt.
Les vins rouges où domine le Poulsard prend cette belle teinte de pelure d'oignon exclusive, dont l'œil se réjouit avant même le palais.
Il vieillit assez vite.

Les vins blancs de couleur or pâle sont bien équilibrés, ont du corps, peuvent rester en fûts plusieurs années avant d'être mis en bouteilles. Ils continuent à se bonifier et acquièrent de plus en plus ce goût fruité où réapparaît le souvenir du raisin.

Les mousseux blancs et rosés sont faits selon la méthode champenoise. Un stockage de 9 mois sur lattes est obligatoire. Les blancs sont plus légers, les rosés ont plus de corps et de sève.

Le vin de paille provient des plus beaux raisins choisis dans la vigne le Melon ayant priorité. Sa production est délicate, toutes les récoltes ne s'y prêtant pas, car le fruit doit être très mûr et très sain. On le cueille tard, en novembre, souvent après les gelées précoces. Les raisins, délicatement transportés pour éviter de les meurtrir, sont étendus sur un lit de paille ou suspendus dans un local sec et aéré. Ils s'y déshydratent lentement. Quand la dessication est à point, après deux mois au moins, on procède à l'égrappage tout en rejetant les grains détériorés. Et l'on presse dans de petits pressoirs de bois, d'où coule sans grande abondance un jus qui est riche en sucre non consommé et sera d'une haute teneur en alcool. Ce jus est mis au repos dans un fût de chêne jusqu'en avril-mai.
On soutire, on entonne dans un fût identique et après deux années au moins, on met en bouteilles.
Le vin de paille, lui aussi brave les siècles. On en connaît qui date de 1881, l'extraordinaire année de la comète.

Le célèbre VIN JAUNE

Les vendanges du Savagnin se font toujours tardivement, parfois après la Toussaint : cela valut au vin Jaune d'être autrefois baptisé « vin de gelées ».
Les grappes surmaturées ont alors perdu une partie de leur eau et gagné en qualité. La production est de ce fait faible : pas plus de 20 hl à l'ha.
Le raisin pressé, le jus connaît une première fermentation qui s'arrêtera dès le début des froids.

Au printemps suivant, le vin est soutiré et entreposé dans des petits fûts de chêne imprégnés du « goût de jaune ».

C'est ensuite un long silence pendant lequel s'accomplit l'étrange miracle défiant les règles de l'oenologie. Un voile homogène et étanche se forme à la surface, cette protection dispense le Maitre de Cave de toute opération d'ouillage, consistant à combler le vide provoqué par l'évaporation. Pendant 6 ans, le vin va se reposer et acquérir sa couleur significative et cette saveur inimitable qui évoque la noix ou la noisette.

A vin unique, bouteille unique : ainsi en est-il avec le clavelin à forme trapue et épaulée, comme le fabriquaient, dès 1506, les maîtres verriers de la Vieille Loye, en forêt de Chaux.

Le clavelin de 63 cl correspond à la quantité obtenue, après six années, d'un litre de vin récolté; il est réservé aux deux seules Appellations d'Origines Contrôlées :

ARBOIS JAUNE et ***CHATEAU-CHALON.***

Le vin Jaune est un vin de haute lignée, exceptionnel, un vin d'initiés solide et subtil, qu'il est conseillé d'ouvrir quelques heures avant le service.

Vin de très longue garde, il peut dépasser plusieurs générations de vignerons. Certaines caves s'enorgueillissent de receler encore quelques bouteilles de 1811.

En juillet 1947, le commandant Grand, historiographe de la ville d'Arbois offrit à ses hôtes de marque, Louis Pasteur Vallery-Radot et François Mauriac, un vin Jaune de 1774. Son trisaïeul en avait taillé la vigne sous Louis XV, récolté le raisin sous Louis XVI, son bisaïeul l'avait mis en bouteilles sous la 1re république.

Remarques

Les vins de l'Etoile sont récoltés dans la commune de l'Etoile à l'exclusion des terrains impropres à produire le vin de d'appellation.

Les vins qui ont droit à l'A.O.C. Chateau-Chalon sont récoltés sur les parties du territoire des communes de Chateau-Chalon, Menetru, Nevy et Domblans situées sur les pentes au pied de la falaise du Bajocien.

Les vins Côtes du Jura sont récoltés sur les cantons de : Villers-Farlay, Salins, Arbois, Poligny, Saint-Amour et Saint-Julien.

Les vins Arbois sont récoltés sur les terrains présentant les caractéristiques géologiques voulues dans les communes d'Arbois, Pupillin, Montigny-les-Arsures, Mesnay, Villette, Vandans, Les Arsures, Molamboz, Montmalin, Saint-Cyr, Abergement-le-Grand, Mathenay et les Planches.
(13 communes sur 15 du canton d'Arbois).

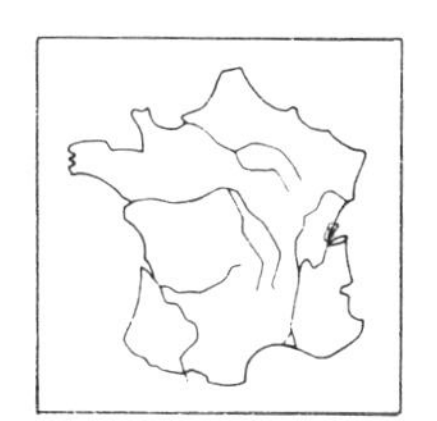

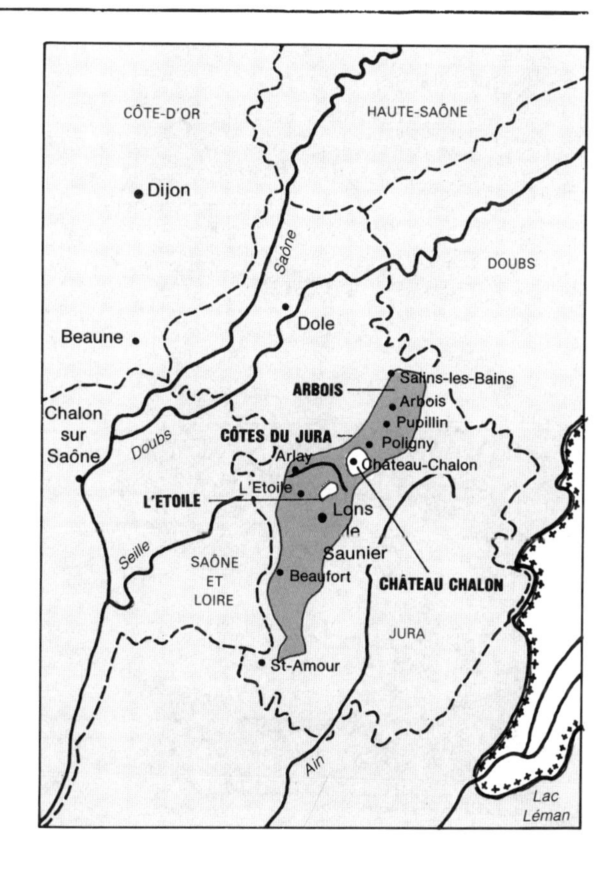

vin blanc (jaune : Château-Chalon)

vin blanc, rouge, rosé, gris, jaune, paille, mousseux

La place d'Henri Maire dans le vignoble d'Arbois et du Jura

Arbois occupe une place de choix dans le vignoble jurassien. Mais, si cette charmante petite ville auréolée de vignes a acquis une fière réputation dans toute la France, et bien au-delà de nos frontières, dans une centaine de pays étrangers, elle le doit surtout à Monsieur Henri Maire qui y possède une dizaine de domaines et propriétés totalisant 400 hectares de terres dont 300 hectares de vignes en production.

Si Henri Maire, viticulteur, produit à lui seul une bonne partie de l'Appellation d'Origine Contrôlée Arbois, il vinifie, élève, en outre, la vendange de quelques 600 viticulteurs du Jura. Et c'est ainsi qu'il commercialise 60 % de la totalité des vins d'Appellation d'Origine Contrôlée du vignoble Jurassien.

Les grands bâtiments Henri Maire se trouvent à Boichailles.

LE MACVIN

Dans cette région est produit le Macvin, obtenu par mutage du moût de raisin, concentré par la chaleur, avec de l'eau-de-vie de vin ou de marc du Jura.

Le moût provient uniquement des cépages nobles du Jura. Sa puissance alcoolique varie de 16 à 22°. Certains producteurs ajoutent des épices (vanille, coriandre, orange, badiane, cannelle...). Le MACVIN devient harmonieux après un vieillissement de 2 ou 3 ans en fût de chêne.

l'Alsace

historique

Les populations préhistoriques sur les bords du Rhin, mangeaient des raisins provenant de vignes sauvages ou lambrusques.

La culture proprement dite de la vigne s'est faite après la conquête romaine.

Au Moyen Age, le Rhin servait de voie de commercialisation vers les pays nordiques.

Au XVIe siècle, la réputation des vins d'Alsace était considérable.

Le choix des cépages par une ordonnance de 1575 a été limité.

Après 1870, les occupants ont sacrifié la qualité à la quantité, mais dès 1918, le vignoble alsacien s'est réorienté vers la production de vins de cépages nobles.

milieu

situation géographique

Départements : Haut-Rhin au sud et Bas-Rhin au nord. Le vignoble est situé entre le massif des Vosges et l'Ill, affluent du Rhin, de Mulhouse à Strasbourg, 100 km de long sur 2 à 4 km de large.

sol

Il est très varié, gneiss et granit, calcaires et marnes, sables et graviers. Ces différences sont dues à l'affaissement progressif de la partie médiane du massif.

climat

Semi-continental du à une situation géographique exceptionnelle. Le vignoble est abrité des influences océaniques par les Vosges. La pluviométrie est parmi les plus faibles de France (500 mm).

Les expositions Sud et Sud-est constituent la très grande partie du vignoble.

altitude

Varie de 200 à 400 mètres.

superficie

12.052 ha.

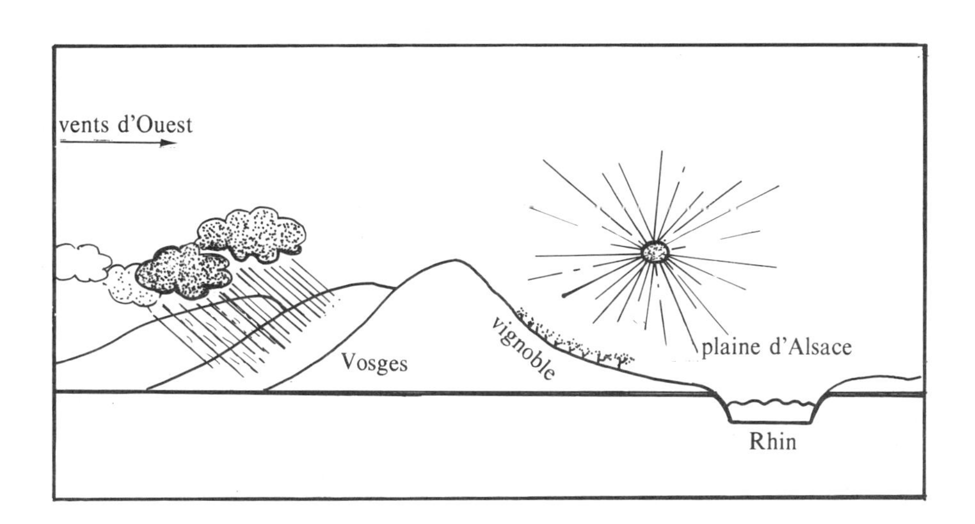

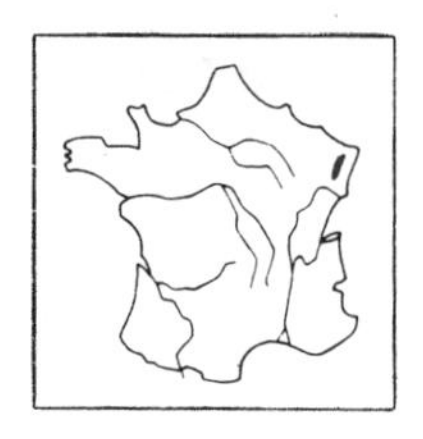

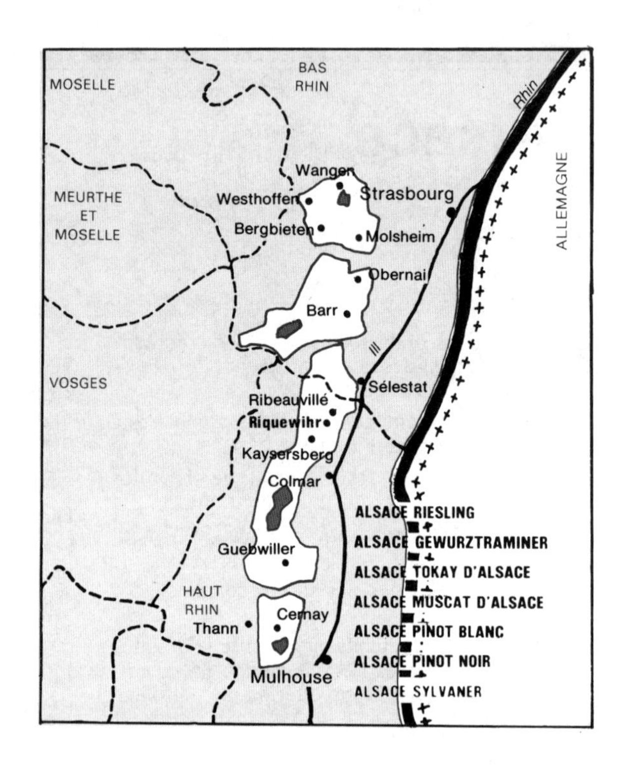

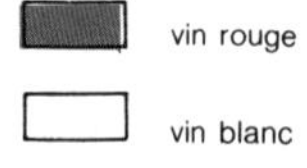

production (1986)

Alsace rouge : 67 585 hl
Alsace blanc : 1 127 492 hl

cépages

Sept cépages d'Appellation d'Origine Contrôlée sont essentiellement utilisés en Alsace :

– *le Sylvaner,* le plus répandu, particulièrement dans le Bas-Rhin donne des vins fruités et frais parfois légèrement pétillants qui sont fins dans les bonnes expositions ou assez légers dans les situations ordinaires.

– *Le Pinot blanc ou Klevner,* donne un vin souple et nerveux.

– *Le Pinot gris ou anciennement Tokay d'Alsace,* donne un vin blanc souple, capiteux et corsé.

– *Le Riesling,* donne un vin blanc sec au bouquet délicat, au fruité exquis, fin et racé.

– *Le Muscat d'Alsace* existe en deux variétés : le vieux Muscat d'Alsace et le Muscat Ottonel qui donnent un vin blanc sec et fruité.

– *Le Gewurztraminer,* donne un vin blanc sec corsé au bouquet caractéristique, d'une grande élégance.

Il est issu d'une sélection du vieux cépage Traminer aujourd'hui abandonné.

– *Le Pinot noir,* donne un vin rosé ou rouge sec et fruité au bouquet élégant.

– autres cépages :

On utilise également le Chasselas de production irrégulière due à la coulure (voir oenologie) qui donne un vin frais et léger assez neutre. Pouvant entrer dans la composition de l'Edelzwicker Le Traminer moins épicé que le Gewurztraminer.

Tous ces cépages peuvent également faire l'objet d'assemblage harmonieux qui constituent autant de vins agréables et typiques commercialisés sous la dénomination Edelzwicker ou bien sous le nom d'une marque déposée.

appellations

■ Catégorie A.O.C.

Décret du 30 juin 1971.

Alsace ou ***vin d'Alsace.***

Ces appellations peuvent être accompagnés d'un nom de cépage.

Alsace ou vin d'Alsace +
+ Sylvaner B
+ Pinot B ou Klevner
+ Riesling B
+ Muscat d'Alsace B
+ Tokay Pinot gris ou Pinot gris
+ Gewurztraminer B
+ Pinot noir, r et R
+ Chasselas ou Gutedel.

Les plus grands d'entre eux peuvent porter l'appellation « Grand Cru » après agrément par dégustation interprofessionnelle (décret du 20/11/1975).

Alsace grand cru

mais ils doivent provenir uniquement des cépages Gewurztraminer et Pinot gris et titrer 11° minimum ou Riesling et Muscat et titrer au minimum 10°.

Crémant d'Alsace

C'est un vin effervescent de méthode champenoise vinifié en blanc parfois en rosé, issus de Pinot blanc noir principalement sans exclure le Riesling et le Pinot Gris.
C'est un vin vif sans le fruité typique des vins d'Alsace.

Les vins d'Alsace sont souvent présentés dans leur bouteille typique, la flûte d'Alsace ou flûte à vin du Rhin, élancée, élégante et racée, qui leur est réservée par la règlementation et qui constitue le reflet par excellence de leur image de marque.

Ils sont obligatoirement mis en bouteilles dans la région de production.

Vin d'Alsace

Edelzwicker

caractères des vins

Le Sylvaner de couleur or-vert est sec et léger, parfois pétillant.

Le Pinot blanc est sans prétention, il est souple et nerveux; il fait un bon apéritif.

Le Muscat d'Alsace est sec, fruité au bouquet caractéristique.

Le Tokay est un vin souple, capiteux et corsé au bouquet exquis et délicat.

Le Gewurztraminer, vin corsé, charpenté, sec et moëlleux les grandes années, a un bouquet merveilleux, très arômatique et élégant.

Le Pinot noir a la robe claire, fort sec et fruité et souvent appelé rosé d'Alsace.

Le Crémant d'Alsace, vin effervescent, trouve sa place à toute heure de la journée quelle que soit sa couleur.

La Confrérie Saint-Etienne d'Alsace crée au XIVe siècle comme toutes les autres confréries s'attache à conserver la réputation des vins d'Alsace.

VIN D'ALSACE
APPELLATION ALSACE CONTRÔLÉE
MISE EN BOUTEILLE A LA PROPRIÉTÉ
Sylvaner
0,70L
Louis Hauller Propr.-Viticulteur à 67 Dambach-la-Ville Alsace
PRODUCT OF FRANCE

VIN D'ALSACE
APPELLATION ALSACE CONTRÔLÉE
MISE EN BOUTEILLE A LA PROPRIÉTÉ
Pinot Noir
70cl
Louis Hauller Propr.-Viticulteur à 67 Dambach-la-Ville Alsace
PRODUCT OF FRANCE

ALSACE
ALSACE
RÉSERVE SPÉCIALE
RÉCOLTE DE
DE NOTRE PROPRE
RIQUEWIHR
Dopff
APPELLATION ALSACE CONTRÔLÉE
1981 GEWURZTRAMINER 1981
MIS EN BOUTEILLE PAR
DOPFF, «AU MOULIN» A RIQUEWIHR (HAUT-RHIN) FRANCE
75 cl
PRODUCE OF FRANCE

VIN D'ALSACE
APPELLATION ALSACE CONTRÔLÉE
MISE EN BOUTEILLE A LA PROPRIÉTÉ
Edelzwicker
70cl
Louis Hauller Propr.-Viticulteur à 67 Dambach-la-Ville Alsace
PRODUCT OF FRANCE

VIN D'ALSACE
Appellation Alsace Contrôlée
MARQUE DÉPOSÉE
PRODUCT OF FRANCE
SCHLUMBERGER
RIESLING
Réserve
70cl
MIS EN BOUTEILLE AUX DOMAINES SCHLUMBERGER VITICULTEUR A GUEBWILLER (HAUT-RHIN) FRANCE

VIN D'ALSACE
Appellation Alsace Contrôlée
Bott Frères
MUSCAT D'ALSACE
CUVÉE EXCEPTIONNELLE 1981
MAISON BOTT FRÈRES
NÉGOCIANTS-ÉLEVEURS A RIBEAUVILLÉ (HAUT-RHIN)
PRODUCE OF FRANCE
70 cl
35 cl

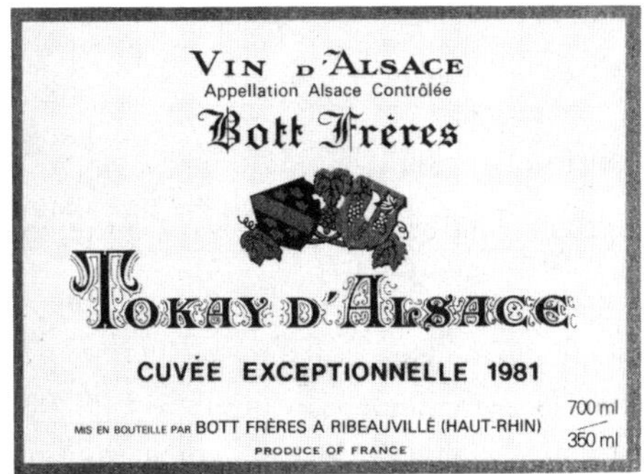
VIN D'ALSACE
Appellation Alsace Contrôlée
Bott Frères
TOKAY D'ALSACE
CUVÉE EXCEPTIONNELLE 1981
MIS EN BOUTEILLE PAR BOTT FRÈRES A RIBEAUVILLÉ (HAUT-RHIN)
PRODUCE OF FRANCE
700 ml
350 ml

VIN D'ALSACE
Appellation Alsace Contrôlée
MARQUE DÉPOSÉE
PRODUCT OF FRANCE
SCHLUMBERGER
GEWURZTRAMINER
Réserve
70 cl
MIS EN BOUTEILLE AUX DOMAINES SCHLUMBERGER VITICULTEUR A GUEBWILLER (HAUT-RHIN) FRANCE

la Lorraine

historique

Ce vignoble était beaucoup plus vaste autrefois qu'il ne l'est aujourd'hui.

milieu

situation géographique

Départements : Vosges, Meuse, Ardennes, Moselle et Meurthe-et-Moselle entre les vignobles d'Alsace et de Champagne.

sol

Varié, principalement calcaire.

climat

Assez froid et pluvieux.

altitude

Moyenne de 200 à 400 mètres.

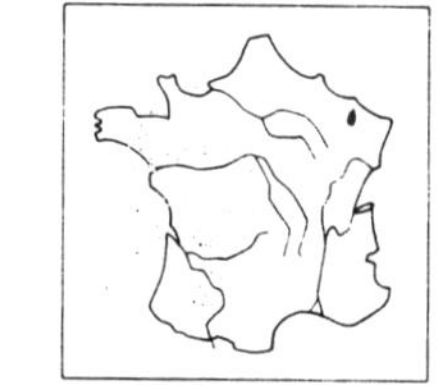

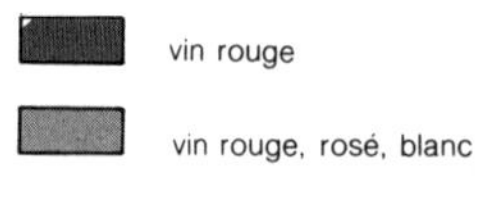

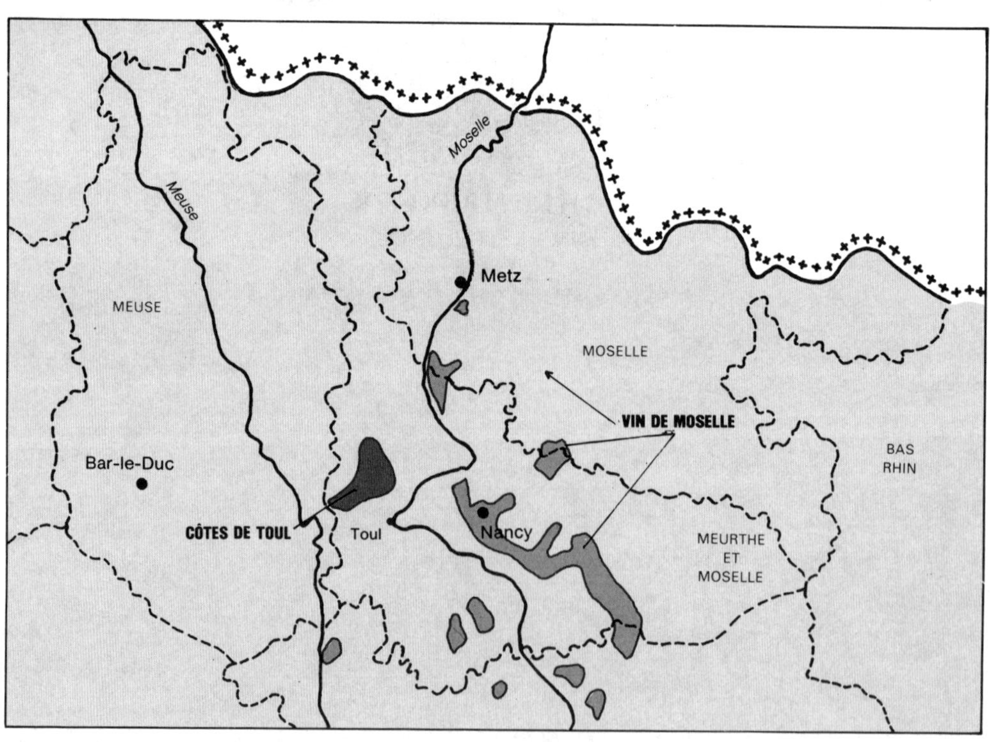

superficie

Environ 500 hectares.

production

Côtes de Toul R et r 3 838 hl
Côtes de Toul B 66 hl

Vin de Moselle R et r 302 hl
Vin de Moselle B 493 hl

cépages

Rouges : Pinot gris, Pinot noir, Meunier.

Blancs : Chardonnay, Pinot blanc, Aligoté, Auxerrois et Gamay noir à jus blanc.

appellations

■ Catégorie V.D.Q.S.
Côtes de Toul R, r et B.
Vin de Moselle R, r et B.
8,5° minimum.

caractères des vins

Ce sont des vins sans prétention, légers, frais et fruités.

Les blancs sont frais et agréables quand ils n'ont pas une acidité trop forte.

Les gris souvent acides sont peu colorés et légers.

la Champagne

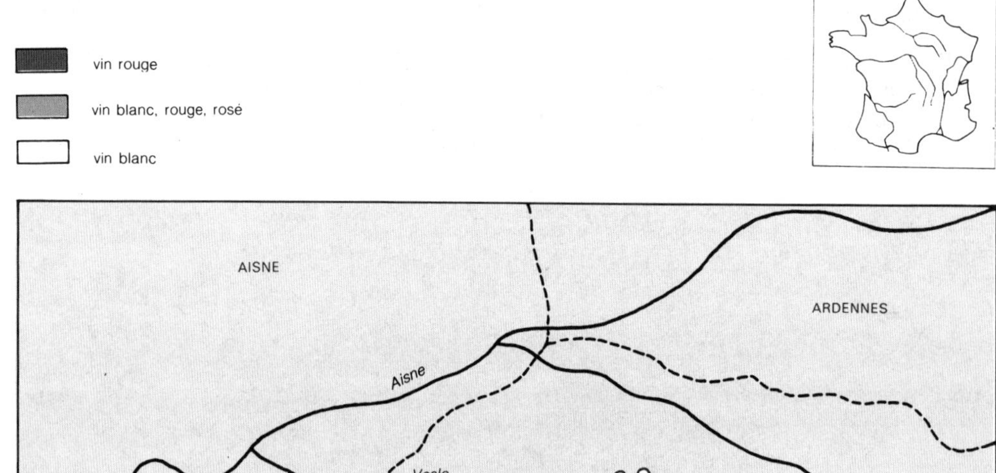

historique

L'écrivain latin Pline, au Ier siècle, nous laisse ce témoignage : « Les autres vins de la Gaule, recommandés par la table des rois, ne sont-ils pas ceux de la campagne de Reims que l'on appelle vins d'Ay ? »

Saint-Remi qui baptisa Clovis à Reims a laissé un testament dans lequel après avoir institué l'église de Reims sa légataire universelle, il distribua des parcelles de vignes à des prêtres, des parents et des serviteurs.
La réputation des vins de Champagne grandit au XVIe siècle et au XVIIe siècle au point d'engager les rois de France tels que Charles IX et Henri IV à y posséder des vignobles.

C'est au XVIIe siècle que se produisit une révolution importante dans la préparation des vins de Champagne car le produit du vignoble, en ce temps-là, ne ressemblait guère à celui que nous connaissons aujourd'hui.

Les champenois s'acharnaient, sans succès, à contenir *l'effervescence naturelle du vin,* à maintenir sa limpidité, à dompter ses caprices.

Quelques hommes du terroir, et en particulier Dom Pérignon, cellérier à l'abbaye de Hautvillers, unissant des qualités de dégustateur à la patience de l'observateur, réussirent à maîtriser la fermentation en bouteilles et obtinrent un vin clair à la mousse persistante. Le Champagne tel que nous l'apprécions maintenant, était né.

Il suscita aussitôt une vague considérable. Tous les rois et empereurs et avec eux l'aristocratie européenne en firent un vin de fête.

Il en fut consommé 1.800 bouteilles au cours d'un bal donné le 30 août 1739 par la ville de Paris. Louis XV dit le Bien-Aimé y aurait assisté incognito et masqué.
C'était l'époque où Voltaire écrivait :
« De ce vin frais l'écume pétillante,
De nos Français est l'image brillante ».

milieu

situation géographique

Départements : principalement la Marne 78 %, l'Aube 15 %, l'Aisne et la Seine et Marne 7 %.
Le vignoble serpente sur un longueur de 120 km pour une largeur de 300 m à 2 km, et se trouve à 150 km au nord-est de Paris.

Le vignoble Champenois comporte quatre zones :
- La Montagne de Reims,
- La Vallée de la Marne,
- La Côte des Blancs,
- Les vignobles de l'Aube.

La Montagne de Reims constitue le versant méridional de la vallée de la Vesle, et s'étend jusqu'à la vallée de la Marne. La vallée de la Marne surplombe ce fleuve à hauteur d'Epernay jusqu'à Château Thierry.
La Côte des Blancs ou Côte d'Avize, ainsi appelée parce qu'elle produit presque exclusivement des raisins blancs. Elle est orientée face à l'est. C'est une seconde falaise perpendiculaire à la Montagne de Reims, au sud d'Epernay et de la Marne.

Séparé de l'ensemble marnais par la plaine de Champagne, le vignoble de l'Aube est situé dans la région de Bar-sur-Seine et Bar-sur-Aube au sud-est de Troyes.

sol

Le vignoble Champenois, est établi sur le calcaire. C'est là une caractéristique essentielle.
Cette assise est recouverte par une couche de terre meuble et fertile d'une épaisseur variant entre 20 et 50 cm.
La craie en sous-sol assure un draînage parfait permettant l'infiltration des eaux en excès, tout en conservant au sol une humidité suffisante.
De plus, elle a la faculté d'emmagasiner et de restituer la chaleur solaire.

climat

Les hivers généralement doux et les printemps incertains, les étés chauds et les automnes relativement beaux sont assez favorables à la culture de la vigne.
La température moyenne annuelle est de 10°.
Or au-dessous d'une moyenne de 9° le raisin ne peut plus mûrir et la vigne peut à peine survivre.
Mais paradoxalement, ces conditions limites sont les plus propres à donner des grappes d'une qualité exceptionnelle.

altitude

Entre 130 et 180 m. ce qui préserve le vignoble, dans certaines mesures des gelées de printemps aux brumes givrantes.

superficie

24.800 ha.

Marne : 19.200 ha.
Aube : 3.800 ha.
Aisne et Seine et Marne : 1.800 ha.

production

Champagne R 24 508 hl
Champagne B 1 933 070 hl

Rosé de Riceys 58 hl.

cépages

Les Pinots noirs donnent un vin plein de force, de sève et de générosité.

Les Pinots Meuniers donnent un vin plein de force et de générosité.
Le Chardonnay à raisins blancs donne un vin frais et élégant.

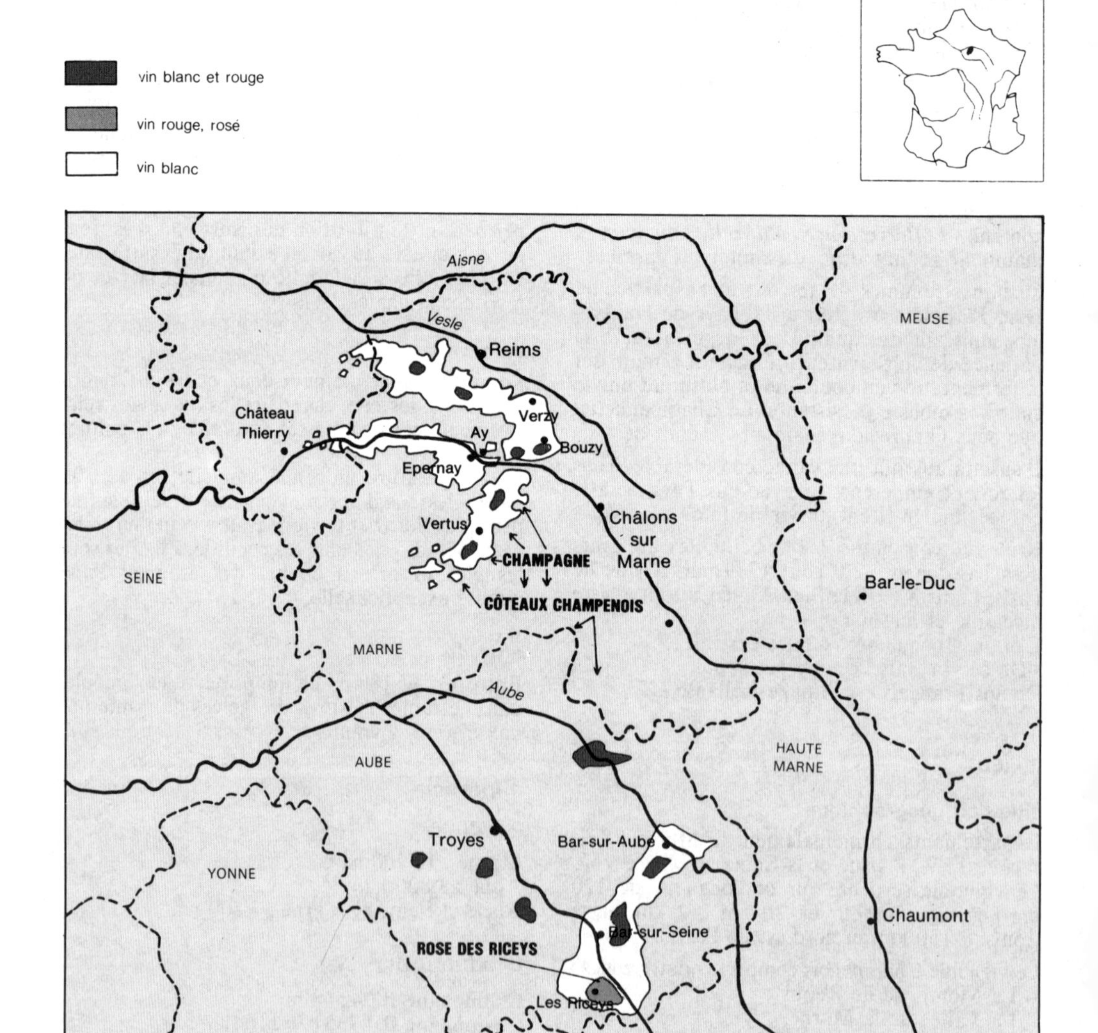

appellations

Champagne : blanc et rosé.
Les vins de la Montagne de Reims sont très bouquetés et frais, ceux de la Vallée de la Marne sont les plus estimés, ils ont un goût fin et un bouquet délicat, parfois de noisette.
Les vins de la Côte des Blancs sont plus délicats, de grande finesse et sont longs à se faire (5 ans).
Ceux de l'Aube sont très frais et légers.

La mention « Champagne » suffit. Ni suivi ni précédé de la mention A.O.C. C'est la seule exception à la règle.
D'autres indications codées figurent obligatoirement sur l'étiquette :
NM : négociant manipulant. Le raisin a été acheté et les manipulations, l'assemblage et la commercialisation, sont l'œuvre du négociant dont le nom figure sur l'étiquette. Le champagne de grande marque porte ce sigle.

RM : récoltant manipulant. C'est le vigneron qui a assuré la champagnisation. Les champagnes de crus portent ce sigle.

CM ou MC : coopérative de manipulation. Les vignerons coopérateurs portent leur raisin à la coopérative qui assure la vinification et la manipulation.

MA : marque auxiliaire. N'importe qui peut déposer une marque auxiliaire pour vendre un produit démarqué. Cela n'est guère encourageant. Il peut arriver qu'une marque auxiliaire soit déposée par un négociant non manipulant.

MA : marque d'acheteur.

R.C. : récoltant coopérateur pour les adhérents au C.M.

S.R. : société de récoltants.

G.A.E.C. : groupement autonome agricole économique coopération.

Certaines mentions peuvent également apparaître :
Le champagne *Blanc de Blancs* est un champagne de cru issu de raisins blancs.

Les *Blancs de Noirs* est une mention assez rare des crus de la Montagne de Reims. Ces vins sont charpentés et vineux.

Les cuvées : (Private Cuvée - Spécial Cuvée - Extra - Cuvée - Réserve...) signifient que les vins proviennent d'assemblages d'au moins 75 % de blancs de noirs.

Le Millésime : La qualité des vins est suffisante pour se passer du renfort des vins de réserve. Le Millésime se trouve soit sur l'étiquette, soit sur la colerette, soit sur le bouchon.

Non Millésimé : Mélange de plusieurs années normales.

Crémant : Ce mot désigne un champagne moins mousseux (de moitié) que le champagne traditionnel. Il est fabriqué avec une proportion plus faible de liqueur de tirage.

Ne pas le confondre avec le Champagne de Cramant (Côte des Blancs).

Brut Zéro, Brut intégral et Brut 100 % :
Seuls quelques vins parfois supportent ce splendide dépouillement puisque rien ne peut masquer d'éventuels défauts – absolument sec.

Doux : La liqueur de dosage masque tous les défauts du vin mais apporte une proportion de sucre importante.

Rosé : Champagne coloré par addition d'un peu de *vin* rouge.
C'est encore une exception.
1/2 sec : entre le Brut et le Doux. Convient parfaitement aux desserts.

Sur les étiquettes figurent des noms de marques telles que :
Arpala, Bollinger, Charles Heidsick, Henriot, Krug, Lanson, Laurent-Perrier, Mailly-Champagne, Mercier, Moët et Chandon, Mumm, Perrier Jouët (avec sa bouteille Belle Epoque de chez Maxim's crée à l'occasion du 79e anniversaire du Duc Ellington par le célèbre Gallé). Piper Heidsick, Pol Roger, Pommery et Greno, Roederer Louis (cuvée Cristal célèbre par sa bouteille blanche crée pour le plaisir du Tsar Alexandre II), Ruinart, Taitinger, Veuve Clicquot Ponsardin...

Coteaux Champenois : en B, R et r sont des vins tranquilles. Les rouges vieillissent bien, les rosés sont gouleyants et les blancs légers, secs et modérément fruités.

Rosé des Riceys : Ce rosé tranquille, presque introuvable porte le nom de sa commune. Il est d'une grande finesse et se boit jeune.

élaboration du Champagne

Voir Oenologie.

les différentes bouteilles

le 1/4	0,18 l
le 1/2	0,374 l
la Bouteille	0,75 l
le Magnum	2 bouteilles
le Jéroboam	4 bouteilles
le Réhoboam	6 bouteilles
le Mathusalem	8 bouteilles
le Salmanazar	12 bouteilles
le Balthazar	16 bouteilles
le Nabuchodonozor	20 bouteilles
le Salomon	20,00 l

le bouchon

Tout bouchon de champagne doit légalement porter l'appellation « champagne » marquée sur le pourtour de la partie insérée dans le goulot ainsi que la mention du « millésime ».

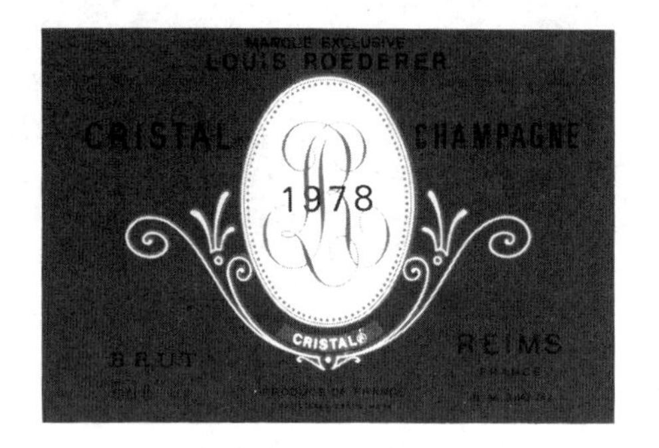

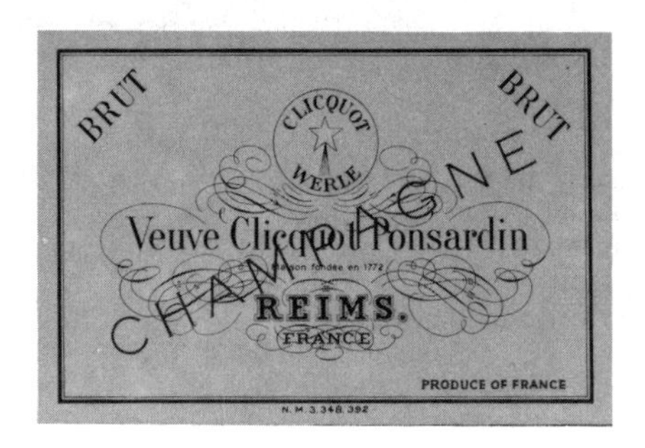

Dictons à propos de la vigne et du vin

Janvier :
Saint-Antoine (le 17) sec et beau
Remplit cuves et tonneaux.

Le Jour de la Saint-Vincent (le 22) clair et serein annonce une année de bon vin.

Février :
Si le jour la Chandeleur (le 2) il fait beau,
il y aura du vin comme de l'eau.

Quand il tonne en février,
Monte tes barils au grenier.

Mars :
Mars sec et chaud
remplit caves et tonneaux.

Taille tôt, taille tard,
Rien ne vaut la taille de Mars.

Avril :
Bourgeon qui pousse en avril,
Met peu de vin au baril.

Quand il tonne en Avril,
Apprête ton baril.

Mai :
Rosée du soir et fraîcheur de mai,
appellent du vin et beaucoup de foin.

Juin :
Juin fait le vin
Août fait le goût.

Juillet :
Année de groseilles,
Année de bouteilles.

Août :
Août pluvieux, Cellier vineux.

Septembre :
Août murit, Septembre vendange
En ces deux mois, tout bien s'arrange.

Octobre :
Courts rameaux, longue vendange.

Novembre :
A la Saint-Martin, Bouche tes tonneaux, tâte ton vin.

Décembre :
Quand en hiver il tonne, l'année s'annonce bonne.

L'amour à mesure qu'il vieillit, comme le bon vin se bonifie.

A

B

Château	*Baleau*	**St-Emilion**
Château	*Balestard-la-Tonnelle*	**St-Emilion**
	Bandol	**Provence**
	Banyuls	**Roussillon**
	Banyuls Grand Cru	**Roussillon**
	Barsac	**Barsac**
	Bas-Armagnac	**Armagnac**
	Basses-Mourettes	**Beaune**
	Basses-Vergelesses	**Beaune**
Château	*Batailley*	**Médoc**
	Batard-Montrachet	**Beaune**
	Beaujolais	**Beaujolais**
	Beaujolais-Supérieur	**Beaujolais**
	Beaujolais-Villages	**Beaujolais**
	Beaune	**Beaune**
	Béarn	**Béarn**
	Beauregard	**Beaune**
	Beaurepaire	**Beaune**
	Beauroy	**Basse-Bourgogne**
Château	*Beauséjour-Duffau*	**St-Emilion**
Château	*Beauséjour-Fagomet*	**St-Emilion**
Château	*Bel-Air*	**Graves de Vayres**
Château	*Bel-Air*	**Lalande de Pomerol**
	Bel-Air	**Nuits**
Château	*Belair*	**Saint-Emilion**
Château	*Belgrave*	**Médoc**
	Bellet	**Provence**
Château	*Bellevue*	**St-Emilion**
Château	*Bergat*	**St-Emilion**
	Bergerac	**Dordogne**
Côtes de	*Bergerac*	**Dordogne**
	Bergeron	**Savoie**
Château	*Beychevelle*	**Médoc**
	Bienvenue-Batard-Montrachet	**Beaune**
	Blagny	**Beaune**
	Blanc Fumé de Pouilly	**Nivernais**
	Blanchots	**Beaune**
	Blanquette de Limoux	**Languedoc**
	Blaye	**Blaye**
	Blayais	**Blaye**
	Bonnes-Mares	**Basse-Bourgogne**
	Bonnezeaux	**Anjou**
	Bons Bois	**Cognac**
	Bougros	**Basse-Bourgogne**
	Bordeaux	**Bordeaux**
	Bordeaux Clairet	**Bordeaux**
	Bordeaux Côtes de Castillon	**Côtes de Castillon**
	Bordeaux Côtes de Francs	**Côtes de Francs**
	Bordeaux Haut-Benauge	**Entre-deux-Mers**
	Bordeaux Rosé	**Bordeaux**
	Bordeaux Supérieur Côtes de Francs	**Bordeaux Côtes de Francs**
	Borderie	**Cognac**
	Bourg	**Côtes de Bourg**
	Bourgeais	**Côtes de Bourg**
	Bourgogne	**Bourgogne**

	Bourgogne Aligoté	**Bourgogne**
	Bourgogne Aligoté	
	Bouzeron	**Bourgogne**
	Bourgogne Clairet	
	Hautes Côtes de Beaune	**Beaune**
	Bourgogne Clairet	
	Hautes Côtes de Nuits	**Nuits**
	Bourgogne Côte de Beaune	**Beaune**
	Bourgogne Côte de Beaune Villages	**Beaune**
	Bourgogne Côtes de Nuits Villages	**Nuits**
	Bourgogne Grand Ordinaire	**Beaune**
	Bourgogne Hautes Côtes de Beaune	**Beaune**
	Bourgogne Hautes Côtes de Nuits	**Nuits**
	Bourgogne Irancy	**Bourgogne**
	Bourgogne Mousseux	**Bourgogne**
	Bourgogne Ordinaire	**Bourgogne**
	Bourgogne Passe-tout-Grains	**Bourgogne**
	Bourgogne Rosé de Marsannay	**Bourgogne**
	Bourgogne Rosé Htes Côtes de Beaune	**Beaune**
	Bourgogne Rosé Htes Côtes de Nuits	**Nuits**
	Bourgueil	**Touraine**
Château	*Bouscaut*	**Graves**
Château	*Boyd-Cantenac*	**Médoc**
Château	*Branaire-Ducru*	**Médoc**
Château	*Brane-Ducru*	**Médoc**
	Brochon	**Nuits**
	Brouilly	**Beaujolais**
Château	*Broustet*	**Barsac**

C

	Cabernet d'Anjou	**Anjou**
Château	*Cadet-Bon*	**St-Emilion**
Château	*Cadet Piola*	**St-Emilion**
	Cadillac	**Premières Côtes de Bordeaux**
	Cahors	**Cahors**
	Caillerets-Bessus	**Beaune**
	Caillou Ch.	**Barsac**
Château	*Calon-Ségur*	**Médoc**
	Calouères	**Nuits**
Château	*Camensac*	**Médoc**
Château	*Canon*	**Fronsac**
Château	*Canon*	**St-Emilion**
	Canon-Fronsac	**Fronsac**
	Canon la Gaffelière	**St-Emilion**
Château	*Cantenac-Brown*	**Médoc**
Château	*Cantermerle*	**Médoc**
Château	*Cap du Moulin*	**St-Emilion**
Château	*Carbonnieux*	**Graves**
	Carelles-Dessous	**Beaune**
	Carelles-sous-la-Chapelle	**Beaune**
	Cassis	**Provence**

	Cazetiers	**Nuits**
	Cérons	**Cérons**
Château de	*Cérons*	**Cérons**
	Chabiots	**Nuits**
	Chablis	**Basse Bourgogne**
	Chambertin	**Nuits**
	Chambolle Musigny	**Nuits**
	Champagne	**Champagne**
	Champeaux	**Nuits**
	Champitonnois	**Nuits**
	Champlot	**Beaune**
	Champonnats	**Nuits**
	Champs-Pimont	**Beaune**
	Chanlin	**Beaune**
	Chanturgues	**Auvergne**
	Chapelle Chambertin	**Nuits**
Château	*Chapelle Madeleine*	**St-Emilion**
	Charentes (eau de vie des)	**Cognac**
	Charmes Chambertin	**Nuits**
	Chassagne ou Cailleret	**Beaune**
	Chassagne-Montrachet	**Beaune**
	Chateau-Chalon	**Jura**
	Chateaugay	**Auvergne**
	Chateau-Grillet	**Côtes du Rhône**
	Chateaumeillant	**Chateaumeillant**
	Chateauneuf du Pape	**Côtes du Rhône**
	Châtillon-en-Diois	**Vallée du Rhône**
	Chautagne	**Savoie**
Château	*Chauvin*	**St-Emilion**
	Cheilly-les-Maranges	**Beaune**
	Chenas	**Beaujolais**
	Cherbaudes	**Nuits**
Château	*Cheval Blanc*	**St-Emilion**
Domaine de	*Chevalier*	**Graves**
	Chevalier-Montrachet	**Beaune**
	Cheverny	**Cherverny**
	Chignin	**Savoie**
	Chignin-Bergeron	**Savoie**
Saint	*Chinian*	**Languedoc**
	Chinon	**Touraine**
	Chiroubles	**Beaujolais**
	Chorey	**Beaune**
	Clairette de Die	**Vallée du Rhône**
	Clairette du Languedoc	**Languedoc**
	Clavoillons	**Beaune**
Château	*Clerc-Milon-Mondon*	**Médoc**
Château	*Climens*	**Barsac**
	Climat du Val	**Beaune**
	Clos Arlots	**Nuits**
	Clos Blanc	**Beaune**
	Clos Bussières	**Nuits**
	Clos de la Commanderie	**Nuits**
	Clos de la Maréchale	**Nuits**
	Clos de la Perrière	**Nuits**
	Clos de la Roche	**Nuits**
Château	*Clos de l'Oratoire*	**St-Emilion**
	Clos des Argillières	**Nuits**
	Clos des Corvées	**Nuits**

	Clos des Forêts	**Nuits**
Château	*Clos des Jacobins*	**St-Emilion**
	Clos des Lambrays	**Nuits**
	Clos de Tart	**Nuits**
	Clos de Tavannes	**Beaune**
	Clos de Vougeot	**Nuits**
	Clos du Chapitre	**Nuits**
Château	*Clos du Clocher*	**Pomerol**
	Clos du Roi	**Beaune**
	Clos du Verger	**Nuits**
Château	*Clos la Madeleine*	**St-Emilion**
Château	*Clos l'Eglise*	**Pomerol**
	Clos Prieur	**Nuits**
	Clos Saint-Denis	**Nuits**
	Clos Saint-Jean	**Beaune**
	Clos-Saint-Martin	**St-Emilion**
	Cognac	**Cognac**
	Cognac (eau de vie de)	**Cognac**
	Collioure	**Roussillon**
	Combe-aux-Moines	**Nuits**
	Comblanchien	**Nuits**
	Condrieu	**Côtes du Rhône**
	Corent	**Auvergne**
	Cornas	**Côtes du Rhône**
Château	*Cos d'Estournel*	**Médoc**
Château	*Cos Labory*	**Médoc**
	Costières du Roussillon	**Roussillon**
	Côteaux Champenois	**Champagne**
	Côteaux d'Aix-en-Provence	**Provence**
	Côteaux de Pierrevert	**Provence**
	Côteaux des Baux	**Provence**
	Côteaux du Languedoc	**Languedoc**
	Côteaux du Lyonnais	**Vallée du Rhône**
	Côte d'Agly	**Roussilon**
	Côte de Léchet	**Basse Bourgogne**
	Côte Rôtie	**Côtes du Rhône**
	Côte Rôties	**Nuits**
	Côtes de Beaune	**Beaune**
	Côtes de Beaune Villages	**Beaune**
	Côte de Blaye	**Blayais**
	Côtes de Bordeaux Saint-Macaire	**Côtes de Bx. St. Macaire**
	Côtes de Bourg	**Bourgeais**
	Côtes de Brouilly	**Beaujolais**
	Côtes de Buzet	**Côtes de Buzet**
	Côtes de Cabardes et de l'Orbiel	**Languedoc**
	Côtes de Canon-Fronsac	**Fronsadais**
	Côtes de Castillon	**Côtes de Castillon**
	Côtes de Duras	**Côtes de Duras**
	Côtes de Francs	**Côtes de Francs**
	Côtes de Fronsac	**Fronsadais**
	Côtes de la Malepere	**Languedoc**
	Côtes de Marmandais	**Côteaux du Marmandais**
	Côtes de Provence	**Provence**
	Côtes de Saint-Mont	**Gers**
	Côtes de Toul	**Lorraine**
	Côtes du Forez	**Vallée du Rhône**
	Côtes du Frontonnais-Fronton	**Frontonnais**
	Côtes du Frontonnais-Villaudric	**Frontonnais**

	Côtes du Haut-Roussillon	**Roussillon**
	Côtes du Jura	**Jura**
	Côtes du Lubéron	**Provence**
	Côtes du Rhône	**Côtes du Rhône**
	Côtes du Rhône-Villages	**Côtes du Rhône**
	Côtes du Roussillon	**Roussillon**
	Côtes du Roussillon-Villages	**Roussillon**
	Côtes du Ventoux	**Vallée du Rhône**
	Côtes du Vivarais	**Vallée du Rhône**
	Côtes Roannaises	**Vallée du Rhône**
	Corbières	**Languedoc**
Château	*Corbin*	**St-Emilion**
Château	*Corbin-Michotte*	**St-Emilion**
	Corgoloin	**Nuits**
	Corton	**Beaune**
	Corton-Charlemagne	**Beaune**
	Couhins	**Graves**
Château	*Coutet*	**Barsac**
Château	*Coutet*	**St-Emilion**
Château	*Couvent des Jacobins*	**St-Emilion**
	Craipillot	**Nuits**
	Crémant d'Alsace	**Alsace**
	Crémant de Bourgogne	**Bourgogne**
	Crémant de Loire	**Anjou-Touraine**
	Crépy	**Savoie**
	Creux de la Net	**Beaune**
	Criots-Batard-Montrachet	**Beaune**
Château	*Croizet-Bages*	**Médoc**
Château	*Croque-Michotte*	**St-Emilion**
Château du	*Cros*	**Loupiac**
	Crozes-Hermitage	**Côtes du Rhône**
	Cruet	**Savoie**
Château	*Curé-Bon*	**St-Emilion**

D

Château	*Dassault*	**St. Emilion**
Château	*Dauzac*	**Médoc**
	Derrière Saint-Jean	**Beaune**
	Derrière le Grange	**Nuits**
Château	*Desmirail*	**Médoc**
	Dezize-les-Maranges	**Beaune**
Château	*Doisy-Daëne*	**Barsac**
Château	*Doisy-Dubroca*	**Barsac**
Château	*Doisy-Vedrines*	**Barsac**
Château	*Ducru Beaucaillou*	**Médoc**
Château	*Duhart-Milon*	**Médoc**
Château	*Dufort-Vivens*	**Médoc**
	Duresses	**Beaune**
Château	*Du Tertre*	**Médoc**

E

	Echezeaux	**Nuits**
	En Caillerets	**Beaune**
	En Caradeux	**Beaune**
	En Champans	**Beaune**
	En Chevret	**Beaune**
	En Caillerets	**Beaune**
	En Genêt	**Beaune**
	En la Chaîne-Carteau	**Nuits**
	En l'Orme	**Beaune**
	En l'Ormeau	**Beaune**
	En Paulard	**Beaune**
	Entre-deux-Mers	**Entre-deux-Mers**
	Entre-deux-Mers Haut-Bénauge	**Entre-deux-Mers**
	En Rémilly	**Beaune**
	En Verneuil	**Beaune**
	Ergots	**Nuits**
	Es Charmotz	**Beaune**
	Esprit de Cognac	**Cognac**
Saint	*Estèphe*	**Médoc**
	Estournelles	**Nuits**
	Etoile	**Jura**
Château l'	*Evangile*	**Pomerol**

F

	Faugères	**Languedoc**
Château	*Ferrières*	**Médoc**
	Fiefs Vendéens	**Vendée**
Château	*Fieuzal*	**Graves**
Château	*Figeac*	**St. Emilion**
Château	*Filhot*	**Sauternes**
	Fins Bois	**Cognac**
	Fine Champagne	**Cognac**
	Fitou	**Languedoc**
	Fixin	**Nuits**
	Flagey-Echezeaux	**Nuits**
	Fleurie	**Beaujolais**
Château	*Flonplégade*	**St. Emilion**
Château	*Fonroque*	**St. Emilion**
	Fourchaume	**Basse Bourgogne**
Clos	*Fourtet*	**St. Emilion**
Château	*Franc-Mayne*	**St. Emilion**
Roussette de	*Frangy*	**Savoie**
	Fremiets	**Beaune**

G

	Gabarnac	**Première Côtes de Bordeaux**
	Gaillac	**Tarn**
	Gaillac Doux	**Tarn**

	Gaillac Mousseux	**Tarn**
	Gaillac Première Côtes	**Tarn**
	Gevrey-Chambertin	**Nuits**
	Gewürztraminer	**Alsace**
Côteau du	*Giennois*	**Gien**
	Gigondas	**Côtes du Rhône**
Château	*Giscours*	**Médoc**
	Givry	**Chalonnais**
Château	*Grand-Barail-Lamarzelle*	**St. Emilion**
Château	*Grand-Corbin-Despagne*	**St. Emilion**
Château	*Grand-Corbin-Pécresse*	**St. Emilion**
	Grande Champagne	**Cognac**
	Grande Fine Champagne	**Cognac**
Château	*Grandes-Murailles*	**St. Emilion**
	Grandes Ruchottes	**Beaune**
Château	*Grand Mayne*	**St. Emilion**
Château	*Grand Pontet*	**St. Emilion**
Château	*Grand Puy Lacoste*	**Médoc**
Château	*Grand Puy Ducasse*	**Médoc**
	Grand Roussillon	**Roussillon**
	Grands Echezeaux	**Nuits**
	Graves	**Graves**
	Graves Supérieurs	**Graves**
	Graves de Vayres	**Graves de Vayres**
	Grenouilles	**Basse Bourgogne**
	Griottes Chambertin	**Nuits**
	Gros Plant du Pays Nantais	**Pays Nantais**
Château	*Gruaud-Larose*	**Médoc**
Château	*Guadet Saint-Julien*	**St. Emilion**
Château	*Guiraud*	**Sauternes**

H

	Hameau de Blagny	**Beaune**
	Haut-Armagnac	**Armagnac**
Château	*Haut-Bages-Libéral*	**Médoc**
Château	*Haut-Bailly*	**Graves**
Château	*Haut-Batailley*	**Médoc**
Château	*Haut-Brion*	**Graves**
Château	*Haut-Corbin*	**St. Emilion**
	Haut-Médoc	**Médoc**
	Haut-Montravel	**Dordogne**
Clos	*Haut-Peyraguey*	**Sauternes**
Château	*Haut-Sarpe*	**St. Emilion**
	Hermitage	**Côtes-du-Rhône**

I

	Ile des Vergelesses	**Beaune**
	Irouleguy	**Pays Basque**
Château d'	*Issan*	**Médoc**
	Issarts	**Nuits**

J

	Jasnières	**Côteaux du Loir**
Château	*Jean Faure*	**St. Emilion**
	Julienas	**Beaujolais**
Saint-	*Julien de Beychevelle*	**Médoc**
	Jurançon Moëlleux	**Béarn**
	Jurançon Sec	**Béarn**

K

Château	*Kirwan*	**Médoc**

L

	La Barre	**Beaune**
	La Boudriotte	**Beaune**
	La Boutière	**Beaune**
	Ladoix	**Beaune**
Château	*La Dominique*	**St. Emilion**
	La Dominode	**Beaune**
	La Chanière	**Beaune**
	La Chatenière	**Beaune**
Château	*La Clotte*	**St. Emilion**
Château	*La Cluzière*	**St. Emilion**
Château	*Lacombes*	**Médoc**
	La Comme	**Beaune**
Château	*La Conseillante*	**Pomerol**
Château	*La Couspaude*	**St. Emilion**
	La Coutières	**Beaune**
Château	*Lafaurie Peyraguey*	**Sauternes**
Château	*Lafite*	**Médoc**
Château	*Lafleur*	**Pomerol**
Château	*Lafon-Rochet*	**Médoc**
Château	*La Gaffelière*	**St. Emilion**
	La Garonne	**Beaune**
	La Goutte d'Or	**Beaune**
	La Grand'Rue	**Nuits**
Château	*Lagrange*	**Médoc**
Château	*La Lagune*	**Médoc**
	Lalande de Pomerol	**Lalande de Pomerol**
	La Maltroie	**Beaune**
	La Maladière	**Beaune**
	La Maréchaude	**Beaune**
Château	*Lamarzelle*	**St. Emilion**
	La Mignotte	**Beaune**
Château	*La Mission Haut-Brion*	**Graves**
Château	*Lamothe*	**Sauternes**
Château	*Langon*	**Médoc**
Château	*Laniote*	**St. Emilion**

Château	*La Rame*	**Ste-Croix-du-Mont**
	La Taupine	**Beaune**
	La Tope au Vent	**Beaune**
	Latricières-Chambertin	**Nuits**
	La Perrière	**Nuits**
	La Platière	**Beaune**
Château	*Larcis-Ducasse*	**St. Emilion**
	La Refène	**Beaune**
	La Richemone	**Nuits**
	La Riotte	**Nuits**
	La Romanée	**Beaune**
	La Romanée	**Nuits**
	La Romanée-Conti	**Nuits**
	La Roncière	**Nuits**
Château	*Larmande*	**St. Emilion**
Château	*Laroze*	**St. Emilion**
Château	*La Serre*	**Côtes de Bordeaux St. Macaire**
Château	*Laserre*	**St. Emilion**
	La Tache	**Nuits**
Château	*La Tour*	**Médoc**
Château	*La Tour Blanche*	**Sauternes**
Château	*La Tour Canon*	**Fronsac**
Château	*La Tour Carnet*	**Médoc**
Château	*La Tour du Pin Figeac*	**St. Emilion**
Château	*La Tour Figeac*	**St. Emilion**
Château	*La Tour Haut-Brion*	**Graves**
Château	*La Tour Martillac*	**Graves**
	Lavaut	**Nuits**
Château	*Laville Haut-Brion*	**Graves**
Côteaux du	*Layon*	**Anjou**
	Le Bas des Teurons	**Beaune**
	Le Cailleret	**Beaune**
	Le Cas-Rougeot	**Beaune**
Château	*Le Châtelet*	**St. Emilion**
	Le Château Gaillard	**Beaune**
	Le Clos Blanc	**Nuits**
	Le Clos de la Mousse	**Beaune**
	Le Clos de la Perrière	**Nuits**
	Le Clos des Réas	**Nuits**
	Le Clos Gauthey	**Beaune**
	Le Clos Barlet	**Nuits**
	Le Clos des Chênes	**Beaune**
	Le Clos des Ducs	**Beaune**
	Le Clos des Ornes	**Nuits**
	Le Clos des Rois	**Beaune**
	Le Clos des Mouches	**Beaune**
	Le Clos du Chapitre	**Nuits**
	Le Clos Micot	**Beaune**
	Le Clos St. Jacques	**Nuits**
	Le Clos St. Marc	**Nuits**
	Le Clos Sorbes	**Nuits**
Château	*Le Couvent*	**St. Emilion**
	Le Fontenay	**Nuits**
	Le Meix-Bataille	**Beaune**
Château	*Léoville Barton*	**Médoc**
Château	*Léoville Las Cases*	**Médoc**
Château	*Léoville Poyferré*	**Médoc**
	Le Passe-Temps	**Beaune**

	Le Pourzot	**Beaune**
Château	*Le Prieuré*	**St. Emilion**
	Les Aigrots	**Beaune**
	Les Amoureuses	**Nuits**
	Les Angles	**Beaune**
	Les Argelets	**Beaune**
	Les Argillats	**Nuits**
	Les Argillières	**Beaune**
	Les Arvelets	**Nuits**
	Les Aussy	**Beaune**
	Les Avaux	**Beaune**
	Les Bas des Duresses	**Beaune**
	Les Basses Vergelesses	**Beaune**
	Les Baudes	**Nuits**
	Les Beaux-Monts	**Nuits**
	Les Bertins	**Beaune**
	Les Blanches Fleurs	**Beaune**
	Les Bonnes Mares	**Nuits**
	Les Borniques	**Nuits**
	Les Bouchères	**Beaune**
	Les Bourcherottes	**Beaune**
	Les Bouchots	**Nuits**
	Les Bressandes	**Beaune**
	Les Bretterins	**Beaune**
	Les Bretterins dits la Chapelle	**Beaune**
	Les Brouillards	**Beaune**
	Les Brussolles	**Beaune**
	Les Cailles	**Nuits**
	Les Caillerets	**Beaune**
	Les Castets	**Beaune**
	Les Chabeufs	**Nuits**
	Les Chaffots	**Nuits**
	Les Chaillots	**Beaune**
	Les Chalumeaux	**Beaune**
	Les Champs-Canet	**Beaune**
	Les Champs-Fulliot	**Beaune**
	Les Champs-Gain	**Beaune**
	Les Chalins-Bas	**Beaune**
	Les Chaponnières	**Beaune**
	Les Charmes	**Nuits**
	Les Charmes Dessous	**Beaume**
	Les Charmes Dessus	**Beaune**
	Les Charrières	**Nuits**
	Les Chatelots	**Nuits**
	Les Chaumes	**Nuits**
	Les Chénevery	**Nuits**
	Les Chevenottes	**Beaune**
	Les Chouacheux	**Beaune**
	Les Cent-Vignes	**Beaune**
	Les Clos	**Basse-Bourgogne**
	Les Combettes	**Beaune**
	Les Combes Dessus	**Beaune**
	Les Combottes	**Nuits**
	Les Corbeaux	**Nuits**
	Les Corvées-Paget	**Nuits**
	Les Cras Dessus	**Beaune**
	Les Créots	**Beaune**
	Les Croix Noires	**Beaune**

Les Didiers	**Nuits**
Les Duresses	**Beaune**
Les Ecusseaux	**Beaune**
Les Epenots	**Beaune**
Les Façonnières	**Nuits**
Les Fèves	**Beaune**
Les Fichots	**Beaune**
Les Folatières	**Beaune**
Les Fourneaux	**Basse-Bourgogne**
Les Fournières	**Beaune**
Les Fousselottes	**Nuits**
Les Fremières	**Nuits**
Les Fremiers	**Beaune**
Les Frionnes	**Beaune**
Les Froichots	**Nuits**
Les Fuées	**Nuits**
Les Garollières	**Beaune**
Les Gaudichots	**Nuits**
Les Gémeaux	**Nuits**
Les Genevriers	**Nuits**
Les Genevrières Dessous	**Beaune**
Les Genevrières Dessus	**Beaune**
Les Goulots	**Nuits**
Les Grèves	**Beaune**
Les Grandes Lolières	**Beaune**
Les Grands Champs	**Beaune**
Les Gras	**Nuits**
Les Gravières	**Beaune**
Les Groseilles	**Nuits**
Les Gurenchers	**Nuits**
Les Guérêts	**Beaune**
Les Hauts-Doix	**Nuits**
Les Hauts Janas	**Beaune**
Les Hauts Marconnets	**Beaune**
Les Hauts Pruliers	**Nuits**
Les Hervelets	**Nuits**
Les Jarrons	**Beaune**
Les Lavières	**Beaune**
Les Lavrottes	**Nuits**
Les Macherelles	**Beaune**
Les Maranges	**Beaune**
Les Marchamps	**Nuits**
Les Marconnets	**Beaune**
Les Maréchaudes	**Beaune**
Les Meix	**Beaune**
Les Meix-Bas	**Beaune**
Les Milans	**Beaune**
Les Millandes	**Nuits**
Les Montrevenots	**Beaune**
Les Monts de Milieu	**Basse-Bourgogne**
Les Murgers-des-dents-de-chein	**Beaune**
Les Narbantons	**Beaune**
Les Noirots	**Nuits**
Les Perrières	**Beaune**
Les Perrières Dessous	**Beaune**
Les Perrières Dessus	**Beaune**
Les Petites Lolières	**Beaune**
Les Petits Epenots	**Beaune**

	Les Petits Monts	**Nuits**
	Les Petits Vougeot	**Nuits**
	Les Pétures Dessus	**Beaune**
	Les Peuillets	**Beaune**
	Les Pézerolles	**Beaune**
	Les Plantes	**Nuits**
	Les Plantes des Maranges	**Beaune**
	Les Poulettes	**Nuits**
	Les Porets	**Nuits**
	Les Poruzot Dessus	**Beaune**
	Les Poutures	**Beaune**
	Les Procès	**Nuits**
	Les Pruliers	**Nuits**
	Les Pucelles	**Beaune**
	Les Referts	**Beaune**
	Les Reignots	**Nuits**
	Les Reversées	**Beaune**
	Les Riottes	**Beaune**
	Les Rouvrettes	**Beaune**
	Les Ruchots	**Nuits**
	Les Rugiens Bas	**Beaune**
	Les Rugiens Hauts	**Beaune**
	Les Sables St. Emilion	**Sables St. Emilion**
	Les Saint-Georges	**Nuits**
	Les Santenots	**Beaune**
	Les Santenots Blancs	**Beaune**
	Les Santenots du Milieu	**Beaune**
	Les Sausilles	**Beaune**
	Les sentiers	**Nuits**
	Les Sisies	**Beaune**
	Les Sorbès	**Nuits**
	Les Suchots	**Nuits**
	Les Talmettes	**Beaune**
	Les Teirons	**Beaune**
	Les Toussaint	**Beaune**
	Les Vallerots	**Nuits**
	Les Valozières	**Beaune**
	Les Varoilles	**Nuits**
	Les Vaucrains	**Nuits**
	Les Vercots	**Beaune**
	Les Vergers	**Beaune**
	Les Vignes Franches	**Beaune**
	Les Vignes Rondes	**Beaune**
	Limoux	**Languedoc**
Blanquette de	*Limoux*	**Languedoc**
	Limoux Mousseux	**Languedoc**
	Lirac	**Côtes du Rhône**
	Listrac	**Médoc**
Côteaux du	*Loir*	**Touraine**
Côteaux de la	*Loire*	**Anjou**
Rosé de	*Loire*	**Anjou**
Château	*Loubens*	**Ste-Croix-du-Mont**
	Loupiac	**St. Emilion**
Château	*Lynch-Bages*	**Médoc**
Château	*Lynch-Maussas*	**Médoc**

M

	Macon	**Maconnais**
	Macon Supérieur	**Maconnais**
	Macon Villages	**Maconnais**
Cru	*Maderot*	**Cérons**
	Madiran	**Béarn**
Château	*Magdeleine*	**St. Emilion**
	Maison-Brûlée	**Nuits**
Château	*Malartic-la-Gravière*	**Graves**
Château	*Malescot Saint-Exupéry*	**Médoc**
Château	*Malle*	**Médoc**
	Margaux	**Médoc**
Château	*Margaux*	**Médoc**
	Marestel	**Savoie**
	Marignan	**Savoie**
Château	*Marquis d'Alesme Besker*	**Médoc**
Château	*Marquis de Terme*	**Médoc**
Château	*Matras*	**St. Emilion**
	Maury	**Roussillon**
Château	*Mauvezin*	**St. Emilion**
	Mazies-Chambertin	**Nuits**
	Mazoyeres-Chambertin	**Nuits**
	Médoc	**Médoc**
	Meix-Rentiers	**Nuits**
	Mélinots	**Basse Bourgogne**
	Ménétou-Salon	**Centre**
	Mercurey	**Chalonnais**
	Meursault	**Beaune**
	Minervois	**Languedoc**
	Monbazillac	**Dordogne**
Château	*Monbousquet*	**St. Emilion**
	Montagne St. Emilion	**Montagne St. Emilion**
	Montagny	**Chalonnais**
	Monthélie	**Beaune**
	Montée de Tonnerre	**Basse Bourgogne**
	Montée Rouge	**Beaune**
	Monterminod	**Savoie**
	Monthoux	**Savoie**
	Montlouis	**Touraine**
	Mont Luisant	**Nuits**
	Mont Mains	**Basse Bourgogne**
	Montmélian	**Savoie**
	Montravel	**Dordogne**
Côtes de	*Montravel*	**Dordogne**
Château	*Montrose*	**Médoc**
	Morey Saint-Denis	**Nuits**
	Morgeot dit Abbaye de Morgeot	**Beaune**
	Morgon	**Beaujolais**
	Moulin à Vent	**Beaujolais**
Château	*Moulin à Vent*	**Néac**
Château	*Moulin de Cadet*	**St. Emilion**
	Moulis	**Médoc**
Château	*Mouton Baron Philippe*	**Médoc**
Château	*Mouton Rotschild*	**Médoc**
	Muscadet du Pays Nantais	**Pays Nantais**
	Muscadet des Côteaux de la Loire	**Anjou-Pays Nantais**

	Muscadet de Sèvre et Maine	**Pays Nantais**
	Muscat d'Alsace	**Alsace**
	Muscat de Beaumes de Venise	**Côtes du Rhône**
	Muscat de Frontignan	**Languedoc**
	Muscat de Lunel	**Languedoc**
	Muscat de Mireval	**Languedoc**
	Muscat de Rivesaltes	**Roussillon**
	Muscat de Saint-Jean de Minervais	**Languedoc**
	Musigny	**Nuits**

N

Château	*Nairac*	**Barsac**
	Néac	**Néac**
Saint-	*Nicolas de Bourgueil*	**Touraine**
	Nuits Saint-Georges	**Nuits**

O

Château	*Olivier*	**Graves**
Vins de l'	*Orléannais*	**Orléans**

P

	Pacherenc du Vic Bihl	**Béarn**
	Palette	**Provence**
Château	*Palmer*	**Médoc**
Château	*Pape Clément*	**Graves**
	Parsac St. Emilion	**Parsac St. Emilion**
Château	*Patris*	**St. Emilion**
	Pauillac	**Médoc**
Château	*Pavie*	**St. Emilion**
Château	*Pavie-Ducasse*	**St. Emilion**
Château	*Pavie-Macquis*	**St. Emilion**
Château	*Pavillon-Cadet*	**St. Emilion**
	Pécharmant	**Dordogne**
Château	*Pédeschaux*	**Médoc**
	Pernand-Vergelesses	**Beaune**
	Perrière-Noblet	**Nuits**
	Per-Tuissots	**Beaune**
	Petit-Chablis	**Basse Bourgogne**
	Petite Champagne	**Cognac**
Château	*Petit Faurie de Souchard*	**St. Emilion**
Château	*Petit Faurie de Soutard*	**St. Emilion**
	Petits Godeaux	**Beaune**
Château	*Petit Village*	**Pomerol**
Château	*Petrus*	**Pomerol**

Château	*Pichon Longueville*	Médoc
	Comtesse de Lalande	Médoc
	Picpoul de Pinet	Languedoc
	Pineau des Charentes	Cognac
	Pinot Blanc	Alsace
	Pinot Chardonnay	Maconnais
	Pinot Noir	Alsace
	Pointe d'Angles	Beaune
	Poissenot	Nuits
	Pomerol	Pomerol
	Pommard	Beaune
Château	*Pontet-Canet*	Médoc
Château	*Pouget*	Médoc
	Pouilly-Fuissé	Maconnais
	Pouilly-Fumé	Nivernais
	Pouilly-Loché	Maconnais
	Pouilly-sur-Loire	Nivernais
	Pouilly-Vinzelle	Maconnais
Saint	*Pourçain*	St. Pourçain-sur-Sioule
	Premeaux	Nuits
	Premières Côtes de Blaye	Premières Côtes de Blaye
	Premières Côtes de Bordeaux	Premières Côtes de Bordeaux
	Preuses	Basse-Bourgogne
Château	*Prieuré-Léchine*	Médoc
	Prissey	Nuits
	Puisseguin St. Emilion	Puisseguin St. Emilion
	Puligny-Montrachet	Beaune

Q

	Quarts de Chaume	Anjou
	Quincy	Centre

R

Château	*Rabaud-Promis*	Sauternes
	Rasteau	Côtes du Rhône
Château	*Rausan-Ségla*	Médoc
Château	*Rausan-Gassies*	Médoc
Château	*Rayne-Vigneau*	Sauternes
	Redrescuts	Beaune
	Reugne	Beaune
	Reugne dit La Chapelle	Beaune
	Reuilly	Centre
Château de	*Ricaud*	Loupiac
	Richebourg	Nuits
	Riesling	Alsace
Château	*Rieussec*	Sauternes
	Ripaille	Savoie
Château	*Ripeau*	St. Emilion

	Rivesaltes	**Roussillon**
	Robardelle	**Beaune**
Saint-	*Romain*	**Beaune**
	Romanée Saint-Vivant	**Nuits**
Château	*Romer*	**Sauternes**
	Ronceret	**Beaune**
	Rosé des Riceys	**Champagne**
	Rosette	**Dordogne**
	Roussette de Savoie	**Savoie**
	Roussillon dels Aspres	**Roussillon**
	Ruchottes Chambertin	**Nuits**
	Rue-de-Chaux	**Nuits**
	Rully	**Chalonnais**

S

	Sainte-Croix-du-Mont	**Sainte-Croix-du-Mont**
	Sainte-Foy Bordeaux	**Sainte-Foy-Bordeaux**
	Saint-Emilion	**Saint-Emilion**
	Saint-Georges St-Emilion	**St-Georges St-Emilion**
	Saint-Jean de la Porte	**Savoie**
	Saint-Jeoire Prieuré	**Savoie**
	Saint-Joseph	**Côtes du Rhône**
	Saint-Péray	**Côtes du Rhône**
	Saint-Péray Mousseux	**Côtes du Rhône**
Château	*Saint-Pierre*	**Médoc**
	Sampigny-les-Maranges	**Beaune**
	Sancerre	**Nivernais**
	Santenay	**Beaune**
Château	*Sansonnet*	**St-Emilion**
	Saumur	**Anjou**
Côteaux de	*Saumur*	**Anjou**
	Saumur-Champigny	**Anjou**
Côtes de	*Saussignac*	**Dordogne**
Château	*Sautard*	**St-Emilion**
	Sauternes	**Sauternes**
	Sauvignon de Saint-Bris	**Basse Bourgogne**
	Savennières	**Anjou**
	Savigny-les-Beaune	**Beaune**
	Savigny	**Beaune**
	Seyssel	**Savoie et Bugey**
	Seyssel Mousseux	**Savoie et Bugey**
Château	*Sigalas-Rabaud*	**Sauternes**
Château	*Smith-Haut-Lafitte*	**Médoc**
	Sous-le-Puits	**Beaune**
Château	*Suau*	**Sauternes**
Château	*Suduirant*	**Sauternes**
	Sur Gamay	**Beaune**
	Sur le Sentier du Clou	**Beaune**
	Sur les Grèves	**Beaune**
	Sur Lavelle	**Beaune**
	Sylvaner	**Alsace**

T

	Taille-Pieds	**Beaune**
Château	*Talbot*	**Médoc**
Château de	*Tastes*	**Ste Croix-du-Mont**
	Tavel	**Côtes du Rhône**
	Ténarèze	**Armagnac**
Château	*Tertre-Daugay*	**St-Emilion**
	Tiélandry	**Beaune**
	Tokay D'Alsace	**Alsace**
Château	*Toulouse*	**Graves de Vayres**
	Touraine	**Touraine**
	Touraine-Amboise	**Touraine**
	Touraine Azay-le-Rideau	**Touraine**
	Touraine-Mesland	**Touraine**
	Touraine-Primeur	**Touraine**
Château	*Trimoulet*	**St-Emilion**
Château	*Trois Moulins*	**St-Emilion**
Château	*Troplong-Mondot*	**St-Emilion**
Château	*Trottevieille*	**St-Emilion**

V

	Vaillons	**Basse Bourgogne**
	Valençay	**Centre**
	Valmur	**Basse Bourgogne**
	Vaucoupin	**Basse Bourgogne**
	Vaudésir	**Basse Bourgogne**
Côteaux du	*Vendômois*	**Loir**
	Vieux Cahors	**Cahors**
	Village de Volnay	**Beaune**
Château	*Villemaurin*	**St-Emilion**
	Vin d'Alsace	**Alsace**
	Vin de Blanquette	**Languedoc**
	Vin de Bourgogne St-Véran	**Maconnais**
	Vin de Corse	**Corse**
	Vin d'Entraygues et du Fel	**Aveyron**
	Vin d'Estaing	**Aveyron**
	Vin de Lavilledieu	**Lavilledieu**
	Vin de Marcillac	**Aveyron**
	Vin de Moselle	**Lorraine**
	Vin de Tursan	**Tursan**
	Vin du Bugey	**Bugey**
	Volnay	**Beaune**
	Vosgros	**Basse Bourgogne**
	Vosne-Romanée	**Nuits**
	Vougeot	**Nuits**
	Vouvray	**Touraine**

Y

Château	*Yon-Figeac*	**St-Emilion**
Château d'	*Yquem*	**Sauternes**

Liste des Vins de pays		Département de production
Vin de pays	des Côtes du Brian	Hérault
–	des Côtes du Brulhois	Lot et Garonne, Tarn et Garonne
–	des Côtes Catalanes	Pyrénées Orientales
–	des Côtes de Gascogne	Gers
–	des Côtes de Montestruc	Gers
–	des Côtes de Pérignan	Aude
–	des Côtes de Saint-Mont	Gers
–	des Côtes du Tarn	Tarn
–	des Côtes de Thau	Hérault
–	des Côtes de Thongue	Hérault
–	de Cucugnan	Aude
–	des Gorges de l'Hérault	Hérault
–	de Hauterive en pays d'Aude	Aude
–	de la Haute vallée de l'Aude	Aude
–	de la Haute vallée de l'Orb	Hérault
–	d'Ile de Beauté	Corse
–	des Marches de Bretagne	Loire-Atlantique Maine et Loire - Vendée
–	des Maures	Var
–	du Mont Baudile	Hérault
–	du Mont Bouquet	Gard
–	d'Oc	Ardèche, Aude, Bouches-de-Rhône, Gard, Hérault, P.O., Var, Vaucluse
–	de Petite Crau	Bouches-du-Rhône
–	de Retz	Loire Atlantique
–	de l'Agenais	Lot et Garonne et Tarn et Garonne
–	d'Allobrogie	Savoie, Haute-Savoie
–	des Balmes Dauphinoises	Isère, Savoie
–	de Bessan	Hérault
–	Catalan	Pyrénées Orientales
–	de Caux	Hérault
–	de Cessenon	Hérault
–	des Collines de la Moure	Hérault
–	des Côteaux de l'Ardèche	Ardèche
–	des Côteaux des Baronnies	Drôme
–	des Côteaux de la Cabrerisse	Aude
–	des Côteaux Cévénols	Gard
–	des Côteaux Condomois	Gers, Lot-et-Garonne
–	des Côteaux de la Cité de Carcassonne	Aude
–	des Côteaux d'Enserune	Hérault
–	des Côteaux de Fenouilledes	Pyrénées Orientales
–	des Côteaux Flaviens	Gard
–	des Côteaux de Glanes	Lot
–	des Côteaux de Grésivaudan	Isère, Savoie
–	des Côteaux de Laurens	Hérault
–	des Côteaux de Libron	Hérault
–	des Côteaux de Miramont	Aude
–	des Côteaux de Murviel	Hérault
–	des Côteaux de Peyriac	Aude, Hérault
–	des Côteaux du Pont du Gard	Gard
–	des Côteaux du Quercy	Lot, Tarn et Garonne
–	des Côteaux du Salagou	Hérault

Liste des Vins de pays		Département de production
–	des Côteaux du Salaves	Gard
–	des Côteaux du Termènes	Aude
–	des Côteaux Varois	Var
–	des Côteaux du Vidourle	Gard
–	des Sables du Golfe du Lion	Bouches du Rhône Hérault
–	de Saint-Sardos	Tarn et Garonne
–	du Serre de Coiran	Gard
–	de L'uzège	Gard
–	du Val de Cesse	Aude
–	du Val de Dagne	Aude
–	du Val de Monferrand	Gard, Hérault
–	du Val d'Orbieu	Aude
–	du Val de Torgan	Aude
–	de la Vallée du Paradis	Aude
–	des Vals d'Agly	Pyrénées Orientales
–	de la Vicomte d'Aumelas	Hérault
–	de la Vistrenque	Gard

Ouvrages déjà parus

BOULANGERIE/PATISSERIE

LE COMPAGNON PATISSIER t1 et t2
de Daniel Chaboissier
"Grand prix du meilleur ouvrage 1983"
de l'Académie nationale de cuisine.

LE COMPAGNON BOULANGER
(synthèse technologique et pratique du boulanger moderne)
de Jean-Marie Viard
"Prix du meilleur ouvrage 1984"
de l'Académie nationale de cuisine.

L'ENCYCLOPEDIE DES DECORS
de Daniel Chaboissier et Armand Jost
"Grand prix du meilleur ouvrage 1986"
de l'Académie nationale de cuisine.

LE GOUT DU PAIN
de Raymond Calvel
"Grand prix du meilleur ouvrage professionnel 1990"
de l'Académie nationale de cuisine.

LA FANTAISIE DES CROQUEMBOUCHES
de Daniel Chaboissier, Armand Jost et Yves Pegorer
"Prix de littérature culinaire 1992"
de l'Académie nationale de cuisine.

LE TRAVAIL DU SUCRE
de Jean Creveux
"Ruban bleu de l'enseignement" d'Intersuc 1992.
"Prix de littérature culinaire 1992"
de l'Académie nationale de cuisine.

VINS

ŒNOLOGIE ET CRUS DES VINS
de Roger Piallat et Patrick Deville
"Mention spéciale du Jury 1984"
de l'Académie nationale de cuisine.

BOUCHERIE/CHARCUTERIE

LE COMPAGNON CHARCUTIER t1 et t2
sous la direction de Jean-Claude Frentz
"Prix du meilleur ouvrage 1986"
de l'Académie nationale de cuisine.

LE COMPAGNON TRAITEUR t1 et t2
de Jacques Charrette et Guy Aubert

CUISINE

METHODE DE TECHNOLOGIE CULINAIRE t1 et t2
(version "professeur" et version "élève"
destinée à être complétée avec l'aide du professeur)
de Jean-Pierre Sémonin
"Prix du meilleur ouvrage 1983"
de l'Académie nationale de cuisine.

VINGT PLATS QUI DONNENT LA GOUTTE
de Edouard de Pomiane
Co-édition Ph. Fraisse/Jérôme Villette

LA CUISSON SOUS VIDE
de Alain Poletto
"Prix de la meilleure technique nouvelle 1990"
de l'Académie nationale de cuisine.

LES TOURS DE MAIN DE LA CUISINE
de Jean-Pierre Sémonin
"Grand prix du meilleur ouvrage d'enseignement 1990"
de l'Académie nationale de cuisine.

LA CUISINE DES POISSONS D'EAU DOUCE
de Jean-Pierre Sémonin et Jean-Claude Dupont
"Grand prix de littérature culinaire 1992"
de l'Académie nationale de cuisine.

VENDANGES EN PAYS CHAMPENOIS
document C.I. du Vin de Champagne

LA REBECHE EN CHAMPAGNE
document C.I. du Vin de Champagne

LA MISE SUR LATTES
document C.I. du Vin de Champagne

VIGNOBLE DU COGNAC
document B.N. du Cognac

ALAMBIC CHARENTAIS
document B.N. du Cognac

SERPENTIN D'UN ALAMBIC CHARENTAIS
document B.N. du Cognac

FABRICATION D'UN TONNEAU
document B.N. du Cognac

COCKTAIL A BASE DE COGNAC
document B.N. du Cognac

7e impression - Imprimé en France par Publiphotoffset, 93500 Pantin - Juillet 1998
Dépôt légal : Juillet 1998